Springer-Lehrbuch

Božina Perović

Bauformen moderner Fertigungssysteme

Mit 184 Abbildungen

Springer-Verlag
Berlin Heidelberg GmbH

Prof. Dr.-Ing. Božina Perović
Blohmstraße 3
1000 Berlin 49

ISBN 978-3-540-55252-9

Die Deutsche Bibliothek – CIP-Einheitsaufnahme
Perović, Božina:
Bauformen moderner Fertigungssysteme / Božina Perović. –
Berlin ; Heidelberg ; New York ; London ; Paris ; Tokyo ;
Hong Kong ; Barcelona ; Budapest : Springer, 1992
  (Springer-Lehrbuch)
  ISBN 978-3-540-55252-9   ISBN 978-3-642-84737-0 (eBook)
  DOI 10.1007/978-3-642-84737-0

Vorwort

Ziel dieses Buches ist es, den Studierenden an Hoch- und Fachschulen, den Konstrukteuren von Werkzeugmaschinen und den Praktikern in den Angebots- und Vertriebsabteilungen aktuelle und moderne Werkzeugmaschinen vorzustellen und zu erläutern. Damit die Anschaulichkeit erhöht wird, werden alle Maschinen in durchsichtigen, dimetrischen und isometrischen Perspektivzeichnungen dargestellt, alle Baugruppen positioniert und ihre Funktionen beschrieben.

Für alle beschriebenen Werkzeugmaschinen werden Bearbeitungsbeispiele erläutert, damit die Anwendungsbereiche der Maschinen abgegrenzt werden. Dadurch kann der vorgetragene Stoff weiter vertieft werden, damit das Buch optimal in der Lehre eingesetzt werden kann.

Es werden spanende, umformende, zerteilende, abtragende Maschinen, Meßmaschinen und Industrieroboter behandelt. Besonders ausführlich wird die Verkettung von Werkzeugmaschinen zu komplexen Fertigungssystemen durch Materialflußsysteme für Werkzeuge und Werkstücke sowie Industrieroboter behandelt.

Die Voraussetzungen und die Ideen für dieses Buch ergaben sich durch meine langjährige Konstruktionspraxis in führenden Werkzeugmaschinenfirmen und Tätigkeiten als Professor für Werkzeugmaschinen und Fertigungstechnik.

Ich danke dem Springer-Verlag für die vertrauensvolle Zusammenarbeit.

Danken möchte ich ferner den Herren Diplom-Ingenieuren W. Cürten, J. Freres, J. Heller, M. Kohlhaas, M. Kruijer, N. Lohe, S. Mahlich, D. Martin, M. Müller, J. Najork, B. Sanfleber, C. Schmitt, P. Schmitz, F. Simon, M. Stammen, R.P. Stotz, T. Tolksdorf, D. Vennis, H. von Mallinckrodt, M. Willmann und T. Wollny, die durch ihre Mitwirkung einen wichtigen Beitrag zu diesem Buch geleistet haben.

Ich möchte noch meinem Sohn Aleksandar Perović der das Manuskript gelesen und zahlreiche stilistische Verbesserungen angeregt hat, herzlich danken.

April 1992   Božina Perović

Inhaltsverzeichnis

1 Spanende Maschinen

1.1 Drehmaschinen

1.1.1 Übersicht der Drehmaschinen

Drehmaschinen sind in Betrieben mit Einzel- und Kleinserienfertigung die am häufigsten vertretenen Werkzeugmaschinen. Sie dienen der Bearbeitung von in der Regel rotationssymmetrischen Werkstücken.

Drehmaschinen werden eingeteilt in

- Universaldrehmaschinen,
- Revolverdrehmaschinen und Einspindeldrehautomaten,
- Mehrspindeldrehautomaten,
- Karusseldrehmaschinen,
- Frontdrehmaschinen,
- Sonderdrehmaschinen,
- Drehzentren.

Bei Universaldrehmaschinen führt das Werkstück die Schnittbewegung aus, die Vorschubbewegung wird vom Werkzeug ausgeführt.

Bei Revolverdrehmaschinen befinden sich mehrere voreingestellte Werkzeuge in einem Revolverkopf mit rotatorischer Werkzeugwechselbewegung.

Kennzeichnend für Drehautomaten ist, daß sowohl Schnitt- und Vorschubbewegung als auch Werkzeugwechsel automatisch verlaufen. Die Maschinen älterer Bauart waren kurvengesteuert. Da bei den modernen Drehmaschinen Drehautomaten mit Werkzeugrevolvern ausgestattet sind, werden sie mit den Revolverdrehmaschinen in eine Gruppe eingeteilt.

Karusseldrehmaschinen sind große Senkrechtdrehmaschinen zur Bearbeitung schwerer Werkstücke.

Frontdrehmaschinen dienen zur Bearbeitung scheibenförmiger Werkstücke.

Als Sonderdrehmaschinen bezeichnet man Drehmaschinen zur Bearbeitung besonderer Werkstücke wie z. B. Kurbelwellen, Achsschenkel, Radsätze, Rohre usw.

Drehzentren werden für die Komplettbearbeitung kompliziertester Werkstücke eingesetzt, die Dreh-, Bohr- und Fräsarbeiten erfordern. Mit ihnen kann auch das Unrunddrehen durchgeführt werden (Abb. 1.23).

1.1.2 Universaldrehmaschinen

Die Universaldrehmaschinen werden in Betrieben mit Einzel- und Kleinserienfertigung am häufigsten angewandt. Verschiedene Dreharbeiten wie Außen- und Innendrehen, Konturdrehen sowie Bohrarbeiten werden an ihnen ausgeführt.

Abbildung 1.1 zeigt eine CNC-Universaldrehmaschine.

Das Bauprinzip der BKN 100 Baureihe ist ein modulares Baukastensystem. Die Maschine ist in Flachbettbauweise für kurze Werkstücke konzipiert. Die Führung des Längsschlittens 7 beginnt erst hinter dem Bereich des Spänefalls, um eine sichere Späneentsorgung zu ermöglichen. Das Unterteil des Längsschlittens 7 und das Maschinenbett 1 werden auf das Maschinenuntergestell (in Abb. 1.1 nicht dargestellt) aufgeschraubt.

Zum Werkzeugwechsel entfernt sich der Längsschlitten in Z-Richtung von dem Werkstück. Durch seitliches Verschieben des Planschlittens 6 in X-Richtung können verschiedene Dreh- und Bohrwerkzeuge zum Einsatz gebracht werden. Der lineare Werkzeughalter 4 kann bis 10 feststehende Werkzeuge aufnehmen und auf der Werkzeugträgerplatte 5 durch einen anderen Halter schnell ausgetauscht werden. X- und Z-Achsen sind bahngesteuert, die Drehachse C ist wahlweise entweder bahngesteuert oder mit einer Spindelpositionierung ausgestattet. Der Arbeitsbereich der Maschine beträgt: X-Achse: 255 mm, Z-Achse: 200 mm. Die Werkstückspindel 3 wird durch einen 8,7 kW-Gleichstrommotor im stufenlos einstellbaren Drehzahlbereich von 50 - 6300 min^{-1} angetrieben. Die Vorschubgeschwindigkeit für die X- und Z-Achse wird von 0,01 - 10 m/min bei konstantem Moment verändert.

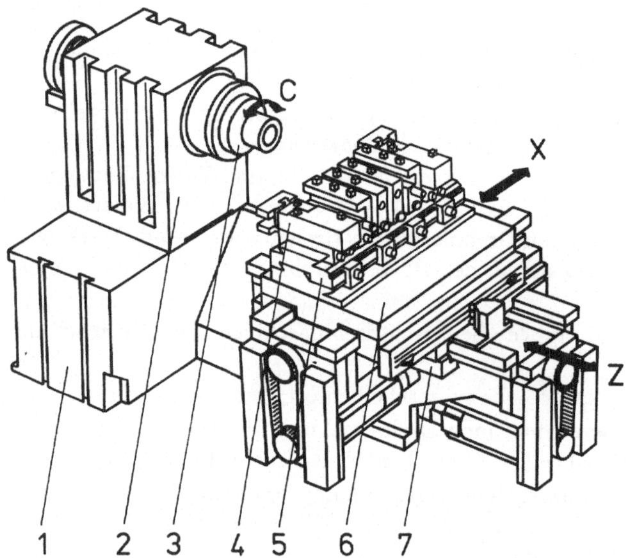

Abb. 1.1: CNC-Universaldrehmaschine BKN 100 A (Boley)

1.1.3 Revolverdrehmaschinen und Einspindeldrehautomaten

Alle zur Bearbeitung eines Werkstücks notwendigen Werkzeuge werden auf Revolverdrehmaschinen in einem schaltbaren Werkzeugträger, dem Revolverkopf, angeordnet
und nacheinander oder auch gleichzeitig in Schnittposition gebracht. Um weitere Werkzeuge von der Seite her an das Werkstück heranzubringen, haben Revolverdrehmaschinen einen oder mehrere Seitenschlitten.

Drehautomaten werden als Einspindel- oder Mehrspindelautomaten ausgeführt.

Abbildung 1.2 zeigt eine einspindlige automatische CNC-Revolverdrehmaschine in
Schrägbettbauweise. Diese Maschinenbettbauweise ermöglicht einen schnellen Abtrans-
port der Späne und des Kühlschmiermittels, so daß die Gefahr einer thermischen Belastung des Bettes nicht so groß wie bei den anderen Bettbauformen ist. Der Längsschlitten 1 wird durch die hydrostatische Rundführung 7 in Z-Richtung geführt. Der
Querschlitten 2, auf dem der Revolver 3 befestigt ist, bewegt sich auf dem Längsschlitten in X-Richtung. Die Rotationsachse A des Revolvers ist parallel zu der Achse C der
Werkstückspindel. Der Reitstock 6, dessen Pinole in U-Richtung verschiebbar ist, ist
auf der Führung 5 in V-Richtung geführt. Arbeitsbereich der Maschine: X-Achse: 250
mm, Z-Achse: 620 mm. Die Hauptspindel wird durch einen Drehstrommotor von 18,5
kW angetrieben. Drehzahlbereich der Hauptspindel: 70 - 4000 min^{-1} stufenlos, oder

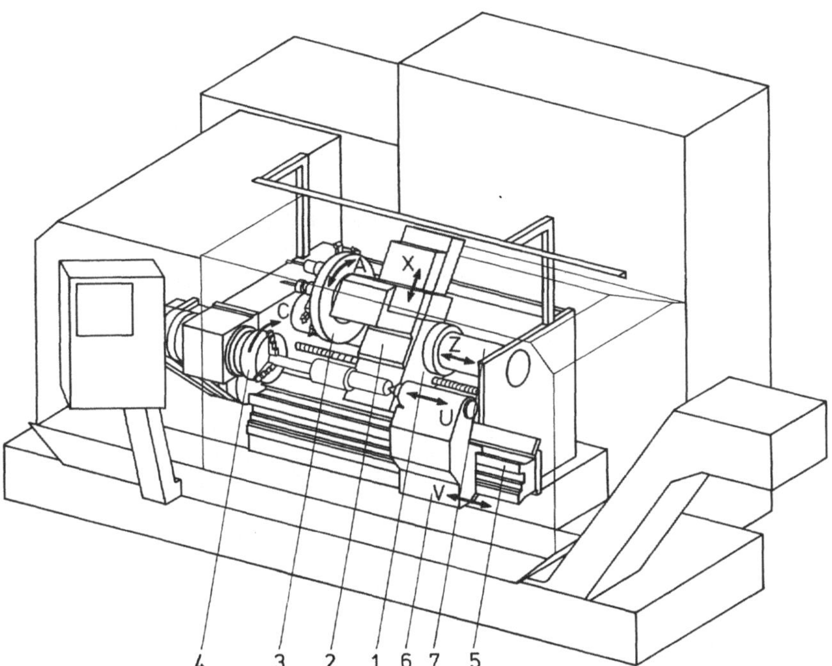

Abb. 1.2: Einspindlige automatische CNC-Revolverdrehmaschine in Schrägbauweise RNC 4
(Monforts)

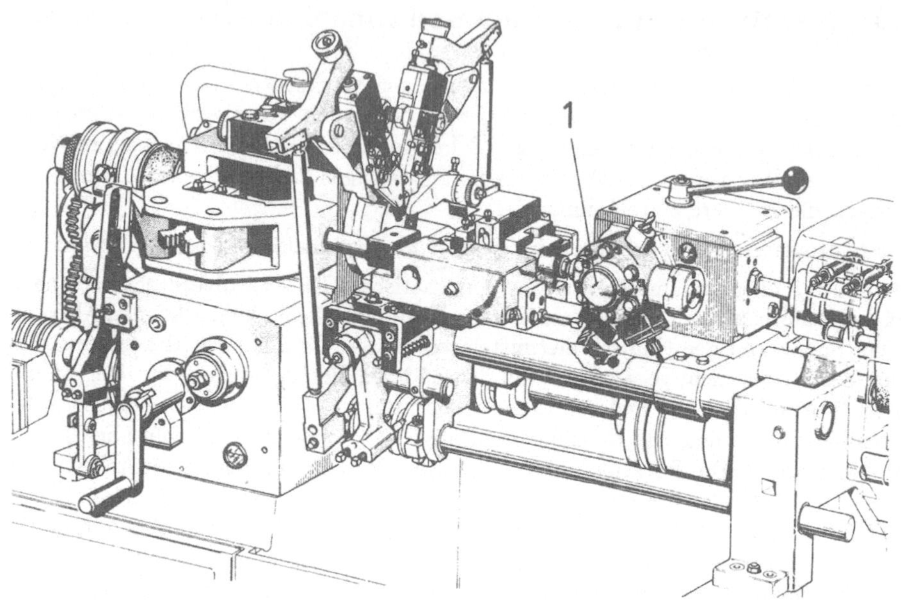

Abb. 1.3: Einspindlige automatische kurvengesteuerte Revolverdrehmaschine TD 26 (Traub)

$28 - 4000$ min^{-1} gestuft. Vorschubantrieb für X- und Z-Achse: Drehmoment: 12 Nm,
Maximale Vorschubgeschwindigkeit: 10 m/min.

In Abbildung 1.3 ist eine einspindlige automatische kurvengesteuerte Revolverdrehmaschine dargestellt. Das Anwendungsgebiet dieser Maschine umfaßt die Fertigung von einfachen und schwierigen Formdrehteilen für die Maschinen-, Automobil-, Elektro- und Feinmechanikindustrie. Die einfache Konstruktion erlaubt eine schnelle Einstellung und Umstellung auf ein anderes Drehteil. Die Maschine ist mit dem Sternrevolver 1 ausgestattet. Werkstoffdurchlaß: 26 mm, Leistung: 2,2 kW, Drehzahl: 1420 min^{-1}.

1.1.4 Mehrspindeldrehautomaten

Mehrspindeldrehautomaten besitzen bis zu acht Arbeitsspindeln und dienen zur automatisierten Massenfertigung von Drehteilen. An ihnen können gleichzeitig zwei, vier, sechs oder acht Werkstücke bearbeitet werden. Alle erforderlichen Werkzeuge werden gleichzeitig eingesetzt, wobei die längste Teiloperation die Stückzeit bestimmt. Die Spindeln sind in einer Trommel untergebracht und werden durch Rundtaktbewegung von einer zur nächsten Station geschaltet.

Die Lage und Anordnung der Werkzeugträger bei einem Mehrspindelautomaten mit sechs Spindeln ist aus Abb. 1.4 ersichtlich.

Für die Bearbeitung von sechs Werkstücken wurden zehn Werkzeuge, die auf Quereinheiten befestigt sind, eingesetzt. Da jede Quereinheit als Kreuzschlitten angelegt ist, ergibt sich eine große Vielfalt von Bearbeitungsmöglichkeiten.

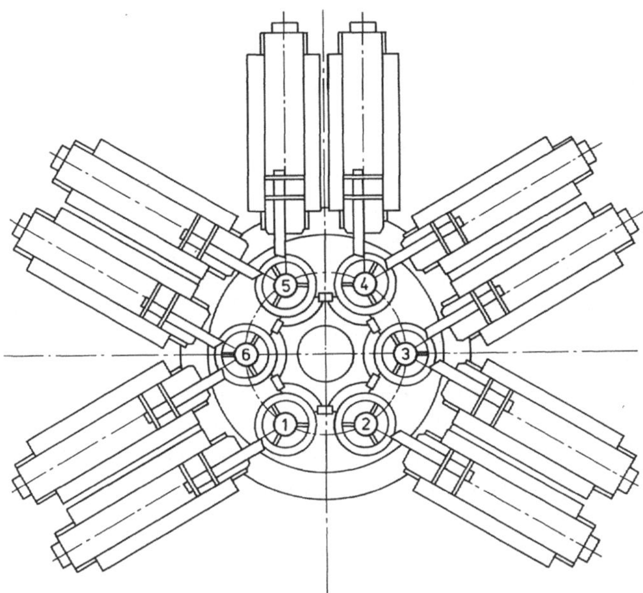

Abb. 1.4: Anordnung der Werkzeugträger bei einem Mehrspindelautomaten mit sechs Spindeln (Index)

1.1.5 Karusseldrehmaschinen

Karusseldrehmaschinen sind durch eine drehende Planscheibe, die sich um eine senkrechte Achse dreht, gekennzeichnet. Deshalb sind sie für die Bearbeitung großer, schwerer und sperriger Werkstücke geeignet. Relativ schlechte Späneabfuhr kann als Nachteil
dieser Maschine angesehen werden.

In Abbildung 1.5 sind drei charakteristische Bauweisen dargestellt.

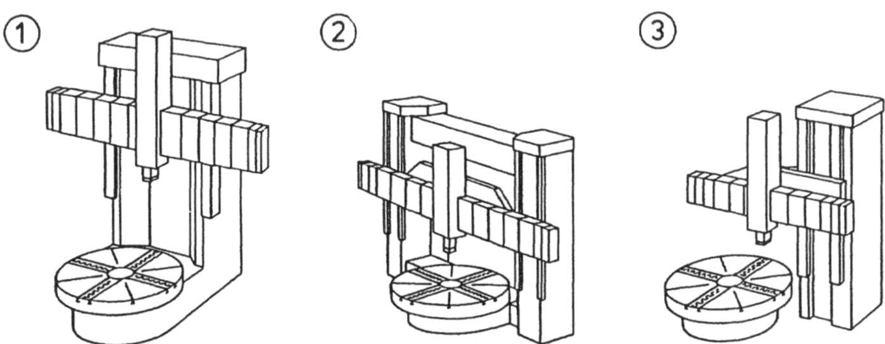

Abb. 1.5: Bauweisen der Karusseldrehmaschinen 1 Einständer - Kompaktbauweise, 2 Dop-
pelständer - Portalbauweise, 3 Offene Einständerbauweise

1.1.6   Frontdrehmaschinen

Frontdrehmaschinen eignen sich besonders gut für automatisierte Werkstückwechsel.

Abbildung 1.6 zeigt eine CNC-Frontdrehmaschine mit zwei Arbeitsspindeln, die mit einer Werkstückwechseleinrichtung ausgestattet ist.

Die Arbeitsspindeln 1 und 2 mit ihren Drehachsen C und C_1 sind in horizontaler Lage parallel zueinander angeordnet. Zwei Flachtischrevolver 3 mit den vertikalen Drehachsen A und A_1 sind auf die Längsschlitten 4 befestigt und vollziehen auf den Schrägführungen des Bettes die Planbewegungen in X- und X_1-Richtung.

Zum Längsdrehen bewegen sich die Querschlitten 5 in Z- und Z_1-Richtung. Damit die Werkstücke von der Vorder- und Rückseite bearbeitet werden können, hat diese Maschine eine Werkstückwechseleinrichtung. Sie besteht aus einem Schwenklader 6, Spindelbestücker 7, Belader 8, Entlader 9 und einer Wendeeinrichtung 10. Der Belader 8 stellt durch die Bewegung in W-Richtung dem Spindelbestücker Nr. 1 einen Werkstückrohling bereit. Das Fertigteil wird vom Entlader 9 durch die Bewegung in U-Richtung dem Spindelbestücker Nr. 4 entnommen. Durch die Wendeeinrichtung 10 werden die halbfertigen Werkstücke um die E-Achse um 180° gedreht und in T-Richtung von Spindelbestücker Nr. 3 zu Nr. 2 verschoben. Der Schwenklader 6 kann durch Schwenken um die D-Achse jeden gewünschten Spindelbestücker mit der gewählten Spindel in Flucht bringen. Durch die Spindelbestücker werden die Werkstücke in beiden Spindeln gegriffen und durch die V-Bewegung des Schwenkladers aus den Spindeln entnommen oder in die Spindeln eingesetzt. Auf diese Art wird der Rohling in eine

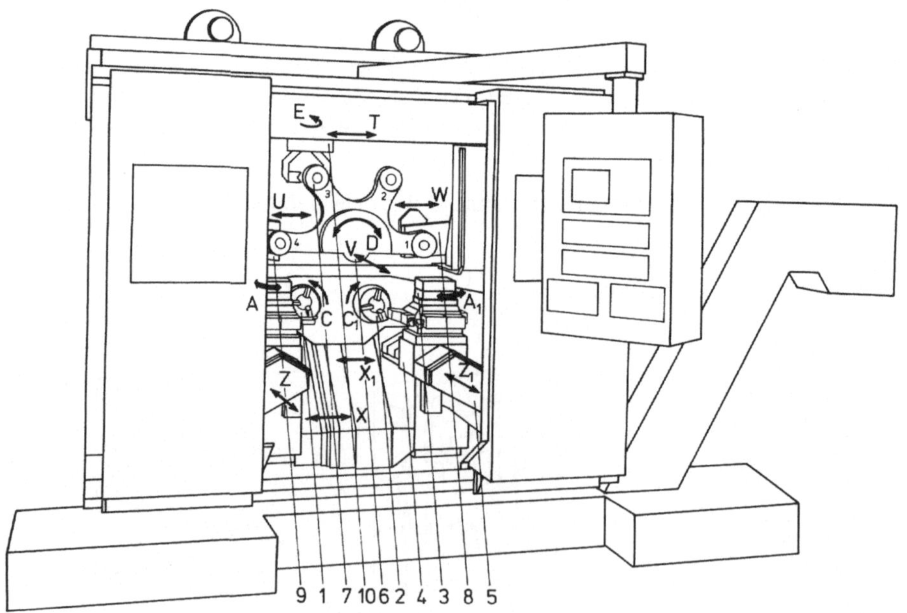

Abb. 1.6:   CNC-Frontdrehmaschine mit zwei Arbeitsspindeln und automatischem Werkstückwechsel PETRA 1 (Pittler)

Spindel eingesetzt, das halbfertige Teil aus der Spindel entnommen, gewendet, in die Spindel eingesetzt und schließlich das fertige Werkstück aus der Spindel entnommen.

1.1.7 Drehzentren

Kennzeichnende Eigenschaften für Drehzentren sind die numerische Steuerung und große Flexibilität der Maschine, die durch eine Werkzeugwechseleinrichtung und Werkzeugmagazin oder auch durch den Einsatz mehrerer Revolver erreicht werden können. Manche Drehzentren sind noch zusätzlich mit einer Werkstückwechseleinrichtung ausgestattet.

Abbildung 1.7 zeigt eine einspindlige automatische Revolverdrehmaschine. Die Maschine ist in Flachbettbauweise mit zwei Revolvern für Stangen-, Futter- und Wellenbearbeitung konzipiert. Der Revolver 2, dessen Schaltachse A rechtwinklig zur Spindelachse C der Werkstückspindel 1 steht, befindet sich auf dem Schlitten 4 und kann sich sowohl in X-Richtung als auch in Z-Richtung bewegen. Der Revolver 3, dessen Schaltachse B parallel zur Spindelachse C steht, ist auf dem Schlitten 5 montiert und kann sich in U- und W-Richtung bewegen. Der Revolver 2 wird für axiale und Revolver 3 für

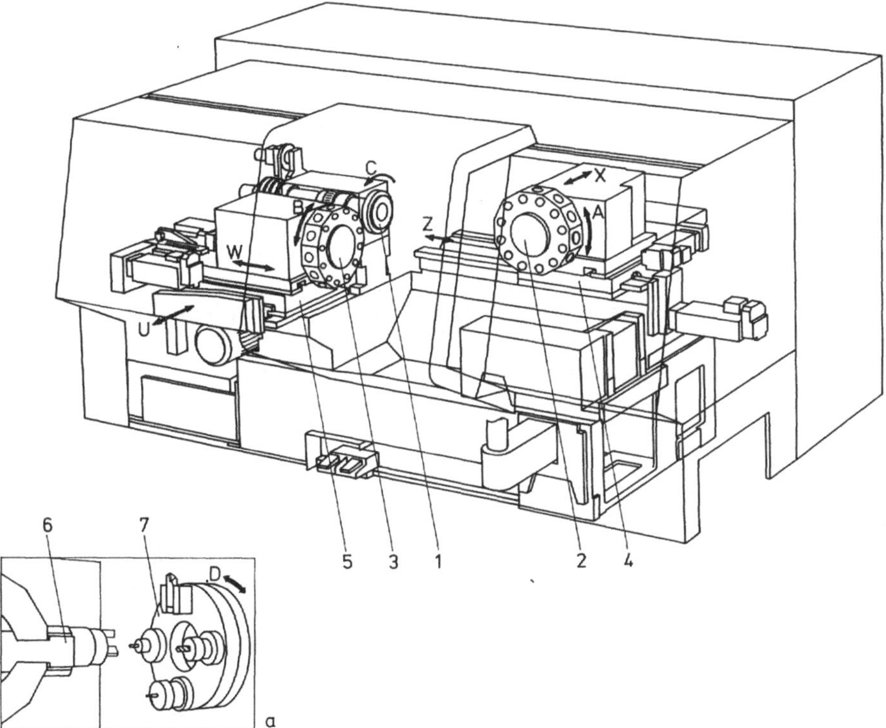

Abb. 1.7: Einspindlige automatische Revolverdrehmaschine mit zwei Revolvern GDM 65 (Gildemeister), (a) Rückseitenbearbeitung

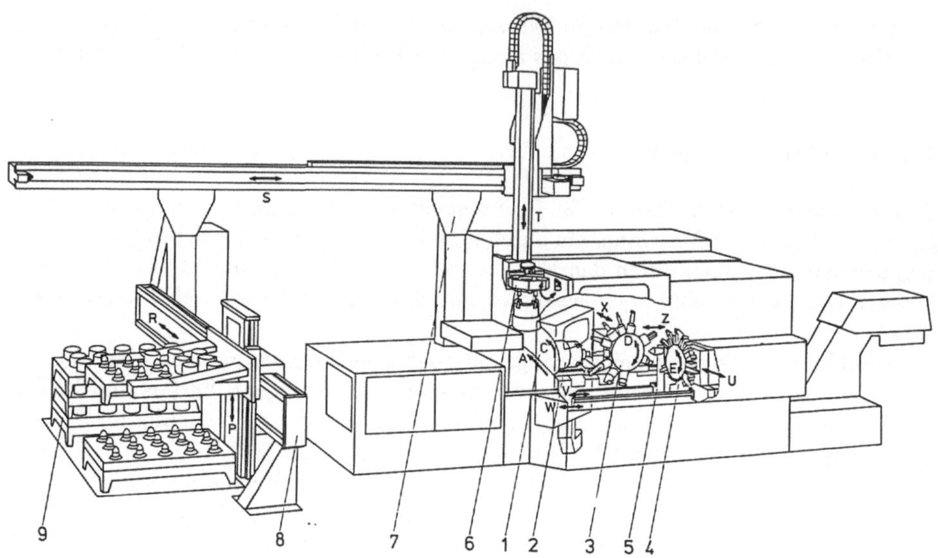

Abb. 1.8:   Einspindlige automatische CNC-Revolverdrehmaschine mit zwei Revolvern und
Werkstückwechseleinrichtung GL 200 (Index)

radiale Bearbeitungen eingesetzt. Für die Rückseitenbearbeitung wird der Revolver 2
mit einer Einbauspindel 6 ausgestattet. Sie nimmt das Werkstück aus der Hauptspindel
auf, der Revolver führt eine 180°-Drehung um Achse A aus, so daß die Werkstückrück-
seite nach rechts weist (Abb. 1.2 a). Ihr steht der Trommelrevolver 7 gegenüber, dessen
Werkzeugachsen parallel zur Spindelachse C liegen. Dieser Revolver ist ortsfest in der
Seitenwand mit der Drehachse D gelagert. Nach Beenden der Bearbeitung wird eine
Klappe in der Seitenwand geöffnet, durch die das fertige Werkstück aus der Einbauspindel in eine Werkstückablage fällt. Um den Spänefall in die Werkstückabführung zu verhindern, ist die Klappe während der Bearbeitung geschlossen. Der Arbeitsbereich der
Maschine beträgt: X-Achse: 190 mm, Z-Achse: 450 mm, U-Achse: 215 mm, W-Achse:
230 mm. Die Werkstückspindel 1 wird durch einen Motor mit 30kW angetrieben. Die
höchste Spindeldrehzahl ist 4000 min^{-1}. Die Eilganggeschwindigkeit für X, Z, U, und
W ist 15m/min, die Vorschubgeschwindigkeit beträgt 5m/min. Jeder Revolver bewegt
6 angetriebene Werkzeuge. Die Antriebsleistung des Werkzeugträgers beträgt 9 kW.

Abbildung 1.8 zeigt eine einspindlige automatische CNC-Revolverdrehmaschine.

Die Maschine ist in Flachbettbauweise mit zwei Revolvern und einem Schwenkspindelkopf konzipiert. Der Sternrevolver 3, dessen Schaltachse D rechtwinklig zur Spindelachse C der Werkstückspindel 2 steht, kann in X- und Z-Richtung verfahren. Der
Sternrevolver 4, dessen Schaltachse E parallel zur Spindelachse C steht, kann sich in U-
und W-Richtung bewegen. Der Reitstock 5 benutzt eine separate Führungsbahn und
ist in V-Richtung verfahrbar. Der Schwenkspindelkopf 1 hat zwei um 90° um Achse A
zueinander gedrehte Bearbeitungsfutter. Dadurch befindet sich eine Spindel in horizontaler Lage und wird zur Werkstückspindel 2. Die andere Spindel steht in vertikaler Lage
außerhalb des Arbeitsraumes und ist zum Beladen zugänglich. Zum Werkstückwechsel

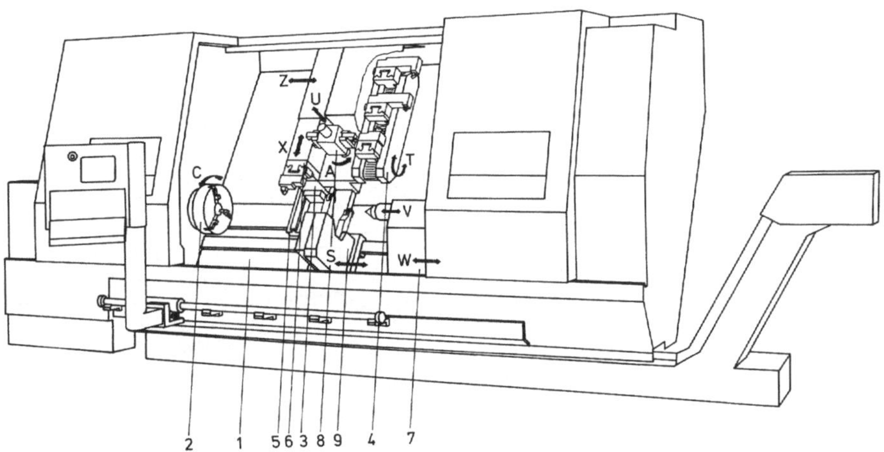

Abb. 1.9: CNC-Hochleistungsdrehmaschine mit Werkzeugwechseleinrichtung MDW 20 (Gildemeister - Max Müller)

nähert sich der Doppelgreifer 6 des Linearportals 7 von oben in T-Richtung dem Futter. Die Unterseite des Doppelgreifers ist leer, um das bearbeitete Werkstück aufzunehmen. Hat der Greifer das Werkstück dem Futter entnommen, dreht sich der Doppelgreifer 180° um Achse B, um einen neuen Rohling in das Futter einsetzen zu können. Ist das Futter neu bestückt, fährt der Greifer in T-Richtung nach oben und dann in S-Richtung zum Palettenumsetzer 8, der die Paletten aufnimmt, um mit Hilfe der Linearachsen S und R eine flächige Werkstückablage zu erreichen. Der Doppelgreifer nimmt mit der nach unten weisenden, leeren Werkstückaufnahme einen Rohling auf und dreht wieder um die B-Achse, damit das Fertigteil auf der freigewordenen Stellfläche der Palette abgelegt werden kann. Durch seitliches Versetzen des Palettenumsetzers in R-Richtung kann sich der Greifer einen neuen Rohling fassen, den er mit zum Schwenkspindelkopf nimmt. Der Palettenumsetzer nimmt zu Beginn eine Palette vom Palettenstapel 9 auf und hält sie fortlaufend hoch, um dem Doppelgreifer die Werkstücke zugänglich zu machen. Wenn eine Palette mit Rohteilen abgearbeitet ist, wird sie auf den vorderen Stapel für Fertigteile abgesetzt. Der Arbeitsbereich der Maschine beträgt: X-Achse: 163 mm, Z-Achse: 540 mm, U-Achse: 125 mm, W-Achse: 550 mm. Für den Hauptantrieb wird ein Drehstrommotor mit 42 kW eingesetzt. Die Drehzahlen der Hauptspindel werden von 25 bis 4000 min^{-1} gesteuert. Die Eilganggeschwindigkeit für alle Achsen beträgt 15 m/min.

Eine Hochleistungs-CNC-Drehmaschine mit Werkzeugwechseleinrichtung ist in Abb. 1.9 dargestellt. Die Maschine ist in Schrägbettbauweise für die Bearbeitung großer und komplizierter Werkstücke konzipiert. Zum Längsdrehen fährt der Kreuzschlitten 5 in Längsrichtung Z parallel zu der Drehachse C der Werkstückspindel 2. Der Planschlitten 3 vollzieht die Planbewegung X. Der Werkzeugspanner 6, der den Werkzeughalter in einer Doppelprismenführung aufnimmt, ist auf dem Planschlitten befestigt. Eine eigene Führungsbahn besitzen der sich in W-Richtung bewegende Reitstock 7 und die in S-Richtung verfahrende Lünette 9. Die Pinole des Reitstockes ist in V-Richtung beweg-

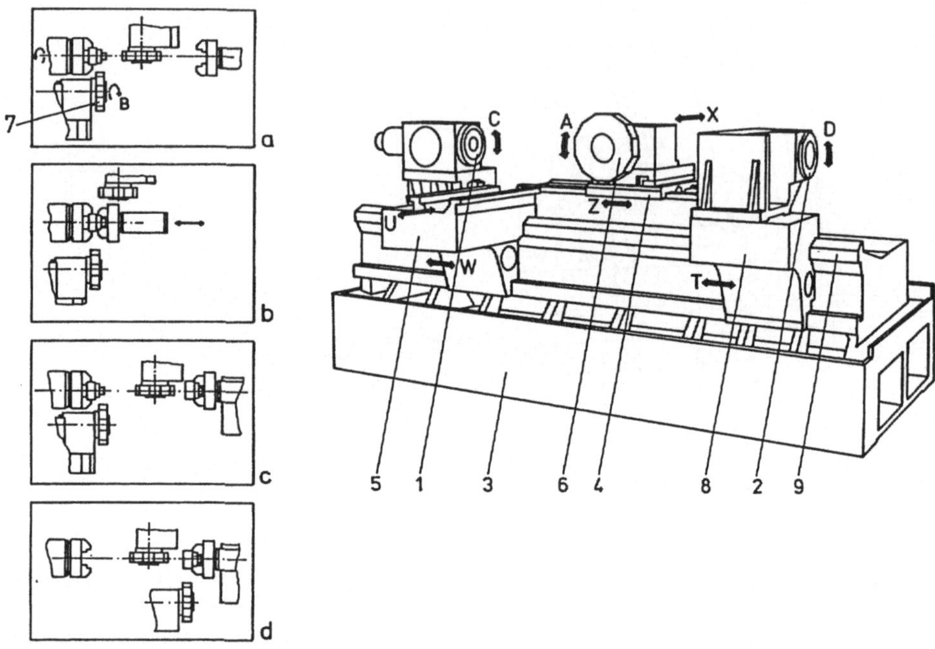

Abb. 1.10: Zweispindel-CNC-Drehzentrum mit zwei Revolvern GDM 90 MC (Gildemeister)
(a) gleichzeitiges Bearbeiten der Werkstückvorderseite mit zwei Revolvern, (b) Aufnahme des
Werkstücks in die Spindel 2, (c) gleichzeitiges Bearbeiten von zwei Werkstücken, (d) gleichzeitiges
Bearbeiten der Werkstückhintenseite mit zwei Revolvern

bar. Zum Werkzeugwechseln fährt der Planschlitten 3 in seine ober Endposition, das
Kettenmagazin 4 hält nach Verfahren in T-Richtung das vorgesehene Werkzeug in Greif-
position an. Der Doppelgreifer 8 greift beide Werkzeugaufnahmen gleichzeitig, dreht
sich um 180° um die A-Achse und verfährt anschließend in U-Richtung. Durch Spannen der Werkzeugaufnahmen und Lösen der Greiferzangen wird der Wechselvorgang
abgeschlossen. Arbeitsbereich der Maschine¿ Z-Achse: 1560 - 3000 mm (wahlweise)
X-Achse: 510 mm. Hauptantrieb durch einen regelbaren Gleichstrommotor von 40 - 61
kW im Drehzahlbereich von 10 - 2800 min^{-1}.

Abbildung 1.10 zeigt ein Zweispindel-CNC-Drehzentrum mit zwei Revolvern. Der
erste Revolver 6, dessen Schaltachse A rechtwinklig zur Drehachse C der Werkstückspindel 1 liegt, befindet sich hinter der Drehachse. Er ist auf den Schlitten 4 befestigt
und kann in Längsrichtung Z und Querrichtung X verfahren. Ein zweiter Revolver 7
(Abb. 1.10 a) steht mit seiner Schaltachse B parallel zur Spindelachse C und verfährt
mit dem Schlitten 5 in U- und W-Richtung. Ein gleichzeitiges Bearbeiten mit beiden
Sternrevolvern ist möglich (Abb. 1.10 a). Nach beendeter Vorderseitenbearbeitung fahren die Werkzeugschlitten zurück, die zweite Spindel 2 mit der Drehachse D verfährt in
T-Richtung und nimmt das Werkstück von der Vorderseite in ihr Futter auf (Abb. 1.10
b). Der Spindelschlitten 8 fährt nun auf der Längsführung 9 in seine Endlage zurück,
und Revolver 6 übernimmt die anschließende Bearbeitung, während sich Revolver 7
bereits wieder einem neuen Werkstück in Spindel 1 zuwendet (Abb. 1.10 c). Während

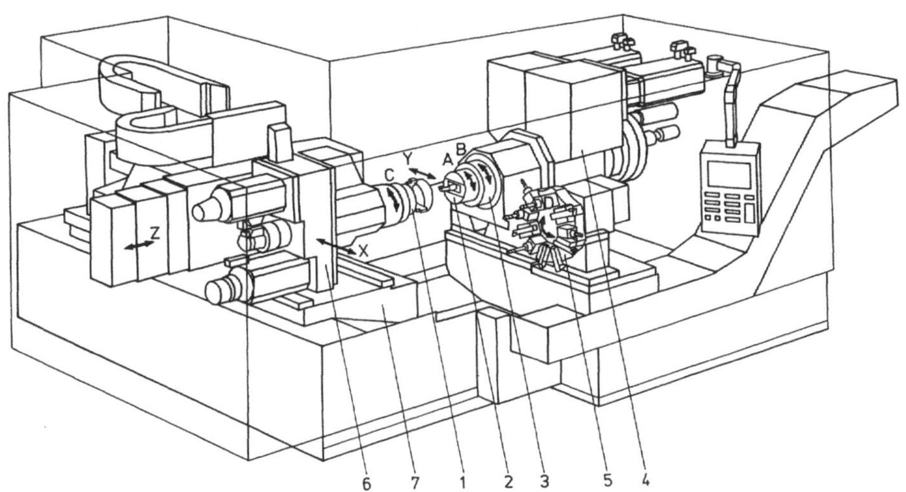

Abb. 1.11: Formdrehzentrum FDZ 100-CNC (Heckler & Koch)

die erste Spindel noch beladen wird, oder wenn umfangreiche Rückseitenbearbeitungen vorliegen, können beide Revolver an der rechten Spindel eingesetzt werden (Abb. 1.10 d).

Abbildung 1.11 zeigt ein Drehzentrum, das gleichzeitig Revolverdrehmaschine, Drehautomat und Nachformdrehmaschine ist, da unrunde Formwerkstücke beim Außen- und Innendrehen hergestellt werden können. Die Einheit 6 ist mit der Werkstückspindel 1 zum Längsdrehen in Z-Richtung und zum Planen in X-Richtung auf dem Maschinenbett 7 verschiebbar. Die Unrundbearbeitungseinheit 4 und der Revolver 5 sind ortsfest mit dem Maschinenbett verbunden. Ihre Achsen sind parallel zu Achse C der Werkstückspindel 1. Die Werkzeugspindel 2 der Unrundbearbeitungseinheit dreht das Werkzeug um die A-Achse und kann es zusätzlich radial in Y-Richtung verschieben. Die äußere Spindel 3 nimmt die Werkzeugspindel 2 exzentrisch auf. Ihre Drehung um die B-Achse erfolgt unabhängig von Spindel 2, da beide Spindeln über separate Antriebe verfügen. Für gewöhnliche Dreh- und Bohrarbeiten steht neben der Unrundbearbeitungseinheit ein Revolver mit der Schaltachse D bereit. Arbeitsbereich der Maschine: X-Achse: 500 mm, Z-Achse: 600 mm.

Verfahrgeschwindigkeit X- und Z-Achse: 1 - 15000 mm/min.

Antriebsleistung der Werkstückspindel: 20 kW.

Drehzahlbereich der Werkstückspindel: 0 - 4000 min^{-1} stufenlos.

Ein Dreh-Bearbeitungszentrum mit zwei Revolvern und einer Werkzeugwechseleinrichtung ist in Abb. 1.12 dargestellt. Der erste Revolver 1 steht mit seiner Schaltachse B rechtwinklig zur C-Achse der Werkstückspindel 3. Er verfährt in Längsrichtung W und Querrichtung U. Der zweite Revolver 2 mit seiner zur Werkstückspindel parallelen Schaltachse A kann Bewegungen in X-, Y- und Z-Richtung durchführen. Mit Hilfe der Achse Y ist ein außermittiges Bearbeiten möglich, ohne Sonderwerkzeuge einsetzen zu müssen. Für axiale Fräsarbeiten dient die Axialbearbeitungseinheit 6, die dem Sternrevolver 2 vorgesetzt ist. Das Scheibenmagazin 5 dreht sich um die

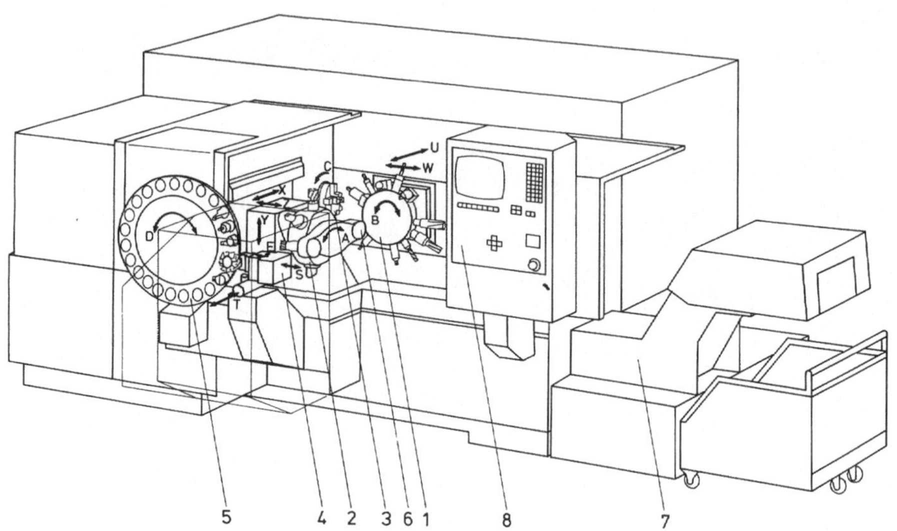

Abb. 1.12: Dreh-Bearbeitungszentrum GSC 65 (Index)

D-Achse, um das gewünschte Werkzeug in Greiferposition zu bringen. Der Werkzeugwechsler 4 zieht durch Bewegung in T-Richtung den Werkzeughalter aus dem Magazin ab. Um die Axialbearbeitungseinheit ebenfalls mit Werkzeugen bestücken zu können, verfügt der Werkzeugwechsler über die lineare Achse S und die Drehachse E. Arbeitsbereich: X-Achse: 163 mm, Z-Achse: 550 mm, U-Achse: 140 mm, W-Achse: 250 mm. Hauptantrieb durch regelbaren Gleichstrommotor von 36 kW. Drehzahlbereich der Hauptspindel 25-2500 min^{-1}, bzw. 50-5000 min^{-1}.

Das in Abb. 1.13 dargestellte Drehzentrum in Schrägbettbauweise hat zwei Werkstückspindeln und zwei Revolver. Die Bearbeitung der Vorderseite des Werkstücks wird an der Spindel 1 (Drehachse C) durch den oberen Revolver 5 (Schaltachse A) vermittels Bewegungen in Z- und X-Richtung durchgeführt. Nach der Beendigung der Vorderseitenbearbeitung des Werkstücks fährt der Kreuzschlitten 3 in U-Richtung und bringt die Spindel 2 mit der Spindel 1 in Fluchtposition. Dann fährt der Schlitten in W-Richtung, die Spindel 1 übergibt das Werkstück der Spindel 2. Das Werkstück kann nun durch den ortsfesten Revolver 6 mit der Schaltachse B von der Rückseite bearbeitet werden. Ist die Bearbeitung beendet, wird das fertige Werkstück durch einen Greifer aus der Spindel 2 entladen. Arbeitsbereich der Maschine: X-Achse: 170 mm, Z-Achse: 230 mm, U-Achse: 205 mm, W-Achse: 230 mm, Motorleistung der Spindel 1: 12 kW, Drehzahlen der Spindel 1: 50-6300 min^{-1}, Motorleistung der Spindel 2: 6 kW, Drehzahlen der Spindel 2: 1-4000 min^{-1}.

Abbildung 1.14 zeigt ein CNC-Dreh-Bohr- und Fräszentrum mit einer Werkstückspindel, zwei Revolvern und einer Werkzeugwechseleinrichtung. Für die Drehbearbeitungen an der Arbeitsspindel 1 mit der Drehachse C werden zwei Werkzeugrevolver mit den Schaltachsen A und B eingesetzt. Der obere Revolver wird auf dem Kreuzschlitten 2 und 4 befestigt und verfährt in Z- und X-Richtung. Der untere Revolver wird auf dem Kreuzschlitten 3 befestigt und fährt bei der Längs- und Planbearbeitung in U-

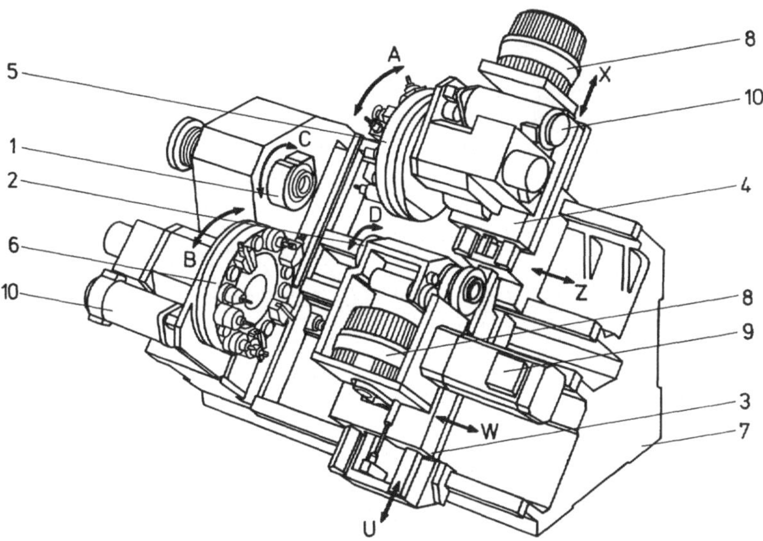

Abb. 1.13: Drehzentrum DUO 4230 (Boley)

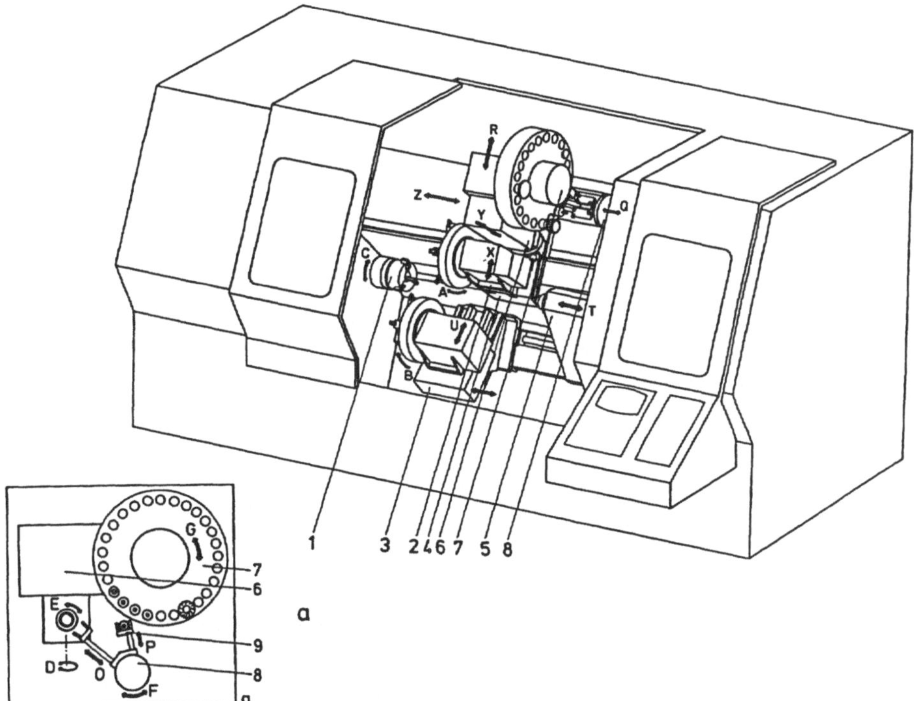

Abb. 1.14: CNC-Dreh-Bohr-Fräszentrum WNC 500 S (Voest-Alpine Steinel)
(a) Werkzeugwechsler und Werkzeugmagazin

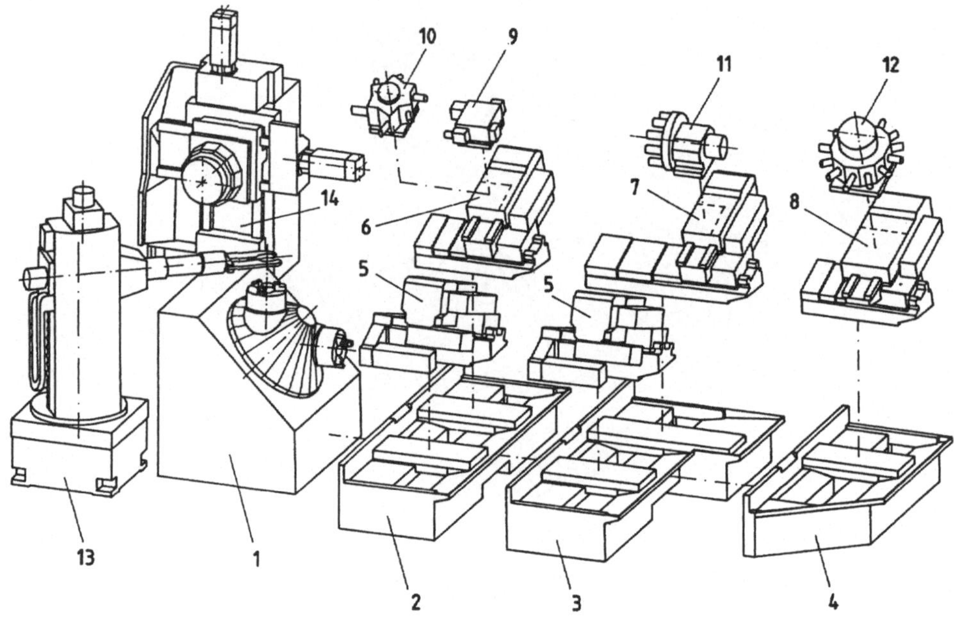

Abb. 1.15: Drehzentrum DZ 300-2 CNC (J.G. Weisser Söhne)

und W-Richtung. Der Reitstock 5 benützt beim Verschieben in der Arbeitsspindelachse die gleiche Führungsbahn. Für die Bohr- und Fräsbearbeitung wird die Fräseinheit 6, die in R-Richtung auf dem Kreuzschlitten 4 verfährt, eingesetzt. Sie kann sich noch zusätzlich in Y-Richtung bewegen. In der Mittelstellung steht die Werkzeugachse E radial zum Werkstück (Abb. 1.14 a). Aus dieser Stellung kann der Fräskopf in beide Richtungen um die Achse D mit je 90° schwenken, so daß axiales Fräsen bzw. Werkzeugwechsel möglich sind. Zum Werkzeugwechsel fährt die Fräseinheit 6 in R-Richtung auf das Werkzeugmagazin 7 zu. Der Fräskopf ist durch Drehung um die D-Achse in horizontale Lage gebracht worden, das Werkzeug kann nun vom Werkzeugwechsler 8 ausgetauscht werden. Er hat zwei Greifer 9, die in O- und P-Richtung bewegbar sind, und führt daneben noch die Drehbewegung F und die axiale Verschiebung Q aus. Das Werkzeugmagazin 7 hat vorher durch die Drehung um die G-Achse das gewünschte Werkzeug in die Wechselposition gebracht. Arbeitsbereich der Maschine: X-Achse: 380 mm, Z-Achse: 1451/2051/2451 mm, Y-Achse: 300 mm, Leistung des Hauptantriebes: 35/60,5 kW, Leistung der Frässpindel: 15 kW, Drehzahlbereich der Frässpindel: 0-3000 min^{-1}.

Abbildung 1.15 zeigt ein Drehzentrum mit zwei Hauptspindeln, vier Revolvern und einem Werkstück-Handhabegerät. Zwei Hauptspindeln sind in einem Schwenkspindelstock 1 untergebracht. Die Arbeitsspindel befindet sich in der horizontalen Lage, die Lade- und Entladespindel ist vertikal eingeordnet. Der Werkzeug-Revolver 9 hat vier, der Revolver 10 sechs, der Mehrfach-Scheiben-Revolver 11 acht und der Flachtisch-Revolver 12 zwölf Werkzeuge. Die modulare Maschinenkonzeption ermöglicht für jeden gewünschten Anwendungsfall eine entsprechende Anordnung der Werkzeugschlitten.

Linke und rechte Kreuzschlitten, welche unter 20° geneigt sind, und ein großdimensionierter vertikaler Schlitten mit einem Werkzeug-Revolver mit zwölf Werkzeugen stehen zur Verfügung. Mit dem Werkzeug-Handhabegerät 13 wird die Arbeitsspindel be- und entladen. Die Bereitstellung der Rohlinge und der fertigen Werkstücke erfolgt auf zwei Paletten. Jeweils eine Palette befindet sich im Bereich des Handhabegerätes, die andere außerhalb und frei zugänglich für das manuelle Laden und Entladen. Für den Antrieb der Hauptspindel werden Dreh- und Gleichstrommotoren mit den Leistungen 33,5/45/58 kW eingesetzt. Die höchste Hauptspindeldrehzahl ist 3150 min^{-1}.

1.1.8 Bearbeitungsbeispiele

Auf Drehmaschinen werden einfachere Dreharbeiten bis zu den kompliziertesten Dreh-, Bohr- und Fräsarbeiten durchgeführt.

Die einfachsten Dreharbeiten (Außen- und Innendrehen) werden auf den Universaldrehmaschinen realisiert. Die erzielbare Arbeitsgenauigkeit ist von der Maschine, vom Werkzeug und vom Werkstück abhängig. Die üblichen Maßabweichungen für Längen- und Durchmessermaße liegen bei 0,01 - 0,03 mm. Mit folgenden Formabweichungen kann bei Dreharbeiten auf Universaldrehmaschinen gerechnet werden:

- Zylinderform 0,01 mm,
- Rundheit 0,005 mm.

Auf Revolverdrehmaschinen und Einspindeldrehautomaten können Dreh-, Bohr- und Fräsarbeiten durchgeführt werden. Flexibilität und Anpassungsfähigkeit an sich laufend ändernde Aufgaben sind heute Forderungen, die an diese Maschinen gestellt werden. Angetriebene Werkzeuge erhöhen die Wirtschaftlichkeit dieser Maschinen. Diese Maschinen sind für praktisch alle Fälle der Bearbeitung rotationssymmetrischer Teile geeignet: Futterteile, Wellenteile, Stangenbearbeitung aus Stahl, Guß, Aluminium oder Bundmetall. Hohe Zerspanleistung, Maßtoleranzen IT6 im Dauerbetrieb und hohe Oberflächenqualitäten kennzeichnen diese Maschinen. Drei typische Bearbeitungsbeispiele sind in Abb. 1.16 dargestellt:

- Außen- und Innendrehen beim Werkstoff 100 Cr6,
- Außendrehen beim Werkstoff X40 Cr13,
- Außendrehen, Gewindedrehen und Bohren beim Werkstoff Al Cu Mg Pb F 38.

Mehrspindeldrehautomaten werden von den Abnehmern von Massendrehteilen (zum Beispiel der Automobilindustrie) bevorzugt eingesetzt. Große Universalität und Leistungsfähigkeit, relativ hohe Fertigungsgenauigkeit und prozeßfähige Fertigungseinrichtungen, die Ausschuß ausschließen, sind die Hauptmerkmale dieser Maschinen. Ein typisches Bearbeitungsbeispiel für Sechsspindel-Drehautomaten ist in Abb. 1.17 wiedergegeben.

Bei der Spindellage 1 entsteht mit einem eigens hergestellten Formwerkzeug nahezu die ganze Außenkontur der Schraube. Gleichzeitig werden bei der Bewegung des Längsschlittens das Langdrehen zum Schruppen der Außengewindefläche und das Vorbohren innen bearbeitet. Beim Weiterschalten in die nächste Lage wird die Spindel stillgesetzt. Bei der Spindellage 2 werden durch angetriebene Werkzeuge bei der Bewegung des Längsschlittens eine zweite Bohrung gebohrt und bei der Bewegung

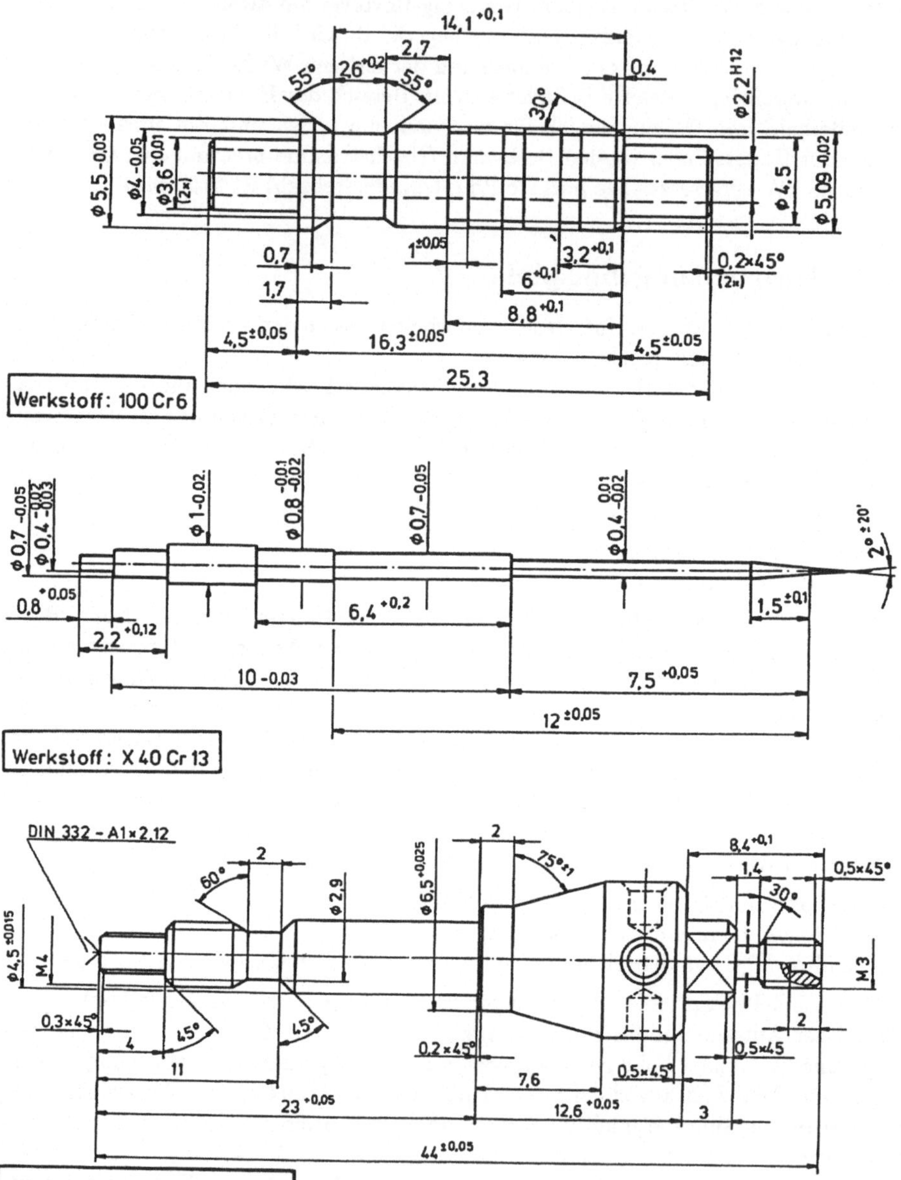

Abb. 1.16: Bearbeitung auf einspindligen automatischen Revolverdrehmaschinen (Traub)

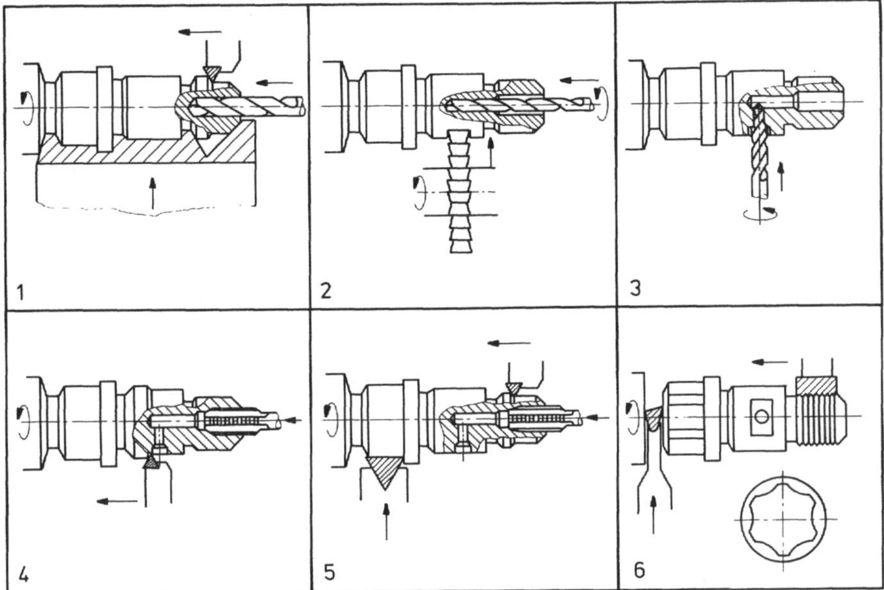

Abb. 1.17: Bearbeitung einer Hohlschraube auf dem Sechsspindel-Drehautomaten MS 25 (Index)

des Querschlittens eine Quernut mit einem Sägeblatt gefräst. Bei der Spindellage 3 wird durch das angetriebene Werkzeug die Querbohrung mit einem Stufenbohrer gebohrt und gefast. Beim Weiterschalten wird der Spindelantrieb wieder eingeschaltet. Bei der Spindellage 4 wird die Paßfläche mit der Langdreheinrichtung fertiggedreht. Das Gewindebohren innen erfolgt mit Hilfe der Gewindeschneideinrichtung. Bei der Spindellage 5 wird das Polygonprofil des Schraubenkopfes mit der Mehrkant-Dreheinrichtung gedreht. Die konkaven Flächen entstehen durch die entgegengesetzte Drehung von Messerkopf und Drehspindel und durch Veränderung des Messerkopfdurchmessers.
Gleichzeitig wird der Gewindeaußendurchmesser auf Nennmaß gedreht. Bei der Spindellage 6 entsteht mit dem selbstöffnenden Gewindeschneidkopf ohne zusätzliche Gewindeschneideinrichtung das Außengewinde. Anschließend wird das Werkstück abgestochen. Die Bearbeitung dieser Hohlschraube an dem Sechsspindel-Drehautomaten dauert unter 5 Sekunden. Die erreichten Maßabweichungen für Durchmessermaße betragen ca. 0,03 mm.

Karusseldrehmaschinen sind durch höchste Anwenderflexibilität bei sehr hoher Produktivität, minimale Umrüstzeiten, Mehrmaschinenbedienung und Prozeßüberwachung gekennzeichnet. Auf ihnen können große und schwere Werkstücke durch den Anbau von direkt angetriebenen Bohr- und Fräseinheiten komplett bearbeitet werden. Durch den robusten Gesamtaufbau der Maschinen können relativ hohe Dauergenauigkeiten erreicht werden.

In Abbildung 1.18 sind typische Bearbeitungsbeispiele an Karusseldrehmaschinen dargestellt. Außer der rotationssymmetrischen Werkstücke werden auch verschiedene

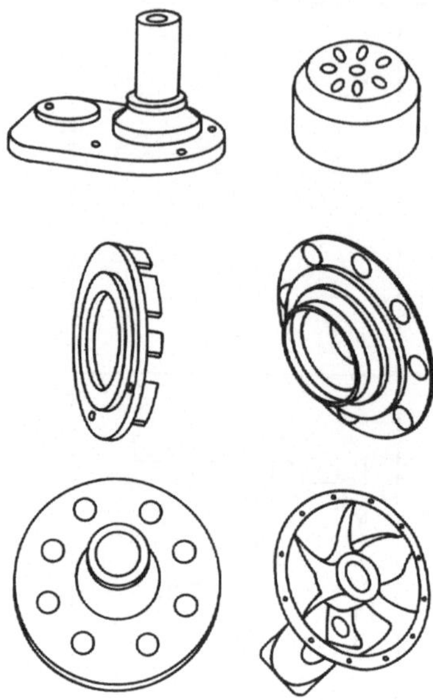

Abb. 1.18: Bearbeitung auf CNC-Karusseldrehmaschinen PV 500/PV 800 (Pittler)

Deckel und Antriebsachsen von Pkw- und Lkw-Getrieben gedreht, gebohrt und gefräst. Auf den Frontdrehmaschinen werden kleine, mittelgroße und größere scheibenförmige Werkstücke von der Vorder- und Rückseite bearbeitet.

In Abbildung 1.19 ist die Bearbeitung der Getrieberäder an einer zweispindligen CNC-Frontdrehmaschine mit zwei Flachtischrevolvern dargestellt. Innen- und Außendurchmesser und die Stirnflächen der Getrieberäder werden in den Operationen 1 und 2 (Abb. 1.19 oben) mit zwei 4-fach Flachtischrevolvern bearbeitet. Die erreichbaren Maß- und Lagetoleranzen werden auf dem Werkstück (Abb. 1.19 unten) angegeben: Maßabweichungen für die Längenmaße: ±0,02 - ±0,05 mm, Lageabweichungen: Parallelität 0,01 mm, Rechtwinkligkeit 0,03 mm. Wenn die Bearbeitung eines Werkstücks auf Standardmaschinen nicht möglich oder unwirtschaftlich ist, werden Sonderdrehmaschinen eingesetzt.

In Abbildung 1.20 ist die Bearbeitung einer Rundkaliberwalze auf einer Walzen-Drehmaschine dargestellt. Das Werkstück aus Mild-Hartguß (Chrom-Molybdän-Legierung), 380 HB wird in 7,8 Stunden bis auf 2 mm Schnittzugabe vorgeschruppt und dann in 4,2 Stunden mit Einsatz der Gleichstrom-Kopiersteuerung fertiggedreht.

CNC-Drehmaschinen mit angetriebenen Werkzeugen erweitern den Einsatzbereich von CNC-Drehmaschinen und ermöglichen die Komplettbearbeitung von Werkstücken, welche Dreh-, Bohr- und Fräsarbeiten erfordern.

Abbildung 1.21 zeigt vier charakteristische Arbeitsweisen

- Arbeiten bei rotierender Arbeitsspindel mit festen Werkzeugen,
- Arbeiten bei rotierender Arbeitsspindel mit angetriebenen Werkzeugen,
- Arbeiten bei positionierter Arbeitsspindel mit angetriebenen Werkzeugen,
- Arbeiten an lage- und geschwindigkeitsgeregelter Arbeitsspindel (C-Achse).

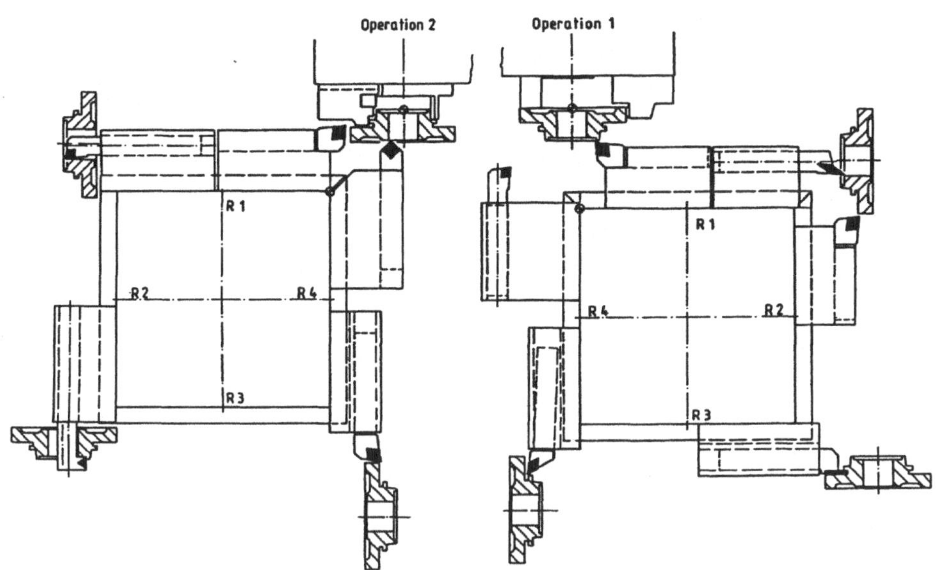

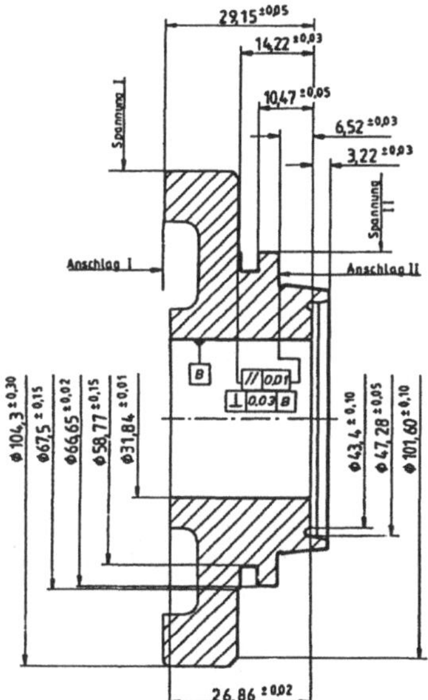

Abb. 1.19: Bearbeitung auf der zweispindligen CNC-Frontdrehmaschine mit zwei Flachtischrevolvern FRONTOR 21-2 CNC (Weisser Söhne)

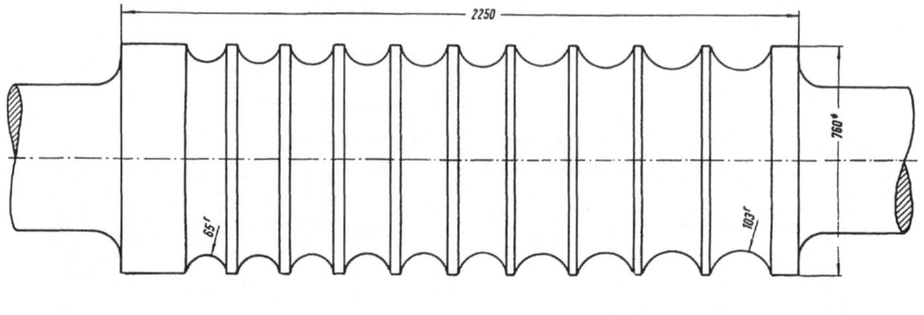

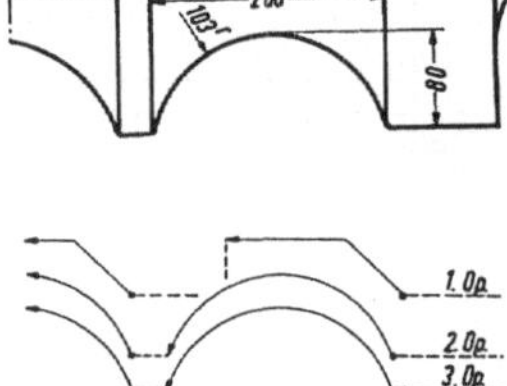

Abb. 1.20: Bearbeitung einer Rundkaliberwalze auf einer Walzen-Drehmaschine Modellreihe DW (Hoesch MFD)

Folgende Arbeiten können bei rotierender Arbeitsspindel mit festen Werkzeugen durchgeführt werden:

1. Drehen, Gewindedrehen außen und innen, Bohren, Gewindebohren;
2. Gewinden mit selbstöffnenden Köpfen;
3. Tieflochbohren;
4. Profile innen und außen räumen.
   Bei rotierender Arbeitsspindel können mit angetriebenen Werkzeugen folgende Arbeiten durchgeführt werden:
5. Bohren gegenläufig, Gewinde überunterholend;
6. Einstiche sägen, rotierend absägen;
7. Inneneinstiche sägen;
8. Mehrkantdrehen über Synchronantrieb; Gewindefräsen über Synchronantrieb.
   Bei positionierter Arbeitsspindel können mit angetriebenen Werkzeugen folgende Arbeiten durchgeführt werden:
9. Bohren, Gewinden, Nutenfräsen in Z-Richtung, Werkzeugachse innerhalb und außerhalb X-Z-Ebene der Maschine;
10. Bohren, Gewinden, Nutenfräsen in X-Richtung, Werkzeugachse innerhalb und außerhalb X-Z-Ebene der Maschine;
11. Bohren, Gewinden, Nutenfräsen schräg zu X- und Z-Achse. Werkzeugachse innerhalb und außerhalb X-Z-Ebene der Maschine;
12. Flächen und Schlitze fräsen mit Scheibenfräser mittels Durchschlitzen und Eintauchen.

Arbeiten bei rotierender Arbeitsspindel mit festen Werkzeugen

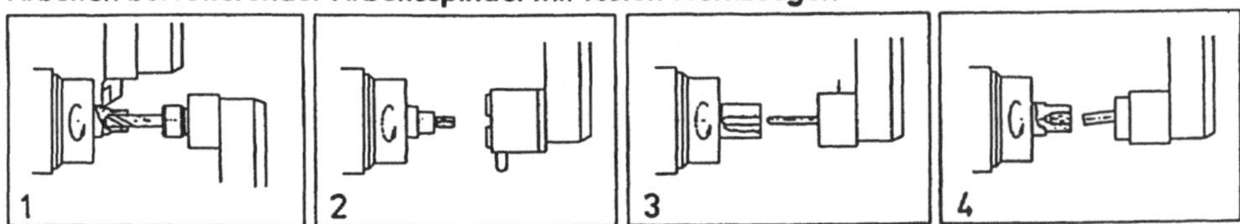

Arbeiten bei rotierender Arbeitsspindel mit angetriebenen Werkzeugen

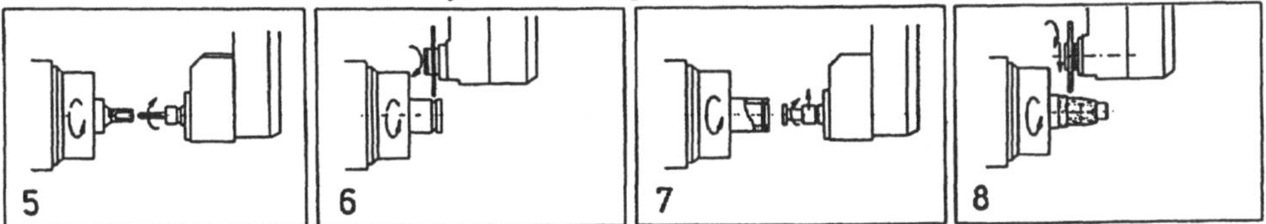

Arbeiten bei positionierter Arbeitsspindel mit angetriebenen Werkzeugen

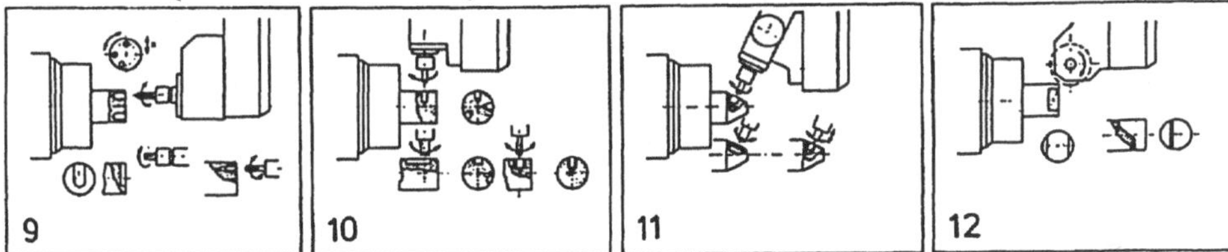

Arbeiten an lage- und geschwindigkeitsgeregelter Arbeitsspindel (C-Achse)

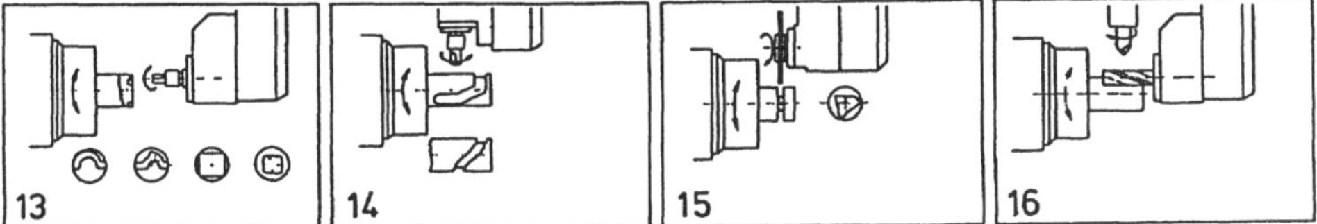

Abb. 1.21: Bearbeitung auf den CNC-Drehmaschinen mit angetriebenen Werkzeugen [3]

Folgende Arbeiten können an lage- und geschwindigkeitsgeregelter Arbeitsspindel durchgeführt werden:

13. stirnseitige Umfangsnuten, Spiralnuten, Polygone fräsen mit Schaftfräser;
14. umfangs-, längs- und schraubenlinienförmige Nuten fräsen mit Schaftfräser;
15. Polygone fräsen mit Scheibenfräser;
16. Polygone anfräsen; Konturenfräsen oder Gravieren in Stirn-, Sehnen- und Mantelflächen.

Drehzentren werden für die Mehrfach-Werkzeugbearbeitung von komplexen Werkstücken eingesetzt. Bearbeitungen durch mehrere Revolver mit angetriebenen Werkzeugen, Vorder- und Rückseitebearbeitung und Drehen mit unterschiedlichen Vorschüben kennzeichnen diese Drehmaschinen. Bis zu sechs CNC-gesteuerte Achsen werden an Drehzentren angewandt.

In Abbildung 1.22 sind einige Bearbeitungsbeispiele für Stangen-, Futter- und Wellenteile, an denen Dreh-, Bohr- und Fräsarbeiten durchgeführt werden, dargestellt.

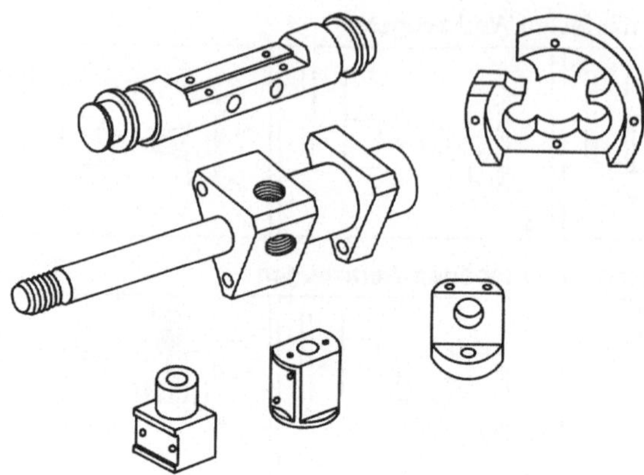

Abb. 1.22: Bearbeitung auf Drehzentren (Index)

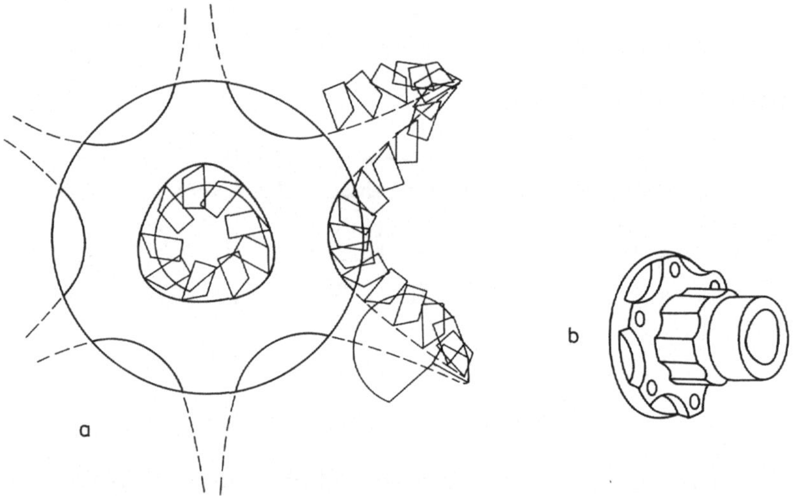

Abb. 1.23: Bearbeitung auf dem Formdrehzentrum FDZ 100-CNC (Heckler & Koch)
(a) Kinematisches Grundprinzip mit der Unrundbearbeitungseinheit (b) Werkstück

Die Kinematik der Unrundbearbeitungseinheit des Formdrehzentrum aus Abb. 1.11
ist in Abb. 1.23 dargestellt. Das Werkzeug umkreist auf einer Bahnkurve das Werkstück.
Das Werkstück rotiert um eine Achse, während sich das Werkzeug in einem weiteren,
unabhängig bewegten Spindelsystem ebenfalls dreht. Das Profil eines Formabschnittes
entsteht durch das Zusammenwirken folgender Parameter:

- Durchmesser des Flugkreises der Werkzeugschneide,
- Mittenabstand der Werkstück- und der Werkzeugspindel,
- Drehzahlverhältnis der Werkzeug- und der Werkstückspindel.

Die Anzahl der Formelemente und damit auch die Form des endgültigen Werkstückes
ergibt sich aus dem Verhältnis der Drehzahlen beider Spindelsysteme.

1.2 Bohrmaschinen

1.2.1 Übersicht der Bohrmaschinen

Bohrmaschinen werden in

- einspindelige Tisch-, Ständer- und Säulenbohrmaschinen,
- mehrspindelige Bohrmaschinen,
- Radialbohrmaschinen,
- Koordinatenbohrmaschinen,
- Tiefbohrmaschinen,
- Sonderbohrmaschinen

eingeteilt. Diese Maschinen wurden wie folgt gekennzeichnet.

Einspindelige Tisch-, Ständer- und Säulenbohrmaschinen haben eine vertikale Bohrspindel, einen Tisch, auf welchem das Werkstück gespannt wird und besitzen nur eine lineare Bewegungsachse.

Auf mehrspindeligen Bohrmaschinen können mehrere Bohrungen unterschiedlichen Durchmessers in jeder beliebigen Lage innerhalb einer nutzbaren Bohrfläche gleichzeitig gefertigt werden.

Das Charakteristische einer Radialbohrmaschine ist ihr Aufbau, d.h. ein auf einer vertikalen Säule geführter Ausleger, auf welchem sich ein in horizontaler Richtung bewegbarer Bohrschlitten befindet, die vertikale Bohrspindel und ein fester Bohrtisch.

Ein- und Zweiständermaschinen mit vertikaler Hauptspindel, die für Genauigkeitsbohrarbeiten ausgelegt werden, werden Koordinatenbohrmaschinen genannt.

Von Tiefbohrmaschinen spricht man, wenn die Bohrtiefe den Bohrdurchmesser um mehr als das 10-fache übertrifft.

Sonderbohrmaschinen sind Spezialmaschinen für besondere Einzweckbearbeitungen.

1.2.2 Einspindelige Tisch-, Ständer- und Säulenbohrmaschinen

Diese Maschinen stellen von allen Bohrmaschinen mit vertikaler Bohrspindel die einfachste Form dar.

Maschinen mit kastenförmigen Ständern werden Ständerbohrmaschinen, solche mit zylindrischen Ständern Säulenbohrmaschinen genannt. Maschinen, die keinen Zwischentisch besitzen, werden Tischbohrmaschinen genannt.

Eine einspindelige Ständerbohrmaschine mit feststehenden, am Maschinenfuß 1 angebrachten Bohrtisch 4 ist in Abb. 1.24 dargestellt. Der kastenförmige Maschinenständer 2 und der Maschinenunterbau 1 sind so ausgeführt, daß die Maschine eine hohe Steifigkeit aufweist. Der Bohrschlitten 3 ist mit der Bohrspindel 5 in der Höhe verstellbar. Der Antriebsmotor 6 treibt über ein 12-stufiges Schaltgetriebe die Bohrspindel an. Die Vorschubbewegung wird von dem Bohrschlitten 3 ausgeführt. Sechs Vorschubreihen, mit denen verschiedene Vorschubgrößen gewählt werden können, stehen zur Auswahl. Wenn die Vorschubbewegung ausgeschaltet wird, wird der Bohrschlitten durch eine Bremse in seiner Position festgehalten. Die Eilgangbewegung wird durch den Elektromotor 7 über

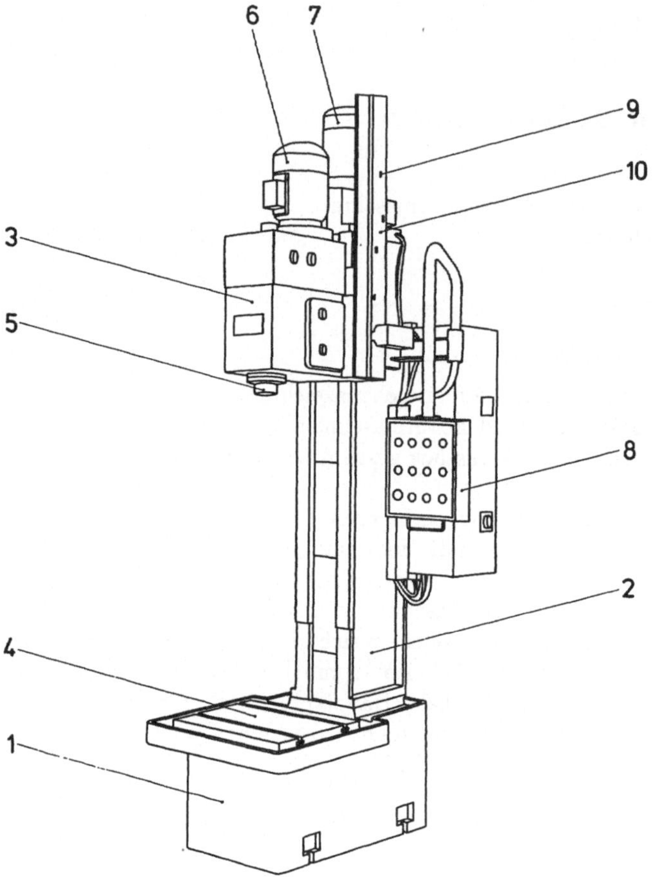

Abb. 1.24: Ständerbohrmaschine ABOMAT 35 (Alzmetall)

ein Getriebe auf die Antriebsspindel des Bohrschlittens übertragen. Die Hauptspindel wird durch einen Motor von 4 kW und 1500 min^{-1} angetrieben. Spindeldrehzahlen: von 28 - 2500 min^{-1}, Bohrschlittenhub: 700 mm, Aufspannplatte Bohrtisch: 560x450 mm.

Abbildung 1.25 zeigt eine Säulenbohrmaschine, auf der Bohrarbeiten an kleineren Werkstücken ausgeführt werden. Auf der feststehenden Grundplatte 1 steht die aus Stahlrohr gefertigte Säule 2, an welcher der in W-Richtung verstellbare Zwischentisch 3 festgeklemmt wird. Die Grundplatte und der Zwischentisch sind mit T-Nuten versehen, damit die Spannvorrichtungen befestigt werden können. Bei der Bearbeitung größerer Werkstücke wird der Zwischentisch 3 in Bewegungsrichtung A weggeschwenkt. Die Bohrspindel 5 wird vom Motor 9 über Riemengetriebe 15 angetrieben. Die stufenlose Regelung der Drehzahl erfolgt elektronisch über einen sogenannten Technologierechner, der hinter der Kommandotafel 13 angebracht ist. Zur Bearbeitung eines Werkstücks werden dazu aus den noch auf der Tafel vorgegebenen Daten die Werkstoffart, Schneid-

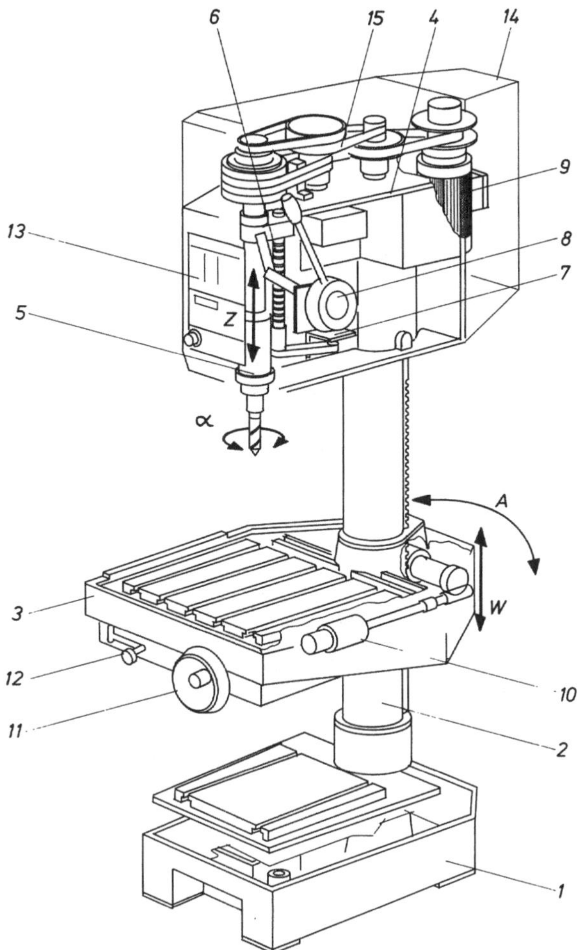

Abb. 1.25: Säulenbohrmaschine AC 32 (Alzmetall)

stoffart und der gewünschte Bearbeitungsprozeß ausgewählt, wobei wahlweise vorgegebene Kombinationen gewählt oder die Parameter einzeln eingegeben werden können. Der Rechner steuert bei der Bearbeitung den Motor für Kugelrollspindel 7, der die Kugelrollspindel für Z-Richtung 6 über einen Zahnriemen antreibt und so den Vorschub einleitet. Dies bedeutet, daß die Spindeldrehzahl der Bohrspindel völlig unabhängig von der Vorschubgeschwindigkeit gesteuert wird. Der Zwischentisch kann über eine Zahnstange auf der Rückseite der Säule in der Höhe verstellt werden. Die Verstellung kann über das Handrad 11 oder durch den Motor 10 erfolgen. Die Fixierung des Zwischentisches erfolgt durch Hebel 12. Hauptantrieb: 2,2 kW bei 1500 min^{-1}, Drehzahlbereich der Hauptspindel: 50 - 5000 min^{-1}, Pinolenhub: 180 mm, Säulendurchmesser: 147 mm, Tisch- und Aufspannfläche: 415x508 mm.

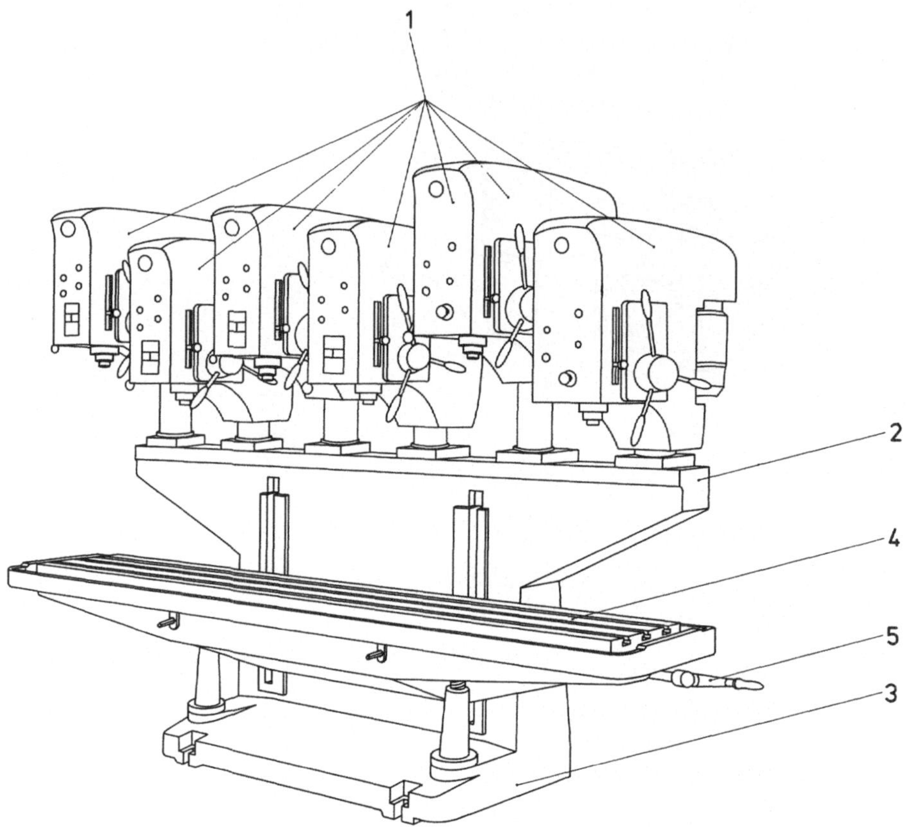

Abb. 1.26: Reihenbohrmaschine RVT 3/6 (Alzmetall)

In Abbildung 1.26 ist eine Reihenbohrmaschine in Säulen- und Tischbauart dargestellt. Die Maschine besteht aus sechs Bohreinheiten 1, einem Arbeitstisch 4, einem
Maschinenständer 2 und einem Untergestell 3. Die Anordnung der Bohroberteile ermöglicht einen rationellen Bearbeitungsablauf ohne Werkzeugwechsel, Drehzahl- und
Vorschubänderung und ohne Korrektur der Bohrtiefeneinstellung. Das Bodenteil des
Maschinenständers ist im Untergestell als Kühlmittelbehälter ausgebildet. Der Arbeitstisch wird in der Höhe verstellt, wodurch unterschiedlich hohe Werkstücke bearbeitet
werden können. Die Bohreinheiten sind auf dem Maschinenständer aufgeschraubt. Er
kann zusätzlich mit T-Nuten versehen werden, wodurch ein Verschieben der Bohreinheiten ermöglicht wird. Die Bohreinheiten können auch für halbautomatische Arbeits-
abläufe ausgelegt werden. Mit Hilfe einer Handkurbel 5 werden über ein Schraubenge-
triebe zwei Trapezgewindespindeln, die eine parallele Höhenverstellung des Arbeitsti-
sches gewährleisten, angetrieben. Der Arbeitstisch ist am Maschinenständer durch zwei
Führungsbahnen geführt. Antriebsmotor: 2,2 kW bei 1500 min^{-1}, Spindeldrehzahlen:
130-1750 min^{-1}, 110-1450 min^{-1}, Spindelhub: 160 mm, Säulendurchmesser: 145 mm,
Tischaufspannfläche: 2570x380 mm.

1.2.3 Mehrspindelige Bohrmaschinen

Diese Maschinen werden zum Bohren, Senken, Planen, Reiben und Gewindebohren eingesetzt. Durch die gleichzeitige Bearbeitung mehrerer Bohrungen unterschiedlichen Durchmessers kann bei der Anwendung dieser Maschinen die Wirtschaftlichkeit des Fertigungsprozesses gesteigert werden.

Die in Abbildung 1.27 dargestellte Gelenkspindelbohrmaschine besteht aus einer Grundplatte 1, einem Ständer 2, dem Tisch 3 und der Bohrschlitteneinheit 8, die in der senkrechten Führung des Ständers geführt und durch ein Gegengewicht gehalten wird. Der Antriebsmotor 6 treibt über Haupt- und Verteilergetriebe 7 und

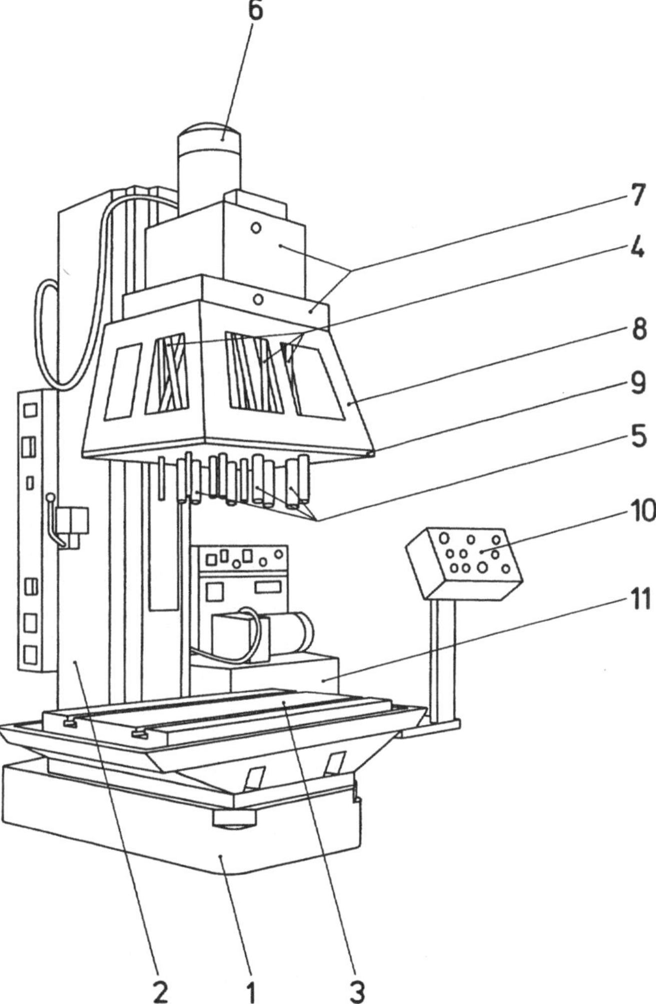

Abb. 1.27: Gelenkspindelbohrmaschine GB8 (Bluthardt)

Gelenkspindeln 4, die verschiedene Bohrbilder ermöglichen, die Bohrspindeln 5 an. Das Bohrbild wird durch Auswechseln der Bohrspindelplatte 9 und die damit verbundene Längenverstellung der Gelenkspindeln verändert. Bis zu zwölf Bohrungen können gleichzeitig auf dieser Maschine vorgenommen werden. Am Bedienpult 10 kann über einen Schalter zwischen den Betriebsarten, Maschineneinrichten und Automatikablauf gewählt werden. Die Bohrschlitteneinheit bewegt sich beim Einrichten im Eilgang, solange der entsprechende Knopf am Bedienpult gedrückt bleibt. Währenddessen kann der Spindelmotor ein- bzw. ausgeschaltet werden. Der Eilgang wird kurz vor dem Erreichen der Werkstückoberfläche durch einen vorher eingestellten Steuernocken abgeschaltet, der Arbeitsvorschub wird eingeleitet, den ein weiterer Steuernocken abschaltet. Die Eilgangbewegung zum Werkstück, die anschließende Vorschubbewegung und der Eilrücklauf können auch im Automatikablauf erfolgen. Die Vorschubbewegung wird über Hydraulikaggregat 11 gesteuert. Die Vorschubgeschwindigkeit kann stufenlos am Stromregelventil eingestellt werden. Die Gelenkspindeln bestehen aus einer außenverzahnten Welle und einem innenverzahnten Rohr, damit die Kraft beim Verschieben der Spindeln übertragen werden kann. Antriebsmotor: 5,5 kW, Gesamthub: 500 mm, Tischaufspannfläche: 500x630 mm.

1.2.4   Radialbohrmaschinen

Radialbohrmaschinen eignen sich für die Bearbeitung großer Werkstücke mit Spiralbohrern, Spiralsenkern, Reibahlen, Bohrstangen mit Führungszapfen und Gewindebohrern. Gearbeitet wird an Radialbohrmaschinen entweder nach Abriß oder in Vorrichtungen. Zur Werkstückauflage wird bei kleineren Werkstücken auf die Grundplatte der Maschine ein Kastentisch oder ein Universaltisch, der in einer Ebene bis zu 90° gekippt werden kann, verwendet. Zum Bohren auf Teilkreisen eignen sich manuell oder automatisch verstellbare Teiltische.

Abbildung 1.28 zeigt eine Radialbohrmaschine. Größere Werkstücke werden direkt auf die Spannfläche der Grundplatte 1 aufgespannt, während kleinere Werkstücke auf einen Bohrtisch gespannt werden, der mit der Grundplatte verbunden ist. Auf einer feststehenden Säule 2 ist ein Mantelrohr 3 gelagert, auf dem ein um 360° schwenkbarer und in vertikaler Richtung bewegbarer Auslegerarm 6 geführt wird. Die Höhenverstellung des Auslegerarmes erfolgt durch ein Hubgetriebe über eine Spindel. Durch die Schwenkbewegung des Auslegerarmes und die Bewegung des Bohrschlittens 4 in radialer Richtung auf den Führungen des Auslegers ist ein genaues Positionieren des Werkzeuges zum Werkstück möglich. Die Vorschubbewegung der Bohrspindel 5 kann entweder über ein Handrad oder über einen Vorschubantrieb erfolgen. Die Bohrschlittenverschiebung erfolgt über ein Handrad mittels Zahnrad und Zahnstange. Das 12-stufige Hauptgetriebe wird vom Antriebsmotor über eine Elektromagnet-Wendekupplung angetrieben. Um die Maschine bei den Bearbeitungsvorgängen zu versteifen, werden Mantelrohr und Säule, Auslegerarm und Mantelrohr, sowie Bohrschlitten und Ausleger durch eine elektrohydraulische Zentralklemmung festgeklemmt. Gewinde können manuell oder durch die halbautomatische Gewindeschneideinrichtung geschnitten werden. Spindelmotorleistung: 7,5 kW, Hubmotorleistung: 2,2 kW, Spindeldrehzahlen: 29-1450 min^{-1},

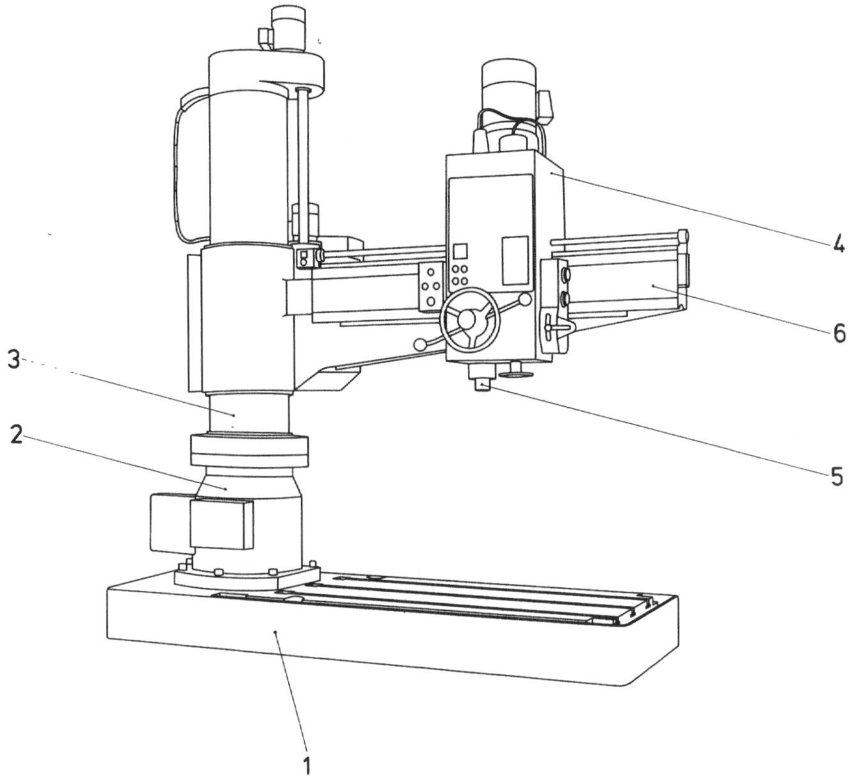

Abb. 1.28: Radialbohrmaschine R60 (Elha)

minimale/maximale Entfernung der Bohrspindel von der Säulenmitte: 315/2210 mm,
Säulendurchmesser: 420 mm.

1.2.5 Koordinatenbohrmaschinen

An Koordinatenbohrmaschinen werden zylindrische Bohrungen hoher Maß- und Formgenauigkeit bei Positioniergenauigkeiten von 0,0025 - 0,005 mm erzeugt. Starre Bauweise, Dreipunkt-Auflage des Maschinengestells und thermische Stabilisierung der Maschine sind Voraussetzung für die Erfüllung der Genauigkeitsanforderungen.

Abbildung 1.29 zeigt eine Einständer-Senkrecht-Koordinatenbohrmaschine mit
Kreuztisch. Der Grundkörper der Maschine setzt sich zusammen aus dem Bett 1 und
dem Ständer 2. Der in X- und Y-Richtung bewegliche Kreuztisch 4 ist auf dem Bett
aufgebaut. Der Bohrkopf 3 wird entlang der W-Achse in einer kombinierten Rollen-
Gleitführung und entlang der Z-Achse in einer Rollenführung am Ständer geführt. Für
Fräsarbeiten wird der Bohrkopf in seiner Position hydraulisch geklemmt. Der Spindelantrieb erfolgt über einen Gleichstrommotor 6. Der Vorschubantrieb für W-Achse
erfolgt über den Motor 8 auf eine Kugelrollspindel, für die X-Achse wird der Vorschub-

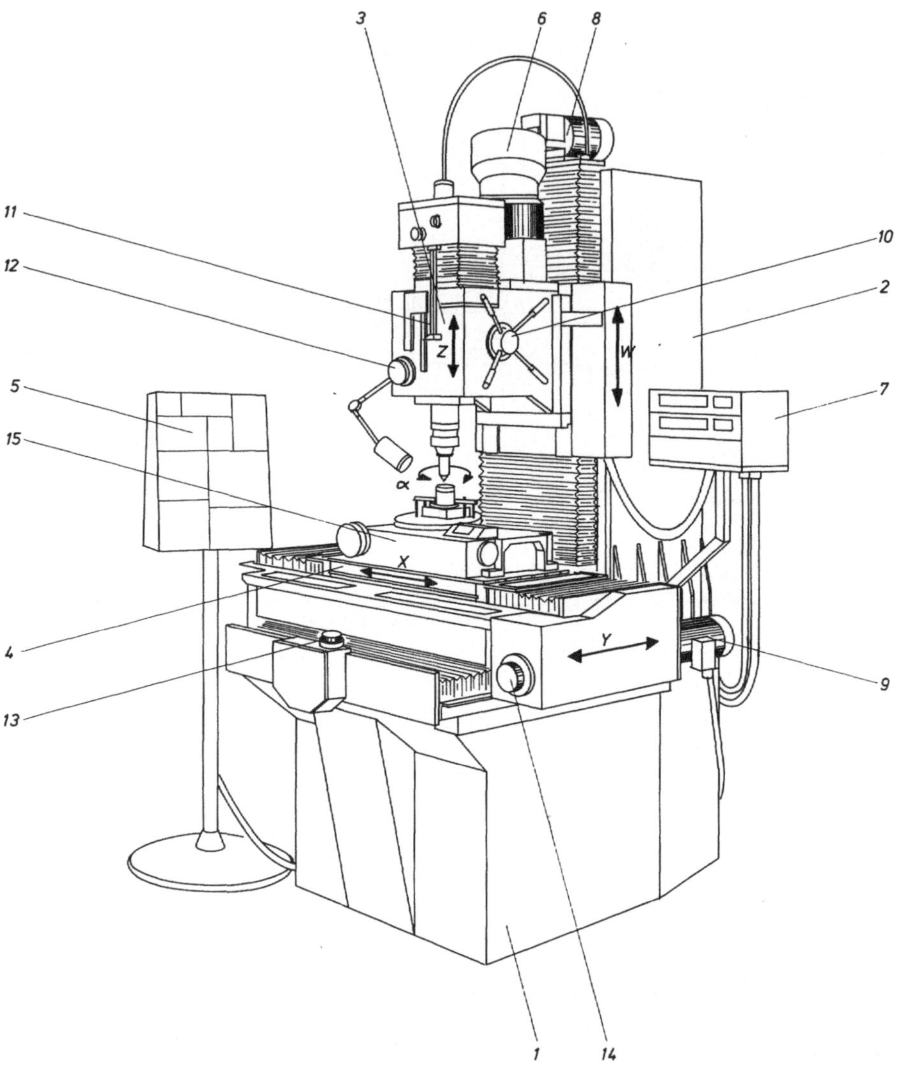

Abb. 1.29: Koordinatenbohrmaschine B3DR (Hauser)

antrieb vom Motor 9 auf die entsprechende Kugelrollspindel eingeleitet. Der manuelle
Spindelvorschub in Z-Richtung erfolgt über Handkreuz 10. Für Feinpositionierungen in
Y- und X-Richtung werden Knöpfe 13 und 14 verwendet. Zum Bohren auf Teilkreisen
wurde ein Teiltisch 15 mit Schwenkachse α auf den Kreuztisch aufgebaut. Die Steuerung
des Zerspanungsvorganges geschieht über die Kommandotafel 5. über die Digitalanzei-
geeinheit 7 können die gewünschten Koordinaten eingegeben werden. Arbeitsbereich
der Maschine: X-Achse: 400 mm, Y-Achse: 250 mm, Nutzbare Fläche des Tisches:
600x380 mm, Spindeldrehzahl stufenlos: 30-1350 min^{-1}, garantierte Positioniergenau-

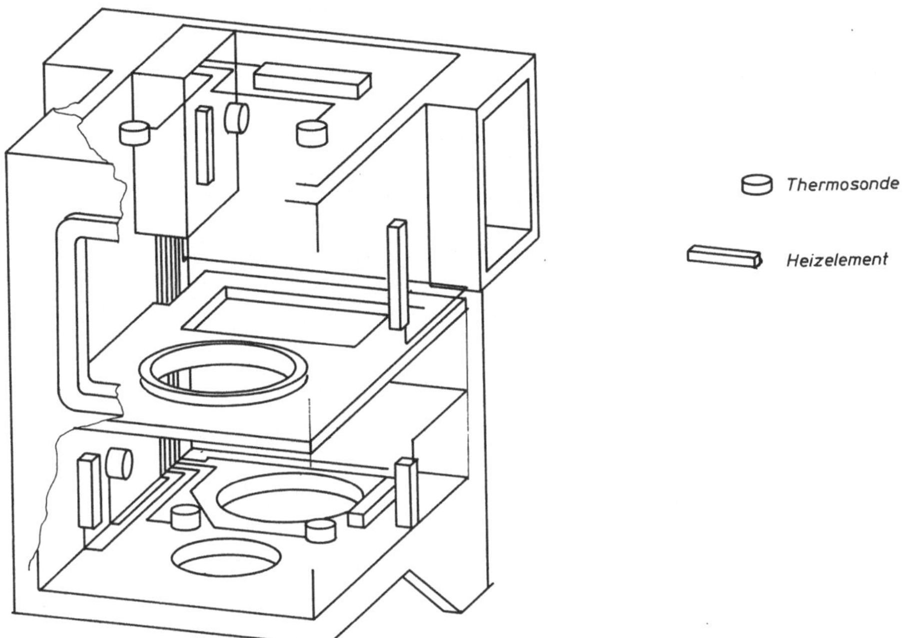

Abb. 1.30: Sondenplan für Thermostabilisierung des Bohrkopfes der Koordinatenbohrmaschine B3 DR (Hauser)

igkeit: 0,002 mm. Zum Ausgleich thermischer Einflüsse, die durch Zerspanleistung entstehen, ist der Bohrkopf thermisch stabilisiert (Abb. 1.30). Der Bohrkopf wird von Heizelementen aufgeheizt, die Temperatur wird mittels Thermosonden gemessen und von einem Steuergerät im Regelkreis verarbeitet, das die Leistung der Heizelemente entsprechend regelt.

Abbildung 1.31 zeigt eine Zweiständersenkrecht-Koordinatenbohrmaschine. Die Maschine besteht aus einem geschlossenen Zweiständerrahmen 1, einem am Rahmen in W-Richtung bewegbaren Querbalken 4, einem am Querbalken in Y-Richtung bewegbaren Bohrschlitten 5, einer in Z-Richtung bewegbaren Pinole der Bohrspindel 3 und einem in X-Richtung verfahrbaren Längstisch 2. Der starre Maschinenrahmen steht auf einer Dreipunkt-Auflage, damit die Stabilität der Maschine von der Bodenbeschaffenheit unabhängig ist und auf Versteifung durch das Fundament verzichtet werden kann. Mit Ausnahme des auf dem Querbalken in W-Richtung bewegbaren Wechselarmes 6 ist die Werkzeugwechseleinrichtung von der Maschine unabhängig. Das umlaufende Kettenmagazin 10 kann bis zu 36 Werkzeuge aufnehmen. Der Doppelgreifer 9 entnimmt das Werkzeug aus dem Kettenmagazin und schwenkt anschließend um 90°. Der Zubringer 8, der den Doppelgreifer trägt, bewegt sich entsprechend der Stellung des Querbalkens nach oben in Warteposition. Die Spindel entfernt sich vom zu bearbeitenden Werkstück in Z-Richtung, der Bohrschlitten fährt in Y-Richtung zum Wechselarm-Trägerschlitten 7. Der Wechselarm entnimmt das Werkzeug aus der Bohrspindel und schwenkt um 180° zum Doppelgreifer am Zubringer. Ein leerer Greifer des Doppelgreifers übernimmt

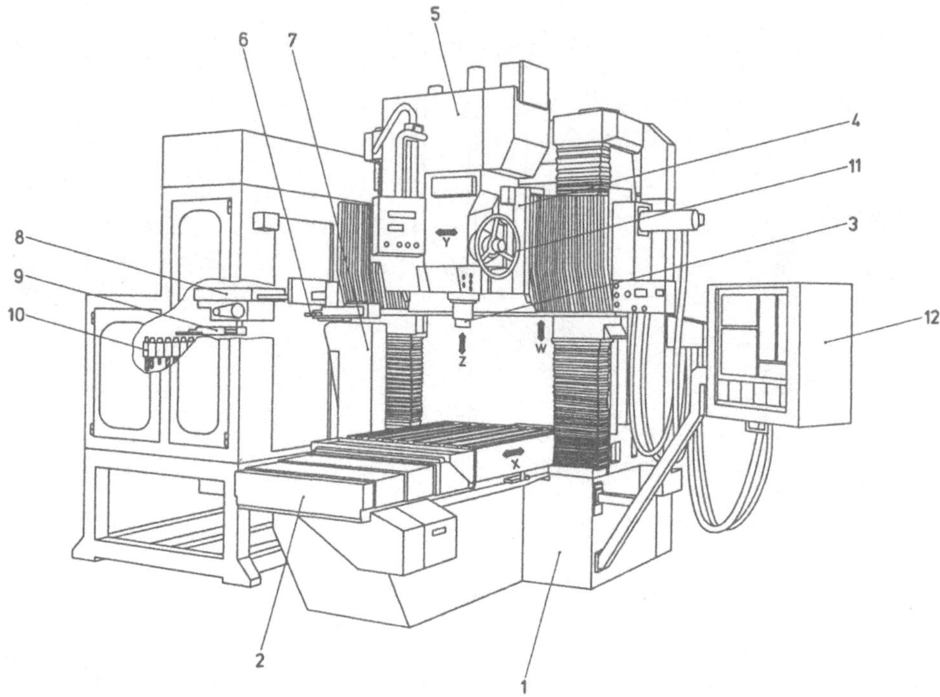

Abb. 1.31: Koordinatenbohrmaschine MP 54 (SIP/Hauser)

vom Wechselarm das alte Werkzeug und übergibt ihm das neue Werkzeug. Der Wechselarm übergibt das neue Werkzeug an die Spindel, während der Doppelgreifer das alte Werkzeug in die ihm zugeordnete Kettenstellung zurückbringt. Die Vorschubbewegung der Pinole kann mit einem Handrad 11 oder durch einen Motor erfolgen. Die Antriebe für die X-, Y-, W- und Z-Achse übernehmen Servo-Gleichstrommotoren. Für die X-, Y- und W-Achse werden die Antriebsmomente vom Motor über Kugelrollspindeln, für die Z-Achse über Zahnrad und Zahnstange eingeleitet. Für die Wegmessung aller Achsen werden Inductosyne angewandt. Spindelantrieb durch Gleichstrommotor: 5 kW, Spindeldrehzahlen: 30-800 min^{-1}, 800-3000 min^{-1}, Aufspannfläche des Tisches: 1020x860 mm, Positioniergenauigkeit für X, Y, Z-Achse: 0,0025 mm.

1.2.6   Tiefbohrmaschinen

Für längere Bohrungen werden horizontale Tiefbohrmaschienen konzipiert, für sperrige Werkstücke eignen sich vertikale Bauweisen.

In Abbildung 1.32 ist eine Horizontal-Tiefbohrmaschine dargestellt. Der Konsoltisch 2 ist auf dem Maschinenständer 1 durch zwei Spindeln gestützt und in der Höhe und in Querrichtung verstellbar, damit das Werkstück in die gewünschte Position gebracht werden kann. Auf den Führungen des Maschinenständers können der Bohrschlitten

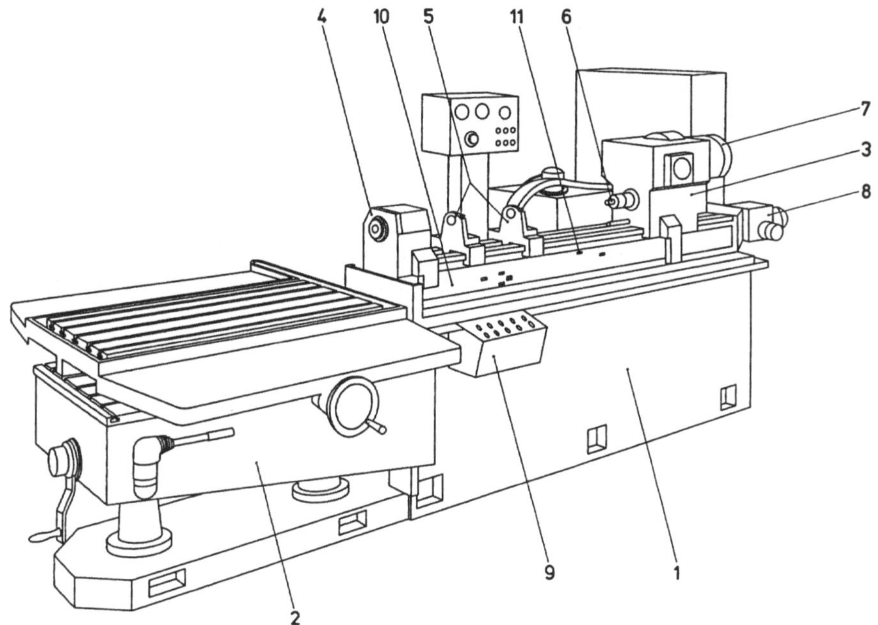

Abb. 1.32: Horizontal-Tiefbohrmaschine BH30 (Nagel)

3, der Bohrbuchsenträger 4 und die Werkzeugstützlünetten 5 verschoben werden. Der Bohrbuchsenträger und die Werkzeugstützlünetten stützen das Werkzeug ab und verhindern die Schwingungen. Der Bohrbuchsenträger sorgt weiter für einen störungsfreien Kühlmittelzufluß und Späneabfluß. Die Bohrspindel 6 wird vom Antriebsmotor 7 angetrieben, die Vorschubbewegung des Bohrschlittens wird von einem Antriebsmotor über ein P.I.V.-Getriebe 8 und weiter auf die Kugelrollspindel eingeleitet. Ein Fallschacht unterhalb der Bohrstation sorgt für den Spänetransport, eine Kühlmitteleinrichtung hinter der Maschine für eine kontinuierliche Kühlmittelzufuhr.

An dieser Maschine werden hartmetallbestückte Einlippentiefbohrwerkzeuge zum Bohren verwendet. Die Späne werden aus der Bohrung mit relativ hohem Druck herausgepreßt. Bei kleineren Bohrungen werden geringere Kühlmengen und relativ höherer Druck, bei größeren Bohrungen größere Kühlmengen und relativ niedrigerer Druck gebraucht. Mit den Einlippentiefbohrwerkzeugen können auch sehr lange Bohrungen mit hoher Formgenauigkeit und Oberflächengüte erzeugt werden. Die Bewegungsabläufe können manuell über das Bedienpult 9 oder durch den Automatikbetrieb gesteuert werden. Antriebsleistung der Spindel: 7,5 kW, Spindeldrehzahlen: 1000-6000 min^{-1}, Vorschubgeschwindigkeit: 30-170 mm/min, 70-420 mm/min, Eilgang: 3000 mm/min, Aufspannfläche-Konsoltisch: 600x1250 mm, Höhenverstellung: 250 mm, Querverstellung: 500 mm.

1.2.7   Bearbeitungsbeispiele

Auf den meisten Bohrmaschinen können Werkstücke mit Spiralbohrern, Spiralsenkern, Reibahlen, Bohrstangen und Gewindebohrern bearbeitet werden.

Abbildung 1.33 zeigt typische Bearbeitungsbeispiele, die auf den meisten Bohrmaschinen (einspindeligen oder mehrspindeligen Bohrmaschinen und Radialbohrmaschinen) durchgeführt werden können.

Die erzielbaren Abstandstoleranzen für einspindelige Tisch-, Ständer- und Säulenbohrmaschinen liegen entsprechend der Genauigkeit des an der Maschine verwendeten Maßsystems zwischen ±0,1 und ±0,020 mm. Diese Maschinen werden für die Bearbeitung von Stahl, Gußeisen, Aluminium, Buntmetallen und Kunststoff in Kleinserien - wie auch in Großserienfertigung eingesetzt.

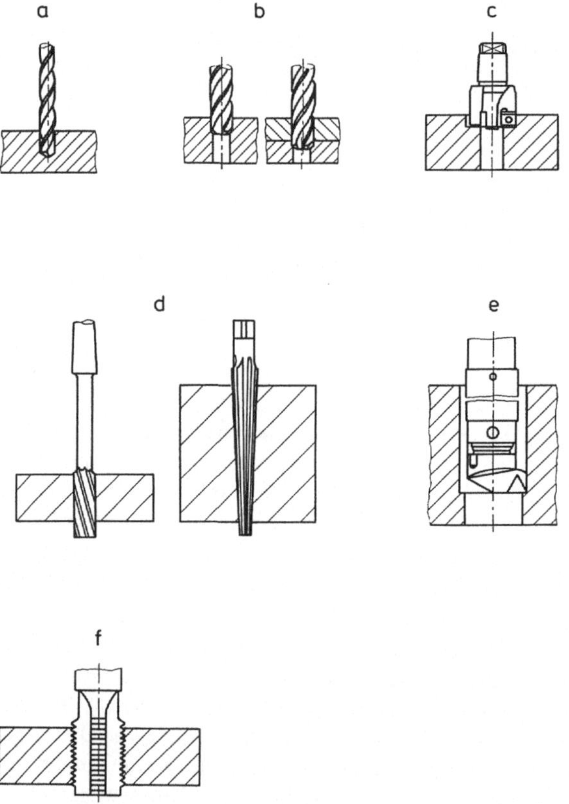

Abb. 1.33: Bearbeitungsbeispiele auf ein- bzw. mehrspindeligen Bohrmaschinen und Radialbohrmaschinen:
(a) Bohren ins Volle mit 2-schneidigem Spiralbohrer (b) Aufbohren zum Fertigstellen genauer Bohrungen und Aufbohren versetzt liegender Bohrungen (c) Planeinsenken (d) Reiben zylindrischer und kegeliger Bohrungen (e) Innendrehen mit Bohrstangen (f) Gewindebohren

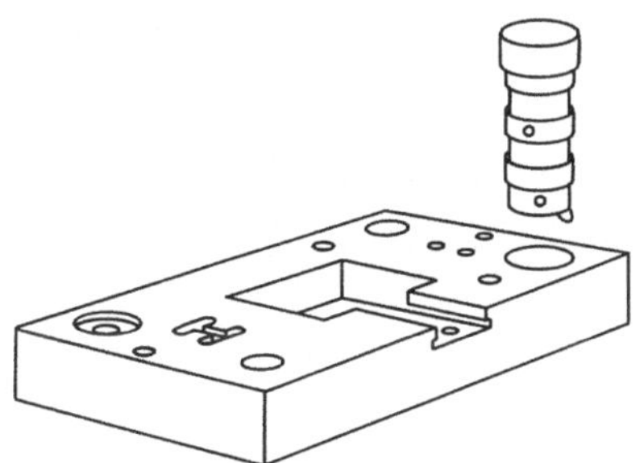

Abb. 1.34: Bearbeitung mehrerer Bohrungen hoher Maßgenauigkeit unter Einhaltung der Positioniergenauigkeit von 0,005 mm an Koordinatenbohrmaschinen

Mehrspindelige Bohrmaschinen werden im Fahrzeugbau, in der Elektroindustrie und der Armaturenfertigung für Werkstücke mit mehreren Bohrungen eingesetzt, vor allem, wenn verschiedenartige Arbeitsvorgänge auszuführen sind. Erzielbare Maß- und Abstandstoleranzen: Maßtoleranzen beim Reiben: bis zur ISO-Qualität 6, Abstandstoleranzen: 0,020 - 0,050 mm. Die mit Radialbohrmaschinen erreichbaren Abstandstoleranzen können bei Verwendung von Bohrstangen bei ±0,02 mm liegen. Mit Reibzahlen können Maßtoleranzen IT6 erreicht werden.

Die höchsten Maß-, Lage- und Formgenauigkeiten werden auf den Koordinatenbohrmaschinen erreicht. Da diese Maschinen thermisch stabilisiert sind, hohe dynamische Stabilität haben, in Dreipunkt-Auflage gestützt sind und die Bearbeitung ein einem thermisch stabilisierten Raum bei konstanter Temperatur stattfindet, können mit diesen Maschinen Positioniergenauigkeiten von 0,0025 - 0,005 mm erreicht werden. Damit gehören Koordinatenbohrmaschinen zu den genauesten Werkzeugmaschinen überhaupt. Da die Maschinen mit Werkzeugwechseleinrichtung und CNC-Steuerung ausgestattet sind, können mehrere Bohrungen mit verschiedenen Werkzeugen bei der Einhaltung der hohen Abstandstoleranzen bearbeitet werden. Auf den Zeichnungen werden die Bohrungen mit Lfd.-Nummern versehen und die Bohrungen und Abstände tabellarisch im X-Y-Koordinatensystem angegeben. Nach dem Programmieren bearbeitet die Maschine jede Bohrung einzeln und fährt zu der nächsten durch Verfahrwege in X- und Y-Richtung.

In Abbildung 1.34 ist ein typisches Bearbeitungsbeispiel für Koordinatenbohrmaschinen dargestellt.

In den meisten Fällen werden die Bohrungen mit Hilfe der Bohrstange innengedreht. Auch Plandrehen, Senken, Reiben und Nutenfräsen kommen auf diesen Maschinen in Frage. Wichtig dabei ist, daß keine großen Zerspankräfte erreicht werden dürfen, da die sonst auftretenden Verformungen am Bohrwerkzeug die Genauigkeit der Maschine nachhaltig beeinträchtigen könnten.

Tiefbohrmaschinen werden für lange Bohrungen, bei denen das Verhältnis von Länge zu Durchmesser größer als 10 ist, eingesetzt. Als Werkzeuge kommen in Frage:

- Einlippen-Tiefbohrwerkzeuge,
- BTA-Vollbohrwerkzeuge,
- Ejektor-Vollbohrwerkzeuge.

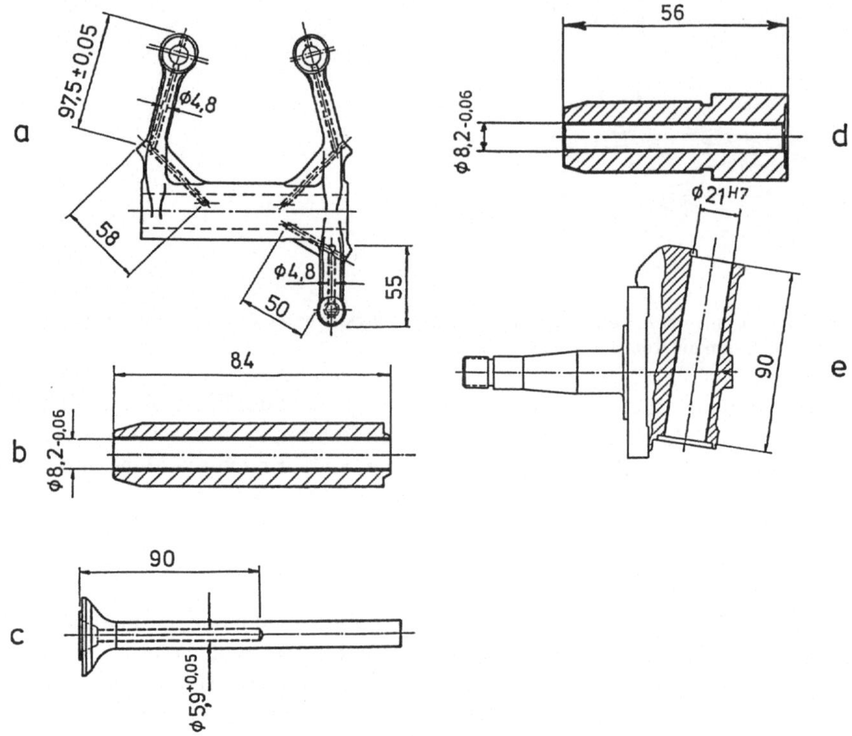

Abb. 1.35: Bearbeitungsbeispiele auf Tiefbohrmaschinen (Nagel)
(a) Kipphebel (b) Ventilführung (c) Auslaßventil (d) Kolbenbüchse (e) Achsschenkel

Das charakteristische Merkmal der Einlippen-Tiefbohrwerkzeuge ist die Kühlmittelzufuhr durch den Werkzeugschaft und die Späneabfuhr in einer V-förmigen Aussparung am Umfang. Der Hauptvorteil dieses Verfahrens liegt in der sicheren Späneabfuhr auch noch bei kleineren Durchmessern.

BTA-Vollbohrwerkzeuge haben äußere Kühlmittelzufuhr und innere Spänerückführung. Bei Ejektor-Vollbohrwerkzeugen erfolgt die Kühlmittelzufuhr zwischen Innen- und Außenrohr.

Mit Einlippen-Tiefbohrwerkzeugen können Maßtoleranzen IT 7 - IT 9 mit den Rundheitsabweichungen 0,003 - 0,005 mm und Rauhtiefen Rt 0,005 - 0,020 mm erzielt werden.

In Abbildung 1.35 sind einige charakteristische Bearbeitungsbeispiele dargestellt.

Der Kipphebel aus 41 Cr 4 N (Abb. 1.35 a), vergütet auf 1000 N/mm2, wird in der Zeit von 3,5min vollgebohrt. Passungsqualität: H9.

Die Ventilführung aus GG 26 (Abb. 1.35 b) wird in der Zeit von 0,8 min vollgebohrt. Passungsqualität: IT 8, Oberflächengüte: Rt = 6 μm.

Das Auslaßventil aus X 45/ CrNi W 189 (Abb. 1.35 c), vergütet auf 1000 N/mm^2, wird in der Zeit von 1,43 min vollgebohrt. Passungsqualität: H8, Oberflächengüte: Rt = 6μm.

Die Kolbenbüchse aus 30 Cr Al S5V (Abb. 1.35 d) wird in der Zeit von 1,4 min. vollgebohrt. Passungsqualität: H8, Oberflächengüte: $Rt = 7\mu$m. Der Achsschenkel aus CK 45 (Abb. 1.35 e), vergütet auf 800 N/mm^2, wird zuerst vollgebohrt und anschließend aufgebohrt. Taktzeit für das Vollbohren: 0,86 min, Taktzeit für das Aufbohren: 0,85 min. Passungsqualität: H7, Oberflächengüte: $Rt = 8\ \mu$m.

1.3 Fräsmaschinen

1.3.1 Übersicht der Fräsmaschinen

Fräsmaschinen werden eingeteilt in

- Konsolfräsmaschinen,
- Bettfräsmaschinen,
- Bohr- und Fräswerke,
- Universal-Werkzeugfräsmaschinen,
- Nachformfräsmaschinen,
- Waagerecht-Bohr- und Fräsmaschinen,
- Sonderfräsmaschinen.

Konsolfräsmaschinen, die als Waagerecht-, Senkrecht- und Universal-Konsolfräsmaschinen ausgeführt werden, haben eine ortsfeste Hauptspindel. Die drei Stellbewegungen des Werkstücks werden mit an der Konsole befindlichen Schlitten vorgenommen.

Für Bettfräsmaschinen ist die unveränderliche Höhenlage des Aufspanntisches und damit des Werkstücks charakteristisch.

Kennzeichnend für Bohr- und Fräswerke ist die senkrechte Verstellmöglichkeit des Fräswerkzeugs durch Höhenverstellung des an einem Einzelständer oder im Portal geführten Frässupports.

Universal-Werkzeugfräsmaschinen gestatten durch zusätzliche Aufspann- und Teilvorrichtungen sowie durch einen schwenkbaren Tisch eine optimale Anpassung an den gewünschten Bearbeitungsvorgang.

Bei Nachformfräsmaschinen bestimmt ein Fühler, der ein Modell aus leicht verarbeitbaren Stoffen abtastet, die Bewegungen des Fräswerkzeugs. Der Fühler und das Werkzeug sind so miteinander verbunden, daß sie gleiche Bewegungen ausführen. Bei Werkstücken mit mathematisch definierter Kontur können strecken- oder bahngesteuerte Werkzeugmaschinen eingesetzt werden.

Kennzeichnend für Waagerecht-Bohr- und Fräsmaschinen ist eine waagerecht liegende Hauptspindel, die axial verschiebbar ist.

Sonderfräsmaschinen sind Maschinen besonderer Art, die bei der Bearbeitung durch Fräsen entweder infolge der Form und Art der Werkstücke oder aus technologischen Gründen als speziell gestaltete Fräsmaschinen konzipiert werden. So gibt es z. B. Rotornutenfräsmaschinen, Rundfräsmaschinen für Kurbelwellen u. a. m.

1.3.2 Konsolfräsmaschinen

Obwohl Konsolfräsmaschinen infolge ihres relativ niedrigen Preises eine sehr wirtschaftliche Lösung auf den Bereich der Bearbeitung kleiner und mittelgroßer Werkstücke
darstellen und ihre Universalität groß ist, werden sie wegen ihrer geringen Steifigkeit
zunehmend von stabileren Systemen verdrängt.

In den Abbildungen 1.36–1.38 sind die drei häufigsten Ausführungen von Konsolfräsmaschinen dargestellt:

- Waagerecht-Konsolfräsmaschine (Abb. 1.36),
- Senkrecht-Konsolfräsmaschine (Abb. 1.37),
- Waagerecht- und Senkrecht-Konsolfräsmaschine (Abb. 1.38).

Eine weitere Variante ist die Universal-Konsolfräsmaschine, die durch eine waagerechte Hauptspindel und einem um die senkrechte Achse drehbaren Tisch gekennzeichnet ist.

1.3.3 Bettfräsmaschinen

Für die Bearbeitung schwerer Werkstücke bei unveränderlicher Höhenlage des Aufspanntisches werden Bettfräsmaschinen angewandt.

Drei Grundtypen von Bettfräsmaschinen sind zu unterscheiden:

- Kreuztisch-Fräsmaschine, mit zwei Werkstück- und einer Werkzeugachse,
- Tisch-Fräsmaschine, mit einer Werkstück- und zwei Werkzeugachsen,
- Starrtisch-Fräsmaschine, mit drei Werkzeugachsen.

Abbildung 1.39 zeigt eine Universal-CNC-Bettfräs- und Bohrmaschine mit festem
Ständer 1 und längs zweier Achsen (Y, Z) beweglicher Fräseinheit 2. Der Kreuzschlitten
wird am Ständer in Y-Achse geführt, die Fräseinheit mit dem Antriebsmotor 4 und dem
Spindelkasten führt die Bewegung in der Z-Achse. Ein hydraulischer Gewichtsausgleich

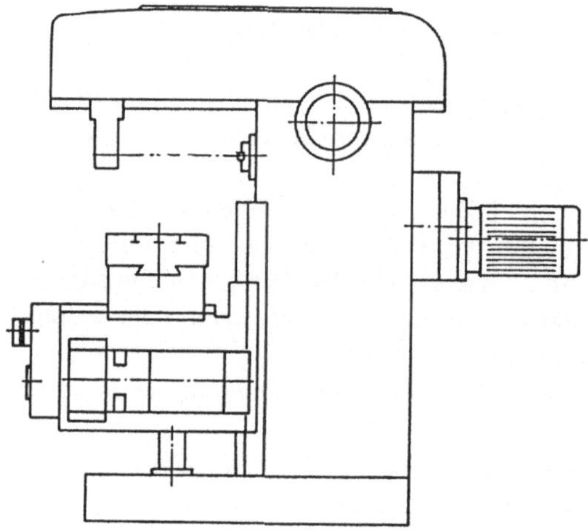

Abb. 1.36: Waagerecht-Konsolfräsmaschine (Reckermann)

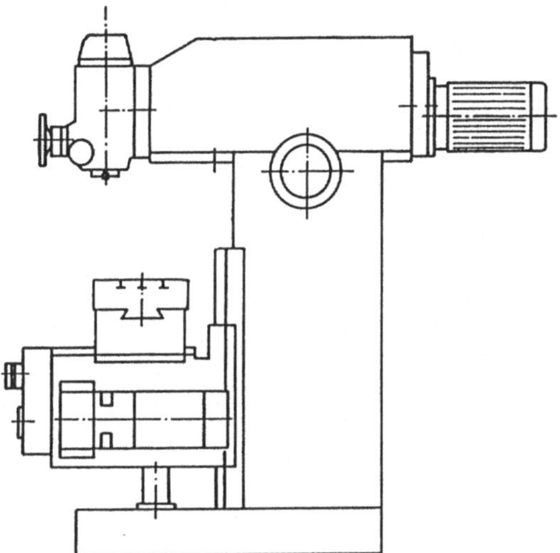

Abb. 1.37: Senkrecht-Konsolfräsmaschine (Reckermann)

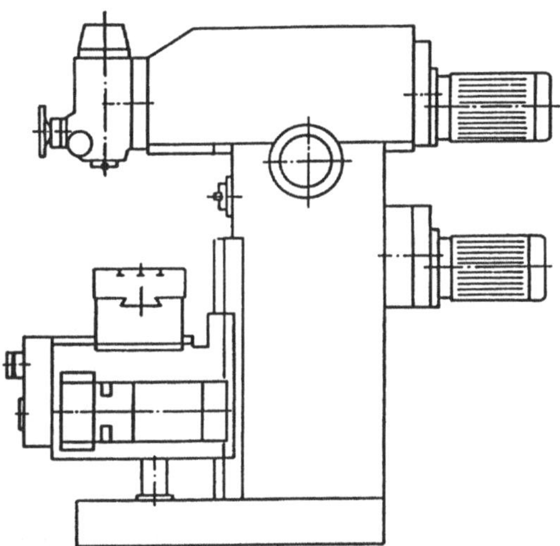

Abb. 1.38: Waagerecht- und Senkrecht-Konsolfräsmaschine (Reckermann)

ist für die Bewegung des Kreuzschlittens in Y-Richtung eingebaut. Es handelt sich hier um eine Tisch-Fräsmaschine, da der Arbeitstisch 5 eine Werkstückachse X übernimmt. Der Universalfräskopf 3 ist um die rechtwinklig zueinander angeordneten Achsen A und C drehbar. Diese zwei Drehungen des Fräskopfes sind voneinander unabhängig (Patent der Fa. Th. Kekeisen). Die Verstellung erfolgt hydraulisch in fünf programmgesteuerten Grundstellungen (Abb. 1.39 a-e) oder manuell im Tipp-Betrieb über Tasten des Steuertableaus 9. 32 Werkzeuge hängen in einer um die vertikale Achse drehbaren Trommelmagazin 7 und werden über eine Platzkodierung verwaltet. Beim Wechselvor-

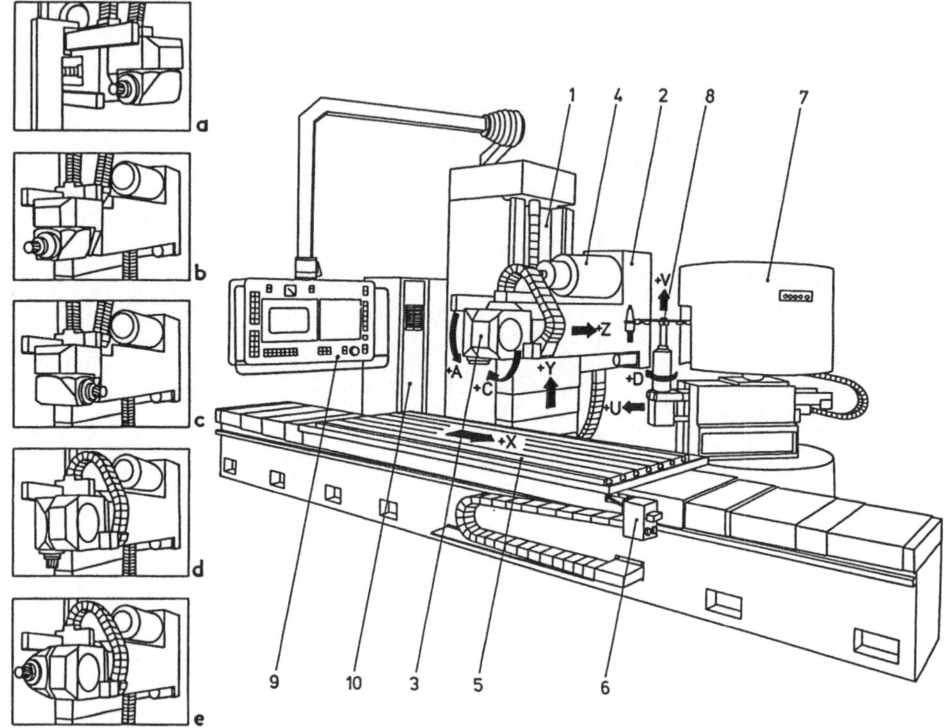

Abb. 1.39: Universal-CNC-Bettfräs- und Bohrmaschine UBF (Kekeisen)
(a) - (e) Verschiedene Stellungen des Fräskopfes durch die Drehung in zwei senkrecht zueinander
stehenden Ebenen.

gang wird der Fräskopf in vertikaler Grundstellung (Abb. 1.39 d) zu den Endstellungen
der positiven Z- und Y-Achsen verfahren. Der Doppelgreifer 8 greift aus dem Magazin
das im Programm vorgesehene Werkzeug, und bewegt sich in U- und anschließend in
V-Richtung zur Arbeitsspindel. Das nicht mehr benötigte Werkzeug wird durch den
Doppelgreifer aus der Arbeitsspindel nach unten herausgenommen. Der Doppelgreifer
schwenkt um D-Achse, setzt das neue Werkzeug in die Hauptspindel ein und bringt
anschließend das gebrauchte Werkzeug ins Magazin auf den (nach Drehung der Trommel) vorgesehenen Platz zurück. Ein am Tischende installierter Adapter 6 ermöglicht
den Anschluß von elektrisch, hydraulisch oder pneumatisch betriebenen Zusatzaggre-
gaten (Spannvorrichtungen, NC-Rundschalttisch oder Wendespanner). Arbeitsbereich
der Maschine: X-Achse: 1600-4000 mm, Y-Achse: 1000 mm, Z-Achse: 1000 mm, Tischaufspannfläche: 840x1800-4200 mm. Hauptantrieb durch Drehstrom-Asynchronmotor:
Leistung: 15 kW, Hauptspindeldrehzahlen: 32-1600 min^{-1} mit Stufensprung: $\varphi= 1{,}25$,
Vorschubantriebe durch Drehstrom-Servomotoren, Vorschubgeschwindigkeit stufenlos
regelbar von 0-4000 mm/min, Eilgang 8000 - 10000 mm/min.

Bei der in Abb. 1.40 dargestellten Bettfräsmaschine handelt es sich ebenfalls um eine
Tisch-Fräsmaschine mit festem, in Portalbauweise ausgeführtem Ständer. Der Portal

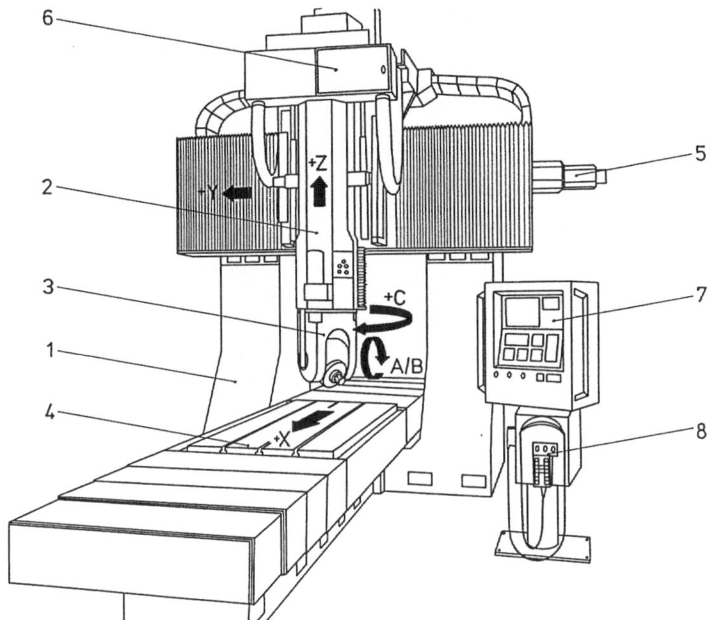

Abb. 1.40: Bettfräsmaschine in Portalbauweise FPV 1000 SM 20/15 NW (Droop & Rein)

1 besteht aus dem Maschinenfuß und Ständer mit angeschraubten Querhaupt, an welchem ein Kreuzsupport entlang der Y-Achse geführt wird. Der Spindelkasten 2 wird auf dem Kreuzsupport längs der Z-Achse geführt. Der Tisch 4 bewegt sich auf dem feststehenden Bett in X-Richtung. Durch den Gabelfräskopf 3 werden neben den 3 Hauptachsen noch zusätzlich die A-, B- und C-Achse angesteuert. Ein Werkzeugwechsler mit einer Kapazität von 24 Werkzeugen ist an der rechten Seite des Maschinengestells befestigt. Auf dem Spindelkasten befindet sich ein Schaltschrank 6, in dem sich die Anschlüsse für die elektrische, pneumatische und hydraulische Versorgung des Spindelkastens befinden. Für die Vorschubantriebe wurden Drehstrom-Servomotoren 5 vorgesehen. Die Steuerung 7 ist mit einem Handhabungsgerät 8 zum Positionieren ausgerüstet. Arbeitsbereich der Maschine: X-Achse: 3000 mm, Y-Achse: 1850 mm, Z-Achse: 1000 mm, Tischaufspannfläche: 2300x1000 mm, Eilganggeschwindigkeit X-, Y-, Z-Achse: 8000 mm/min, Vorschubgeschwindigkeit X-, Y-, Z-Achse: 0-5000 mm/min, Hauptantrieb: Leistung 20 kW, Drehzahlen stufenlos regelbar bis 4000 min^{-1}.

In den Abbildungen 1.41 und 1.42 sind zwei Starrtisch-Fräsmaschinen mit drei Werkzeugachsen dargestellt. Die besondere Steifigkeit bzw. die Starrheit des Tisches ist das kennzeichnende Merkmal dieser Maschinen. Alle Maschinen werden geliefert mit:

- CNC-Steuerungen,
- automatischen Schwenkköpfen,
- automatischem Werkzeugwechsler,
- CNC-Rundtischen,
- Palettiereinrichtungen.

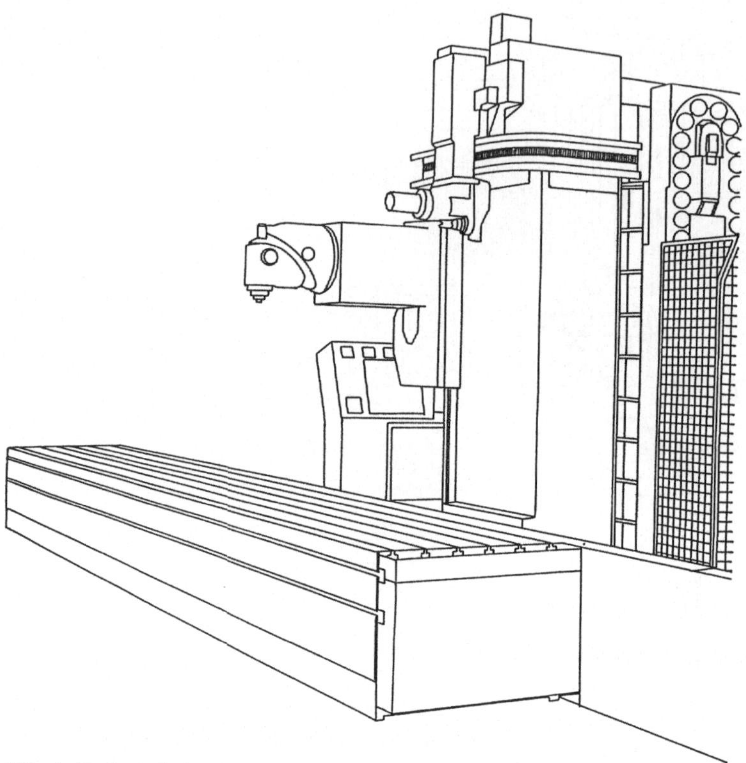

Abb. 1.41: Starrtisch-Fräsmaschine HE (Butler Newall)

Tischgrößen: 4000 - 14000 x 1030 mm, Verfahrwege: Längs (X) 2200 - 12200 mm, Senkr. (Y) 1150/1650/1950 mm, Quer (Z) 1050 mm, Antriebsleistung: 30 kW.

1.3.4   Bohr- und Fräswerke

Mittelgroße und große Werkstücke werden wirtschaftlich ohne zusätzliches Drehen des Werkstücks fünfseitig an Bohr- und Fräswerken bearbeitet.

In Abbildung 1.43 ist ein Universal-Fräs- und Bohrwerk mit starrem Ständer und längsverfahrbahrem Rundtisch dargestellt. An dieser Maschine ist eine fünfseitige Bearbeitung in einer Aufspannung möglich. Der Rundtisch ist direkt auf die Führungsbahnen aufgesetzt, dadurch wird ein großer Arbeitsraum, große Stabilität und hohe Genauigkeit gewährleistet. Die Universalität des Fräskopfes in Verbindung mit dem Rundtisch ermöglicht die fünfseitige Bearbeitung und das Fräsen von schrägen Flächen in einer Aufspannung. Mit der ausfahrbaren Pinole ist das Bohren in jeder Winkelstellung möglich. Arbeitsbereich: Längsrichtung (X): 2500 mm, Spindelstockschlitten senkrecht (Y): 1700/2000 mm, Spindelstock waagerecht-quer: 1300/1500 mm, Gesamtleistung: 55 kW.

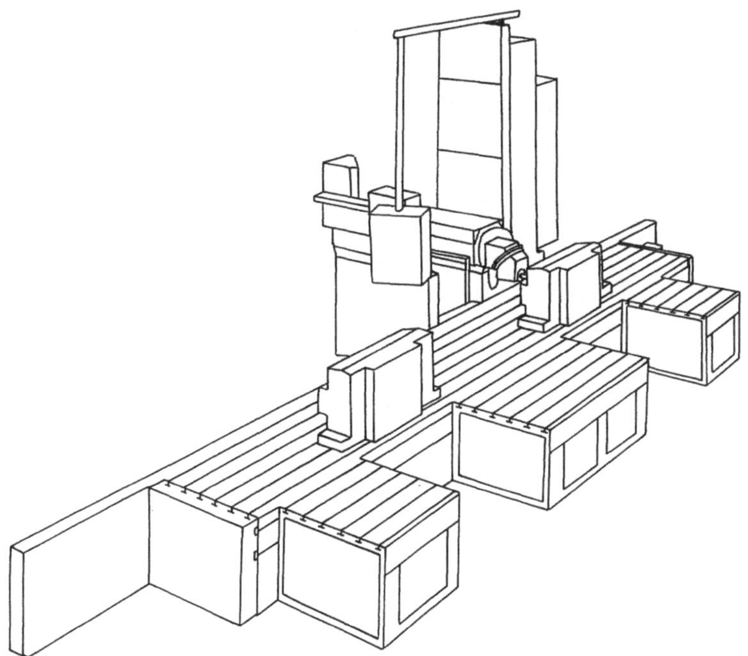

Abb. 1.42: Starrtisch-Fräsmaschine mit breitem Tisch (Butler Newall)

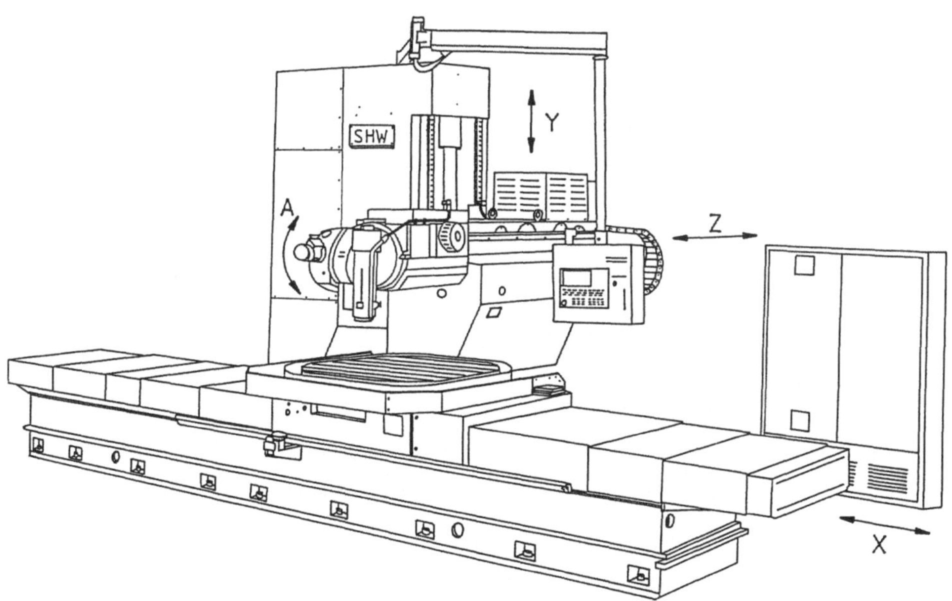

Abb. 1.43: Universal-Fräs- und Bohrwerk UF 6 (SHW)

1.3.5   Universal-Werkzeugfräsmaschinen

Die Universal-Werkzeugfräsmaschinen werden für den Werkzeug-, Formen-, Modell-, Gesenk- und Vorrichtungsbau für Einzel-, Klein- und Mittelserien eingesetzt.

Abbildung 1.44 zeigt eine Universal-Werkzeugfräsmaschine mit Schrägrevolverkopf und Universal-Frästisch. Der Revolverkopf ermöglicht den automatischen Schnellumschlag von horizontaler auf vertikale Bearbeitung mit eingespanntem Werkzeug. Der Universal-Frästisch wird hydraulisch oder mechanisch um seine Schwenkachse verstellt. Bewegungsbereich: Tisch längs (X-Achse): 1000 mm, Spindelstock quer (Y-Achse): 700 mm, Schlitten senkrecht (Z-Achse): 600 mm, Hauptantrieb durch Gleichstrommotor: 20 kW, Vorschübe X, Y, Z: 4000 mm/min, Eilgang X, Y: 6000 mm/min.

1.3.6   Nachformfräsmaschinen

Im Spritzgußformenbau, Gesenkbau sowie in der Automobilindustrie werden häufig Nachformfräsmaschinen angewandt.

Abbildung 1.45 zeigt eine einspindelige Senkrecht-Kopierfräsmaschine.

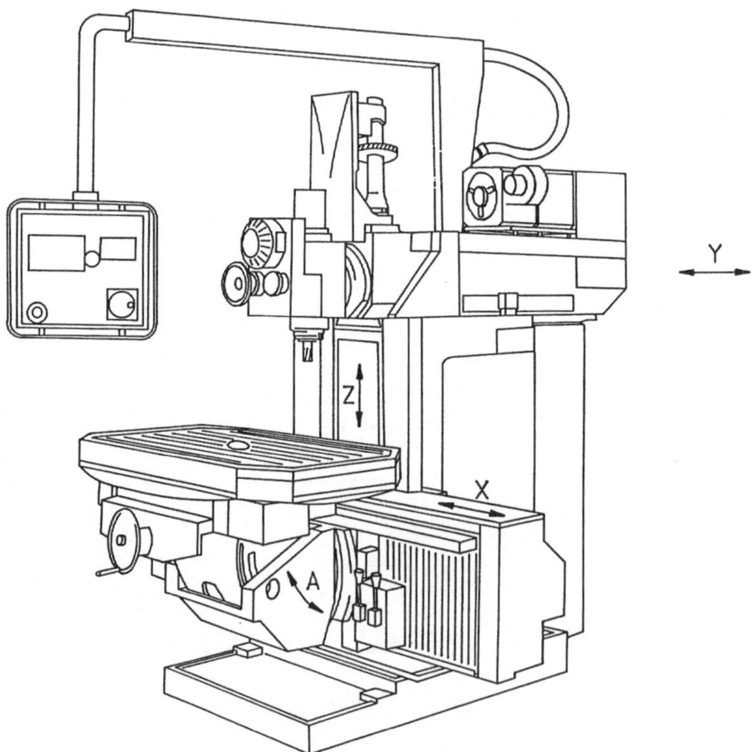

Abb. 1.44: Universal-Werkzeugfräsmaschine UF 31 (SHW)

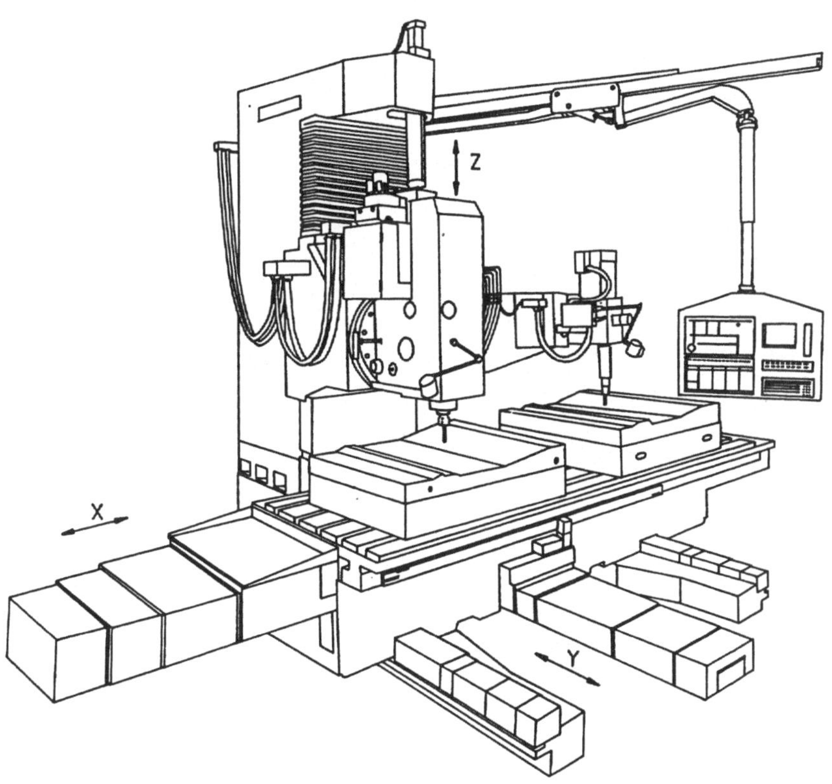

Abb. 1.45: Einspindelige Senkrecht-Kopierfräsmaschine FSM 1255 DA 30K (DROOP & REIN)

An dieser Maschine ist die Bearbeitung steiler und tiefer Konturen durch Schrägstellung des Kopierfühlers und der verschiedenen Fräsköpfe bis zu 30° möglich. Während des Kopierfräsens des ersten modellgleichen Werkstückes mit dem Kopiersystem dieser Maschine können die Fräserbahnen auf Datenträger abgespeichert werden. Ein spiegelbildliches oder modellgleiches Werkstück läßt sich dann nach den digitalisierten Daten mit CNC fräsen. Kopierbereich modellgleicher Werkstücke: 2400 x 1250 mm, Aufspanntisch: 3000 x 1250 mm, Verschiebungen: längs (X-Achse): 2400 mm, quer (Y-Achse): 1250 mm, Höhenverschiebung (Z-Achse): 1000 mm, Antriebsleistung-Fräseinheit: 30 kW, Eilgänge X, Y, Z: 6000/4000 mm/min.

1.3.7 Bearbeitungsbeispiele

Auf den meisten Fräsmaschinen können Werkstücke mit kombinierten Werkzeugen zum Stirn- und Umfangsfräsen bearbeitet werden.

Abbildung 1.46 zeigt typische Bearbeitungsbeispiele, die mit kombinierten Werkzeugen in einem Arbeitstakt ausgeführt werden können.

In Abbildung 1.47 ist ein Werkstück dargestellt, das mit verschiedenen Fräsverfahren

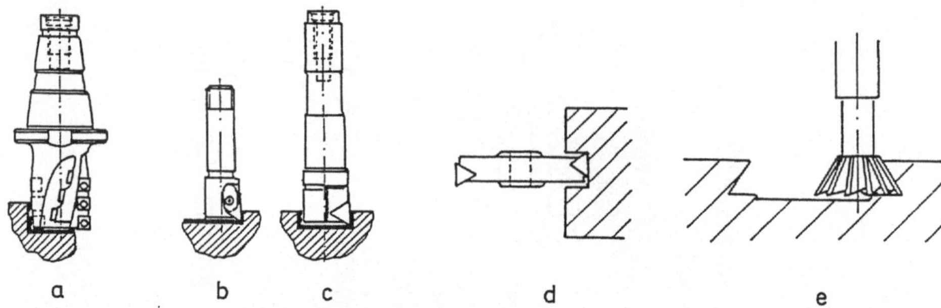

Abb. 1.46: Bearbeitungsbeispiele beim Fräsen mit kombinierten Werkzeugen zum Stirn- und Umfangsfräsen, [5]
(a) Konturfräsen mit Walzenstirnfräser, (b) Konturfräsen mit Schaftfräser, (c) Nutenfräsen mit Schaftfräser, (d) Nutenfräsen mit dreiseitig schneidendem Scheibenfräser, (e) Winkelfräsen mit Formfräser

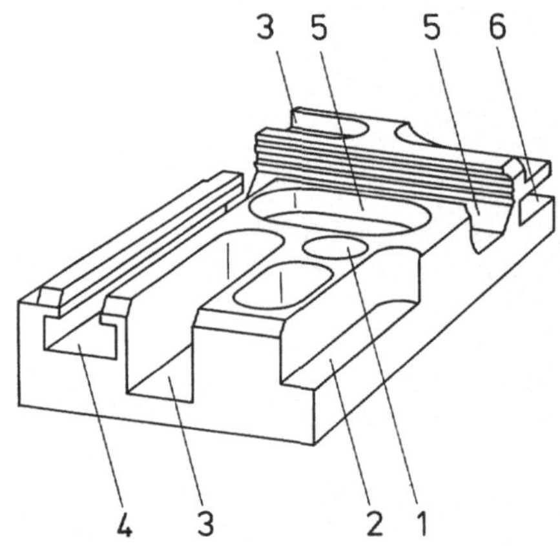

Abb. 1.47: Werkstück, nach verschiedenen Fräsverfahren bearbeitet 1 Senkfräsen mit Schaftfräser 2 Konturfräsen mit Walzenstirnfräser 3 Nutenfräsen mit Walzenstirnfräser 4 T-Nutenfräsen 5 Planfräsen 6 Nutenfräsen mit Scheibenfräser.

bearbeitet wurde. Die Fläche 2 wird z. B. durch Konturfräsen mit Walzenstirnfräser erzielt; sie ist mit der Fläche „a" in Abb. 1.46 identisch. Analog wird die Fläche 6 durch Nutenfräsen mit Scheibenfräser erreicht und ist mit der Fläche „d" in Abb. 1.46 identisch.

Auf Konsolfräsmaschinen werden die verschiedenartigsten Fräsarbeiten an kleinen und mittelgroßen Werkstücken durchgeführt. In Abbildung 1.48 sind einige charakteristische Bearbeitungsbeispiele auf waagerechten und senkrechten Konsolfräsmaschinen dargestellt. Das Normalfräsen wird auf waagerechten Konsolfräsmaschinen mit Walzenfräsern und auf senkrechten Konsolfräsmaschinen mit Walzenstirnfräsern durchgeführt (Abb. 1.48 a).

Wenn Werkstückflächen unterbrochen sind, wird Normalfräsen mit Sprungtischvorschub angewandt, um die Hauptzeit zu verkürzen (Abb. 1.48 b).

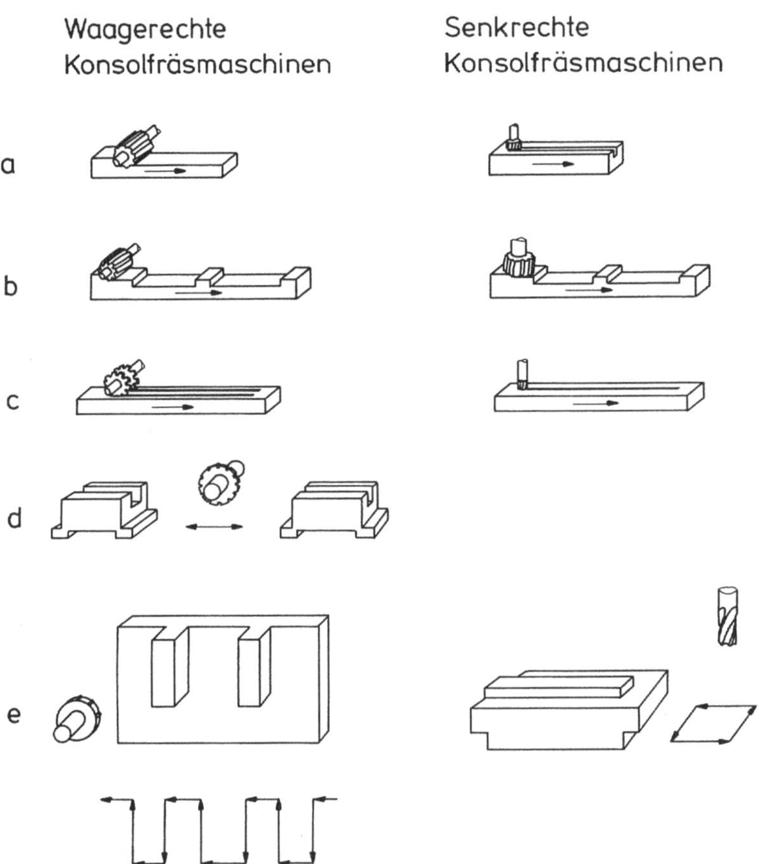

Abb. 1.48: Bearbeitungsbeispiel auf waagerechten und senkrechten Konsolfräsmaschinen
(a) Normalfräsen (b) Normalfräsen mit Sprungtischvorschub (c) Schlitzfräsen (d) Pendelfräsen
(e) Rahmenfräsen

Wenn auf einer bestimmten Länge in das Werkstück Schlitze eingefräst werden sollen, taucht das Werkzeug in das Werkstück hinein, dann werden die Schlitze auf die vorgesehene Länge gefräst (Abb. 1.48 c).

Beim Pendelfräsen (Abb. 1.48 d) können zwei Werkstücke gleichzeitig bearbeitet werden. Um die Hauptzeit zu verkürzen, wird wie beim Fräsen mit Sprungtischvorschub beim Ausfahren aus dem Werkstück der Eilgang eingeschaltet.

Beim Rahmenfräsen (Abb. 1.48 e) bewegt sich der Maschinentisch mit dem Werkstück in zwei Koordinatenrichtungen.

Da Bettfräsmaschinen wesentlich höhere Steifigkeiten als Konsolfräsmaschinen aufweisen, kann auch bei der Bearbeitung auf ihnen mit höheren Arbeitsgenauigkeiten gerechnet werden. Diese hängen freilich auch noch von der geometrischen Genauigkeit der Maschine, von der Positioniergenauigkeit und von der Steuerung ab. Bettfräsmaschinen sind für die Bearbeitung schwererer Werkstücke geeignet.

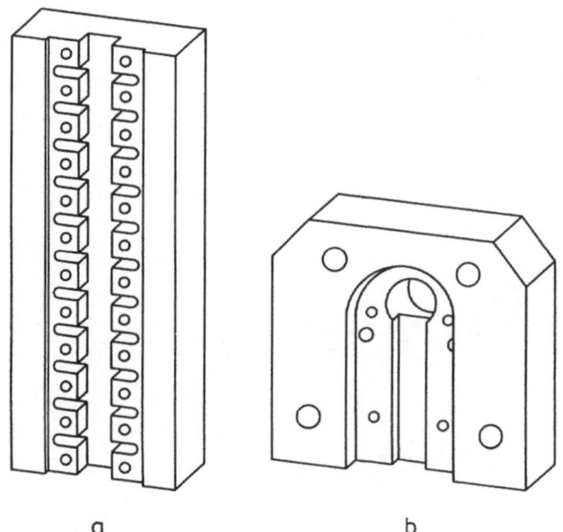

a   b

Abb. 1.49: Bearbeitungsbeispiel auf CNC-Universal-Fräs- und Bohrmaschinen FPA (DECKEL)
(a) Messer-Platte (b) Schieber-Einsatz

Bohr- und Fräswerke sind für die Bearbeitung mittelgroßer und großer Werkstücke
geeignet. Die erzielbare Parallelität liegt bei 0,010 mm/1000 mm bis 0,030 mm/10000
mm, die erzielbare Rechtwinklichkeit beträgt 0,020 mm/1000 mm - 0,050 mm/4000
mm. Die Positioniergenauigkeiten betragen 0,010 mm - 0,025 mm.

In Abbildung 1.49 sind Bearbeitungsbeispiele dargestellt, die typisch für alle Universal-Werkzeugfräsmaschinen sind. An den dargestellten Werkstücken (Messer-Platte
und Schieber-Einsatz) werden auf diesen Maschinen alle Ausfräsungen und Bohrungen
bearbeitet. Für die Messer-Platte aus Werkzeugstahl beträgt die Bearbeitungszeit eine
Stunde, für den Schieber-Einsatz, auch aus Werkzeugstahl, ist die Bearbeitungsdauer
40 min.

Da die Fertigung hochpräzise, schnell, kostengünstig und für ein breites Teilespek-
trum geeignet ist, werden diese Maschinen in fast jeder Werkstatt gebraucht.

Abbildung 1.50 zeigt ein Bearbeitungsbeispiel beim Fräsen eines Modellbaus auf
einer Nachformfräsmaschine. Der Kopierfühler (Abb. 1.50 b), der ein Modell abtastet,
bestimmt die Bewegung des Fräswerkzeuges (Abb. 1.50 a).

Bei Werkstücken mit mathematisch definierter Kontur können die Bearbeitungen
durch mehrachsenbahngesteuerte Werkzeugmaschinen, d.h. ohne Kopierfühler durchgeführt werden.

In Abbildung 1.51 ist ein Bearbeitungsbeispiel beim Fräsen eines Modellbaus auf
einer Vertikal/Horizontal-Bohr- und Fräsmaschine mit sechs CNC-gesteuerten Achsen
dargestellt. Diese Maschinen sind in Einständerbauweise mit runddrehbarem Kreuztisch und einem 2-Achs-Schwenkkopf für vertikale und horizontale Bohr- und Fräsarbeiten
konzipiert.

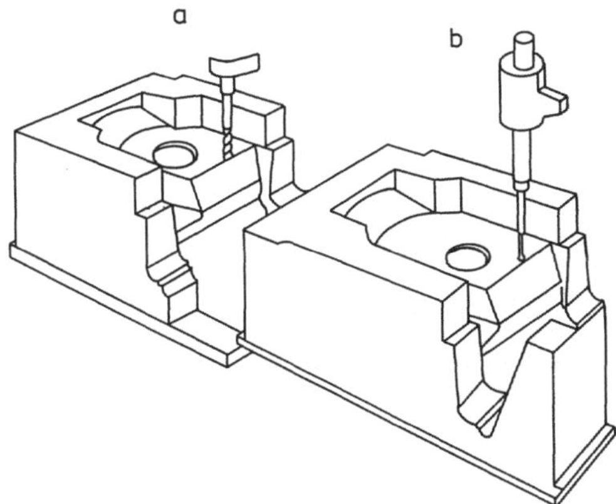

Abb. 1.50: Bearbeitungsbeispiel beim Fräsen eines Modellbaus auf einer Nachformmaschine mit Kopierfühler
(a) Kopierfräsen (b) Modellkopierfühler

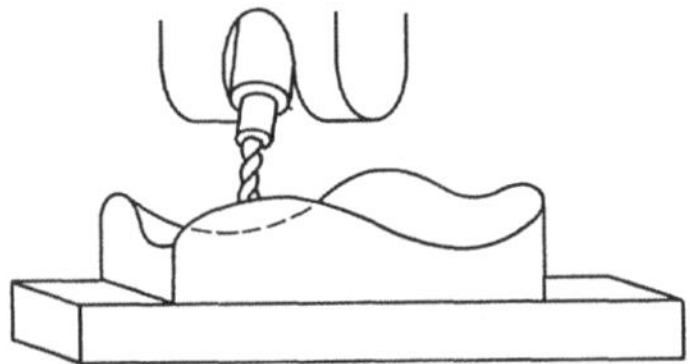

Abb. 1.51: Bearbeitungsbeispiel beim Fräsen eines Modellbaus auf einer Vertikal/Horizontal-Bohr- und Fräsmaschine mit sechs CNC-gesteuerten Achsen ohne Kopierfühler (BOKÖ)

1.4 Hobel- und Stoßmaschinen

1.4.1 Übersicht der Hobel- und Stoßmaschinen

Hobel- und Stoßmaschinen werden eingeteilt in

- Hobelmaschinen,
- Waagerecht-Stoßmaschinen,
- Senkrecht-Stoßmaschinen.

Hobelmaschinen, die weitgehend von den Langfräsmaschinen verdrängt worden sind, finden noch immer bei der Bearbeitung schmaler und langer Werkstücke ihren wirtschaftlichen Einsatz.

Waagerecht-Stoßmaschinen (auch als Schnellhobler, Kurzhobler oder Shapingmaschine bekannt) werden heute nur noch sehr selten an kleinen und mittelgroßen Werkstücken eingesetzt.

Senkrecht-Stoßmaschinen werden zur Bearbeitung von Nuten an Innen- oder Außenflächen eingesetzt. Sie werden immer mehr von Räummaschinen verdrängt.

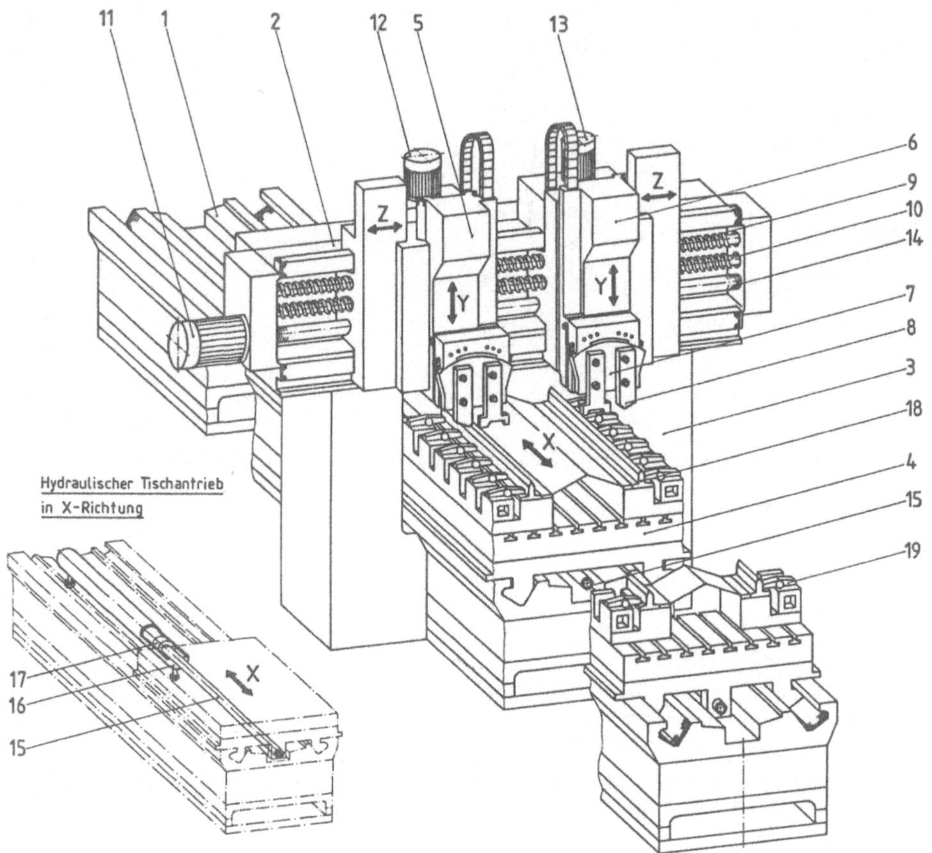

Abb. 1.52: Hydraulische Zweiständer-Langhobelmaschine (Waldrich Coburg)

1.4.2   Hobelmaschinen

Hobelmaschinen sind Werkzeugmaschinen zum Spanen mit schrittweiser, wiederholter, meist geradliniger Schnittbewegung und schrittweiser Vorschubbewegung (Definition nach DIN 69651). Ein Arbeitszyklus setzt sich aus einem spanabtragenden Arbeitshub und einem Rückhub, bei dem das Werkzeug von der Werkstückoberfläche abgehoben wird, zusammen. Durch diesen Rückhub, der auch als Leerhub bezeichnet wird, sind das Hobeln ebenso wie das Stoßen im Vergleich mit anderen Fertigungsverfahren (z. B. Fräsen, Räumen) weniger produktiv.

Hobelmaschinen werden als Einständer- und Zweiständerhobelmaschinen ausgeführt. Sperrige Werkstücke eignen sich zur Bearbeitung an den Einständerhobelmaschinen. An den Zweiständerhobelmaschinen lassen sich aufgrund der hohen Stabilität des geschlossenen Portalrahmens sehr große Schnittkräfte realisieren. Der Tisch mit dem aufgespannten Werkstück führt bei Hobelmaschinen die Schnittbewegung durch.

In Abbildung 1.52 ist eine hydraulische Zweiständer-Langhobelmaschine dargestellt.

Durch die sehr stabile Bauweise von Seitenständer 3 und Querbalken 2 können sehr hohe Schnittkräfte übertragen werden. Der Querbalken trägt die zwei voneinander unabhängig in Z-Richtung verfahrbaren Hobelsupporte 5 und 6. Der Hobelsupport 5 wird mit der Trapezgewindespindel 10, Hobelsupport 6 mit der Trapezgewindespindel 9 angetrieben. Beide Spindeln können entweder getrennt oder gleichzeitig über elektromagnetische Kupplungen durch den Hauptantriebsmotor 11 angetrieben werden. Die Supporte werden am Querbalken und durch eine Rundführung 14 geführt. Die Supporte sind durch die Vorschubmotoren 12 und 13 in Y-Richtung verfahrbar.

Die Werkzeughalter 7 sind jeweils nach rechts und links um 10° drehbar gelagert. Die Schnittbewegung des Werkzeugs 8 wird durch den hydraulisch angetriebenen Maschinentisch 4, der in X-Richtung fährt, erzeugt. Der Tisch ist über die Kolbenstange 15 mit dem Hydraulikkolben 17 des Hydraulikzylinders 16 fest verbunden. Er wird auf dem Maschinenbett 1, das mit dem Fundament fest verankert ist, geführt. Eine hydraulische Werkstückspannvorrichtung 19 kann zusätzlich eingebaut werden.

1.4.3 Senkrecht-Stoßmaschinen

Senkrecht-Stoßmaschinen werden zur Fertigung von Innen- oder Außenflächen mit Formen, die durch Fräsen oder Drehen nicht herstellbar sind, eingesetzt. In der Regel werden mit diesen Maschinen nur Einzelteile oder Kleinstserien erfaßt, da die Automatisierungsmöglichkeiten begrenzt sind. Bei Senkrecht-Stoßmaschinen führt das Werkzeug die Schnitt- und Leerhubbewegung aus. Bei Hublängen bis zu 700 mm überwiegt der mechanische Antrieb, bei größeren Hublängen wird der hydraulische Antrieb bevorzugt angewandt.

Abbildung 1.53 zeigt eine vollhydraulische Senkrecht-Stoßmaschine.

Der Drehstrommotor 7 treibt über eine Kupplung die Hochdruckkolbenpumpe 9 an. Die Fördermenge der Pumpe ist durch Schwenken des Pumpenkörpers von Null bis zum Höchstwert stufenlos durch ein Handrad 8 einstellbar. Das Drucköl von der Pumpe wird in den Arbeitszylinder 11 geleitet, die Druckkraft wird über Kolben und Kolbenstange 12 auf den Senkrechtschlitten bzw. Stößel 3 übertragen, der die Schnittbewegung in Y-Richtung ausführt.

Der Senkrechtschlitten ist durch das drehbar gelagerte Stößelgestell 4 um jeweils 15° nach vorne und hinten in B-Richtung schwenkbar. Die Positionierung bzw. Klemmung erfolgt durch die Stößelgestellfeststellung 14. Der Werkzeughalter 13 ist auf dem Senkrechtschlitten um 1040 mm in Y-Richtung verschiebbar. Die automatische Richtungsänderung des Stößels erfolgt über den Umsteuerhebel 15, der durch den Anschlag 16 betätigt wird. Durch diese Drehung wird über ein Ritzel und eine Zahnstange der Vorsteuerkolben b_2 betätigt (Abb. 1.54).

Dieser steuert daraufhin den Hauptsteuerkolben b_3 um, welcher den Ölstrom wechselseitig dem Arbeitszylinder zuführt. Die Kolbenfläche steht zur Kolbenstangenfläche im Verhältnis 2:1, so daß die Geschwindigkeiten für den Vor- und Rücklauf im Verhältnis 1:2 stehen. Der Einschaltkolben b_1 kann mit dem Schalthebel 17 in folgende drei Schaltstellungen gebracht werden:

- rechte Stellung: Schruppen,
- mittlere Stellung: Null,

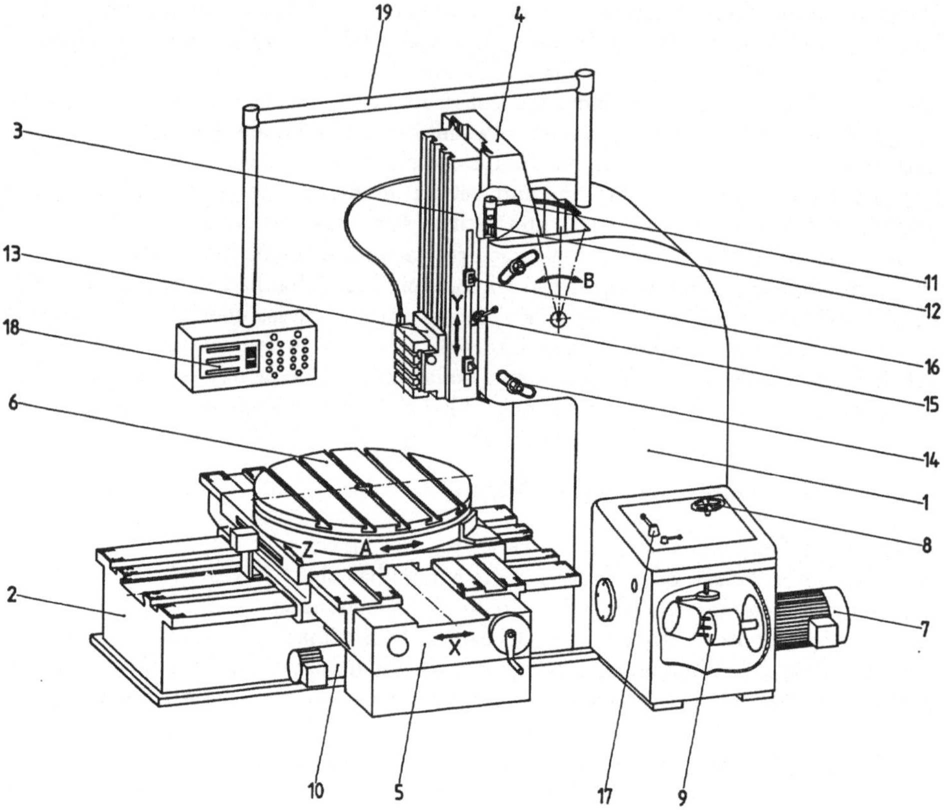

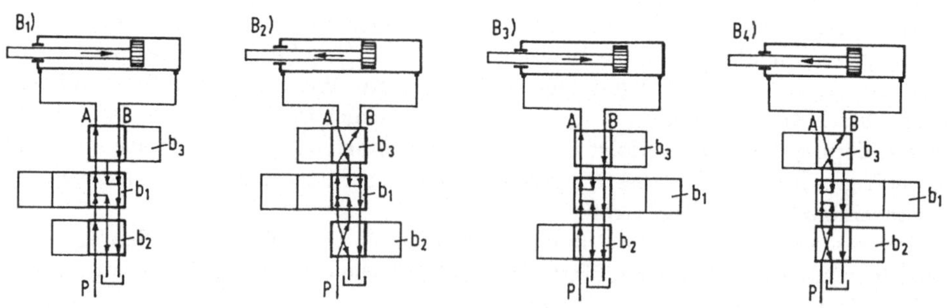

Abb. 1.53: Vollhydraulische Senkrecht-Stoßmaschine SK 700 (Klopp)

Abb. 1.54: Hydraulikschaltschema des Antriebes für Senkrecht-Stoßmaschine SK 700 B1, B2 Rück-
und Vorlauf beim Schruppen B3, B4 Rück- und Vorlauf beim Schlichten.

- linke Stellung: Schlichten.

Während der Schnittbewegung wird beim Schlichten durch eine Differentialschaltung das zurückfließende Öl wieder in die Druckleitung eingeleitet, so daß sich der Volumenstrom und damit die Vorlaufgeschwindigkeit vergrößern.

Die Vorschubbewegung wird durch den Hub des Hauptsteuerkolbens b_3 erzeugt und kann auf eine der drei Achsen X, Z und A des Kreuzschlittens 5 bzw. des Drehtisches 6 geschaltet werden. Die Eilgang- bzw. Einrichtbewegung in X-, Z- und A-Richtung wird mit einem Gleichstrom-Servomotor 10 in Verbindung mit elektromagnetischen Kupplungen realisiert.

Die Meißelabhebung wird hydraulisch von einem Dreiwegeventil gesteuert, das über den Hauptsteuerkolben b_3 geschaltet wird. Ein Absperrventil in der Zuleitung gestattet das Arbeiten mit und ohne Abhebung. Ständer 1 und Bett 2 sind als feste Gestellbauteile miteinander verbunden. Größter Stößelhub: 700 mm, Verfahrwege: X-Richtung 730 mm, Z-Richtung 580 mm, Drehtischdurchmesser: 900 mm, Hauptantriebsmotor: 7,5 kW, Vorschub- und Eilgangmotor: 2,5 kW, Schnittgeschwindigkeit: Schruppen 6-20 m/min, Schlichten 20-30 m/min, Einrichtgeschwindigkeit in X-, Z-Richtung: 6-1800 mm/min.

1.4.4   Bearbeitungsbeispiele

Abbildung 1.55 zeigt typische Bearbeitungsbeispiele auf Langhobelmaschinen und Senkrecht-Stoßmaschinen.

Auf Langhobelmaschinen werden schmale und lange Werkstücke (Abb. 1.55 a) wie Schienen und Profile, höhengleiche Bauteile, lange Werkstücke mit Nuten u. ä. wirtschaftlich bearbeitet.

Die erzielbaren Lage- und Formgenauigkeiten betragen:
Parallelität: 0,02 mm/2000 mm; 0,03 mm/5000 mm; 0,05 mm/10000 mm;
Rechtwinkligkeit: 0,02 mm/500 mm;
Ebenheit: 0,02 mm/2000 mm; 0,03 mm/5000 mm; 0,05 mm/10000 mm.

Auf Senkrecht-Stoßmaschinen werden die Nuten an Innen- und Außenflächen der Werkstücke bearbeitet (Abb. 1.55b). Alle genormten Keilnabenprofile und Paßfedernuten können auf diesen Maschinen bearbeitet werden. Zur Erzeugung hoher Genauigkeiten oder nach dem Härten der Werkstücke werden die Nuten noch zusätzlich mit einem Winkelkopf geschliffen.

1.5   Räummaschinen

1.5.1   Übersicht der Räummaschinen

Räummaschinen werden eingeteilt in

- Innenräummaschinen,
- Außenräummaschinen,

- Kettenräummaschinen,
- Sonderräummaschinen.

Innenräummaschinen und Außenräummaschinen werden für die Fertigung von Innen- und Außenkonturen eingesetzt.

Bei Kettenräummaschinen führt das Werkstück die Schnittbewegung aus.

1.5.2 Innenräummaschinen

Um eine bessere Wirkung des Kühlschmierstoffes zu erzielen und ein Durchhängen des Räumwerkzeuges zu verhindern, werden Innenräummaschinen fast ausschließlich in senkrechter Bauart ausgeführt.

In Abbildung 1.56 ist eine Senkrecht-Innenräummaschine dargestellt.

Der Drehstromasynchronmotor 1 treibt über ein Stirnradgetriebe 2 und Zahnriemenantrieb 3 zwei Kugelrollspindeln 4 an. Die drehende Bewegung der Kugelrollspindeln wird durch Kugelumlaufmuttern in die translatorische Bewegung Z_1 der Zugbrücke 5 umgewandelt. Beim Beginn der Arbeitsbewegung befindet sich das Räumwerkzeug 6 im Endstückhalter 8, der sich in der höchsten oberen Lage befindet. Der Antriebsmotor 10 treibt über eine Trapezgewindespindel 9 den Entstückhalter, der mit dem Räumwerkzeug die Bewegung Z_2 nach unten ausführt. Das Räumwerkzeug fährt durch die Werkstückbohrung in den Räumwerkzeugschafthalter 20. Dieser übernimmt das Räumwerkzeug, und durch den beschriebenen Antrieb 1, 2, 3, 4, 5 wird Werkstück 7 im Verlauf der

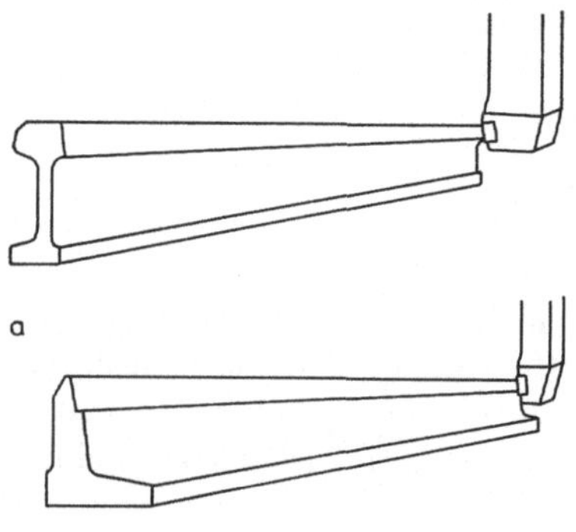

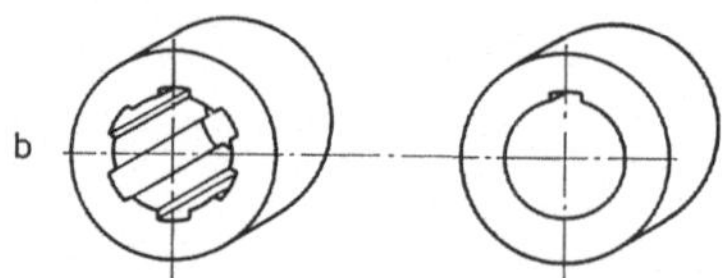

Abb. 1.55: Bearbeitungsbeispiele auf Hobel- und Stoßmaschinen
(a) Bearbeitung einer Schiene auf einer Langhobelmaschine (b) Bearbeitung von Keilnabenprofilen und Paßfedernuten auf einer Senkrecht-Stoßmaschine

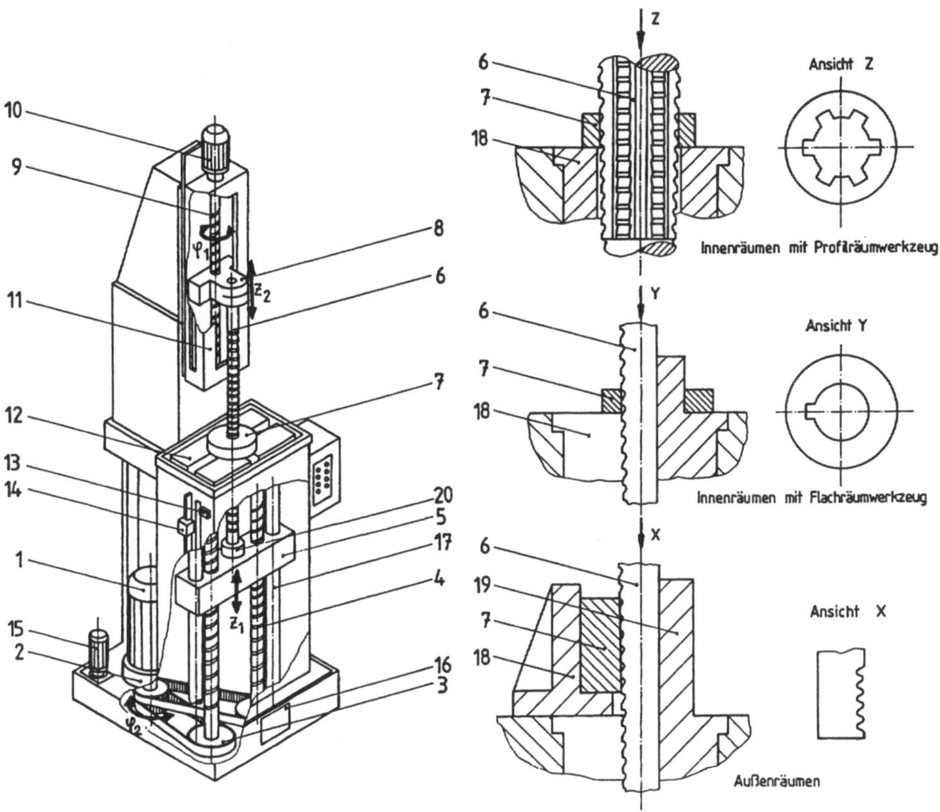

Abb. 1.56: Senkrecht-Innenräummaschine (Hönnema)

Bohrung nach unten hin durchgezogen. Der Endstückhalter 8 führt das Werkzeug bis kurz über das Werkstück und fährt anschließend die höchste obere Lage zurück. Nach Beendigung des Arbeitshubes fährt der Räumwerkzeugschafthalter 20 die Bewegung Z_1 nach oben und übergibt das Räumwerkzeug an den Endstückhalter 8.

Nach Entladen der fertigen sowie Laden der neuen Werkstücke beginnt ein neuer Arbeitsvorgang mit der Bewegung des Werkstückhalters mit dem Räumwerkzeug nach unten. Die Führung der Zugbrücke 5 erfolgt durch zwei Rundführungssäulen 17, die Führung des Endstückhalters übernehmen gehärtete Stahlleisten. Eine Pumpe 15 fördert das Schneidöl zu einer über der Aufspannplatte 12 liegenden Düse. Eine unter der Aufspannplatte liegende Düse sorgt für die Entfernung der Späne vom Werkzeug. In den Ansichten X, Y und Z sind drei Räumverfahren dargestellt, die an dieser Maschine angewandt werden können. Das Innenräumen mit Profilräumwerkzeug wird am häufigsten angewandt (Ansicht Z). Die Werkstückaufnahmebuchse 18 wird für jedes Räumverfahren gesondert gefertigt. Das Außenräumen (Ansicht X) ist bei kleinen Abmaßen des Räumprofils auch an dieser Innenräummaschine möglich. Hub der Maschine: 1250 mm, Zugkraft: 280000 N, Antriebsleistung: 15 kW, Räumgeschwindigkeit: 0,18-9 m/min., Rücklaufgeschwindigkeit: 9 m/min.

1.5.3   Außenräummaschinen

Außenräummaschinen werden in senkrechter und waagerechter Bauart mit hydraulischem oder mechanischem Antrieb ausgeführt.

Abbildung 1.57 zeigt eine Senkrecht-Außenräummaschine.

Die Werkstücke werden mit Hilfe eines Transportbandes 4 durch die Bewegung X zum Teiltisch 5 hingeführt. Der Teiltisch schwenkt um 90° (Drehung φ_2) und legt anschließend die Werkstücke 1 durch die Bewegung Z_2 nach unten in ihre Werkstückaufnahmen 2. Es werden zwei Werkstücke gleichzeitig transportiert und anschließend bearbeitet.

Der Räumschlitten 10 fährt mit zwei Räumwerkzeugen 3 nach unten (Bewegung Z_1) zum Außenräumen. Der Antrieb des Räumschlittens 10 erfolgt über einen Hydraulik-

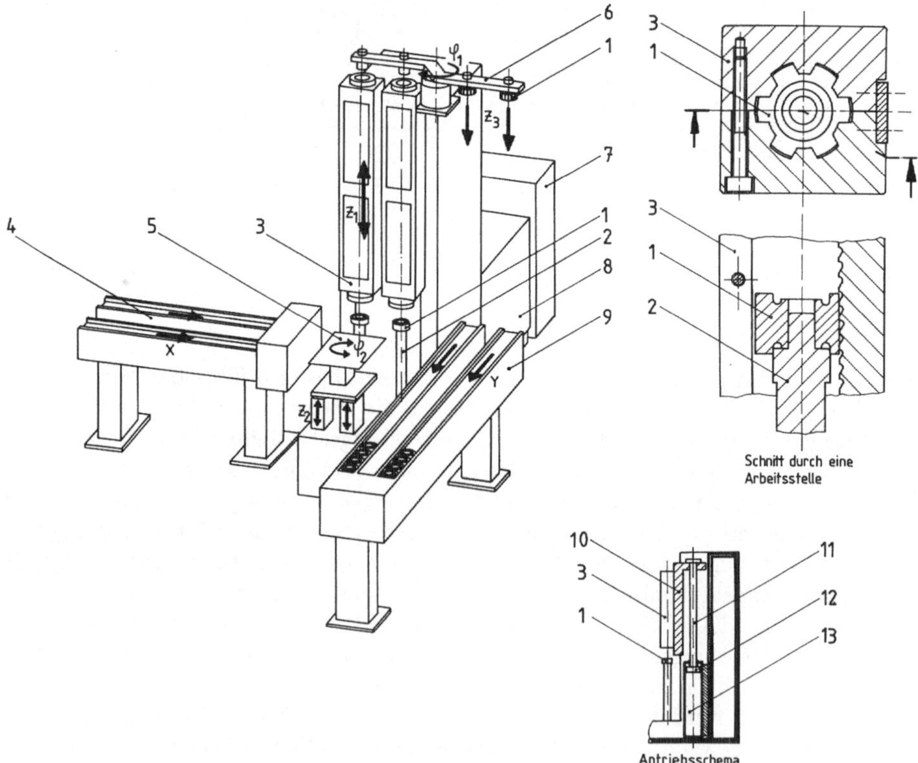

Abb. 1.57: Hydraulische Senkrecht-Außenräummaschine (Kurt Hoffmann)

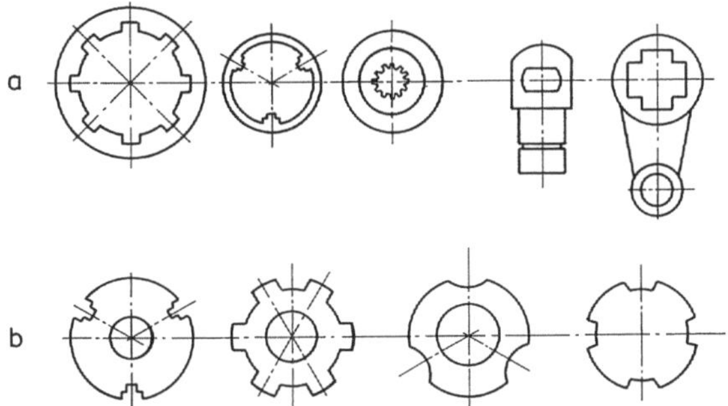

Abb. 1.58: Bearbeitungsbeispiele auf Räummaschinen (a)Innenräumen (b)Außenräumen

zylinder 11, 12, 13, der von einem neben der Maschine aufgestellten Hydraulikaggregat
mit Drucköl versorgt wird.

Die fertigen Werkstücke werden von einer über den Werkzeugen angebrachten Werk-
stückschwenkeinrichtung 6 aufgenommen. Der Räumschlitten 10 fährt anschließend die
Bewegung Z_1 nach oben, in der obersten Lage schwenkt die Werkstückschwenkeinrich-
tung 6 um 180° (Drehung φ_1). Die fertigen Werkstücke werden beim nächsten Herun-
terfahren des Räumschlittens auf dem Transportband 9 abgelegt und anschließend in
Y-Richtung abtransportiert.

Bei dem hier beschriebenen Außenräumverfahren handelt es sich um das Umfangs-
räumen, auch Tubusräumen oder Topfräumen genannt, das für allseitig geschlossene
Formen angewandt wird.

Hub der Maschine: 1250 mm, Zugkraft: 100.000 N, Antriebsleistung: 15 kW,
Räumgeschwindigkeit: 1-12 m/min., Rücklaufgeschwindigkeit: 26 m/min.

1.5.4 Bearbeitungsbeispiele

In Abbildung 1.58 sind Bearbeitungsbeispiele beim Innenräumen (Abb. 1.58 a) und
beim Außenräumen (Abb. 1.58 b) dargestellt.

Beim Innenräumen kommen alle räumbaren Innenprofile wie runde Bohrungen, Keil-
nuten, Rechtecke, Vier-, Sechs-, Acht- und Zwölfkante, Keilnaben, Kerb- und Zahnna-
benprofile, Polygonprofile, Innenspiralen, Durchbrüche, Schlitze usw. infrage.

Beim Außenräumen werden folgende räumbaren Außenprofile bearbeitet: Außennu-
ten, Flächen, Außenprofile an Pleueln, Lagerdeckeln und Kurbelwellenlagergehäusen,
Außenzahnungen an Zahnstangen und Lenkmuttern, Außenprofile an Schlüsseln usw.

Aus diesen Bearbeitungsbeispielen wird deutlich, daß alle inneren und äußeren Formen viel wirtschaftlicher auf Räummaschinen als auf Senkrecht-Stoßmaschinen bearbeitet werden können. Auch das Fräsen äußerer Formen und Profile ist in Bezug auf
Wirtschaftlichkeit dem Räumen unterlegen. Die Maßtoleranzen beim Räumen entspre-
chen den Qualitäten IT6 - IT8.

1.6　Sägemaschinen

1.6.1　Übersicht der Sägemaschinen

Sägemaschinen werden eingeteilt in

- Kaltkreissägemaschinen,
- Bandsägemaschinen,
- Bügelsägemaschinen bzw. Hubsägemaschinen,
- Kettensägemaschinen.

Das Sägen ist prinzipiell nichts anderes als eine Form des Spanens mit vielzahnigem Werkzeug. Jeder einzelne Schneidkeil stellt eine geometrisch bestimmte Schneide mit einer geringen Schnittbreite dar. Beim Sägen führt das Werkzeug die Schnittbewegung aus. Rotatorische wie auch translatorische Bewegungen des Werkzeuges sind möglich.

Beim Kreissägen liegt eine kreisförmige Schnittbewegung vor, wobei die Drehachse senkrecht zur Vorschubrichtung liegt.

Beim Bandsägen liegt eine gerade Schnittbewegung mit einem endlosen bandförmigen Werkzeug vor. Die Spanungsdicke bleibt während des gesamten Bearbeitungsvorganges gleich. Die Vorschubrichtung liegt in Richtung der Bandbreite und senkrecht zur Schnittbewegung.

Beim Bügelsägen wird ein Werkzeug mit endlicher Länge, das meist eine gerade Schnittbewegung ausführt, verwendet. Das in einem Bügel eingespannte Werkzeug führt die Vorschubbewegung nur während des Vorlaufes aus. Sie liegt auch hier in Richtung der Bandbreite und senkrecht zur Schnittbewegung.

Kettensägemaschinen werden als mobiles Werkzeug in der Waldwirtschaft zum Fällen von Baumstämmen verwendet.

1.6.2　Kaltkreissägemaschinen

Die Vorschubbewegung wird vom Sägeschlitten ausgeführt.

Zur Übertragung der Vorschubbewegung auf den Sägeschlitten kommen entweder Hydraulikzylinder oder Kugelgewindegetriebe in Frage. Zum Überlastungsschutz sind meist lastabhängige Vorschubeinrichtungen vorgesehen. Bei Sägeautomaten wird das selbsttätige Spannen durch den Einsatz von hydraulischen Spannelementen realisiert.

In Abbildung 1.59 ist eine CNC-Kaltkreissägemaschine dargestellt. Der Antrieb des Sägeblattes 12 erfolgt durch einen stufenlos regelbaren Antriebsmotor 8 über ein Getriebe. Gehärtete Führungsplatten 11 stabilisieren das Sägeblatt gegen Rattern.

Von einem Gleichstrom-Servomotor über einen Kugelrollspindelantrieb 10 wird der Sägehub ausgeführt. Die Schutzhülle 9 verhindert Verschmutzung und Beschädigung des Spindelantriebes. Die Hubrichtung entspricht der Schwenkbewegung um das Schwenklager 13.

Die Werkstückzuführung übernimmt Materialgreifer 15, der das auf Rollgang 23 liegende Werkstück 20 in X-Richtung transportiert. Der Greifer wird auf Holm 19 geführt. Der Greiferantrieb erfolgt durch eine Kugelrollspindel. Die Werkstückentnahme erfolgt durch Materialgreifer 14, der das auf Fertiglänge gesägte Werkstück 22 in X-Richtung

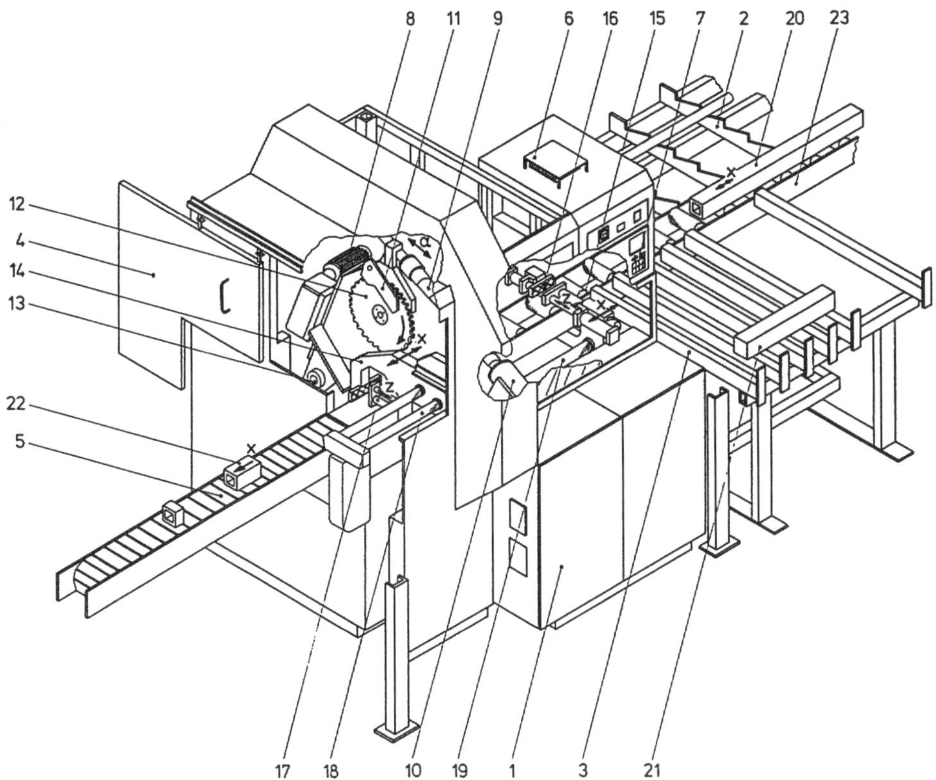

Abb. 1.59: CNC-Kaltkreissägemaschine (Wagner)

zum Transportband 5 transportiert. Der Greifer wird durch den Holm 18 geführt. Über die Steuereinheit 7 werden die Werkstückmaße und die Bearbeitungsdaten der Maschine eingegeben. Die Kühlung der Elektronik erfolgt über die darüberliegende Kühleinheit 6. Das Arbeitsfeld des Sägeblattes beim Eingriff wird über die Schiebetür 4 abgeschirmt. Sämtliche mechanisch bewegten Teile der Maschine sind durch Gehäuseteile abgedeckt, die mit dem Grundgestell verbunden sind. Das zu bearbeitende Material wird auf der Materialablage 2 zwischengelagert. Auf der gegenüberliegenden Seite befindet sich die Restmaterialablage 3. Sägeblattdurchmesser: max. 420 mm, Schneidbereich: Rundmaterial 10-140 mm, Vierkantmaterial 10-120 mm, Flachmaterial 20x8 - 160x100 mm; Antriebsleistung Sägeblattmotor: 24 kW, Schnittgeschwindigkeit stufenlos: 6-150 m/min., Vorschub stufenlos: 16-1000 mm/min.

1.6.3 Bandsägemaschinen

Abbildung 1.60 zeigt eine 3-Achsen-CNC-Bandsägemaschine.

Der stufenlos regelbare Antriebsmotor 28 treibt über die Riemenscheiben 24 und 23 und Keilriemen 29 die untere Bandrolle 22 an. Das Bandsägeblatt 30 umschlingt die

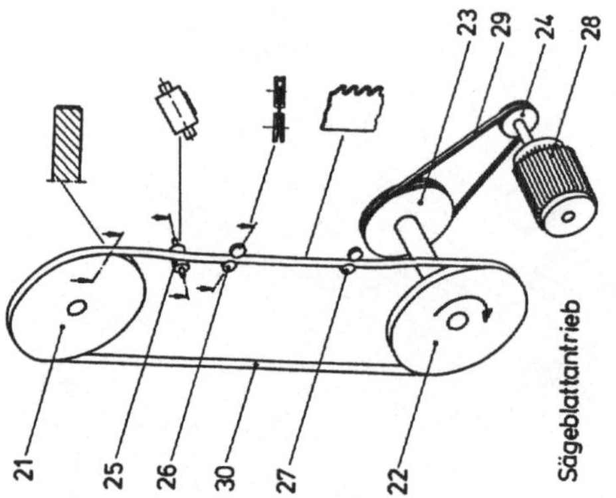

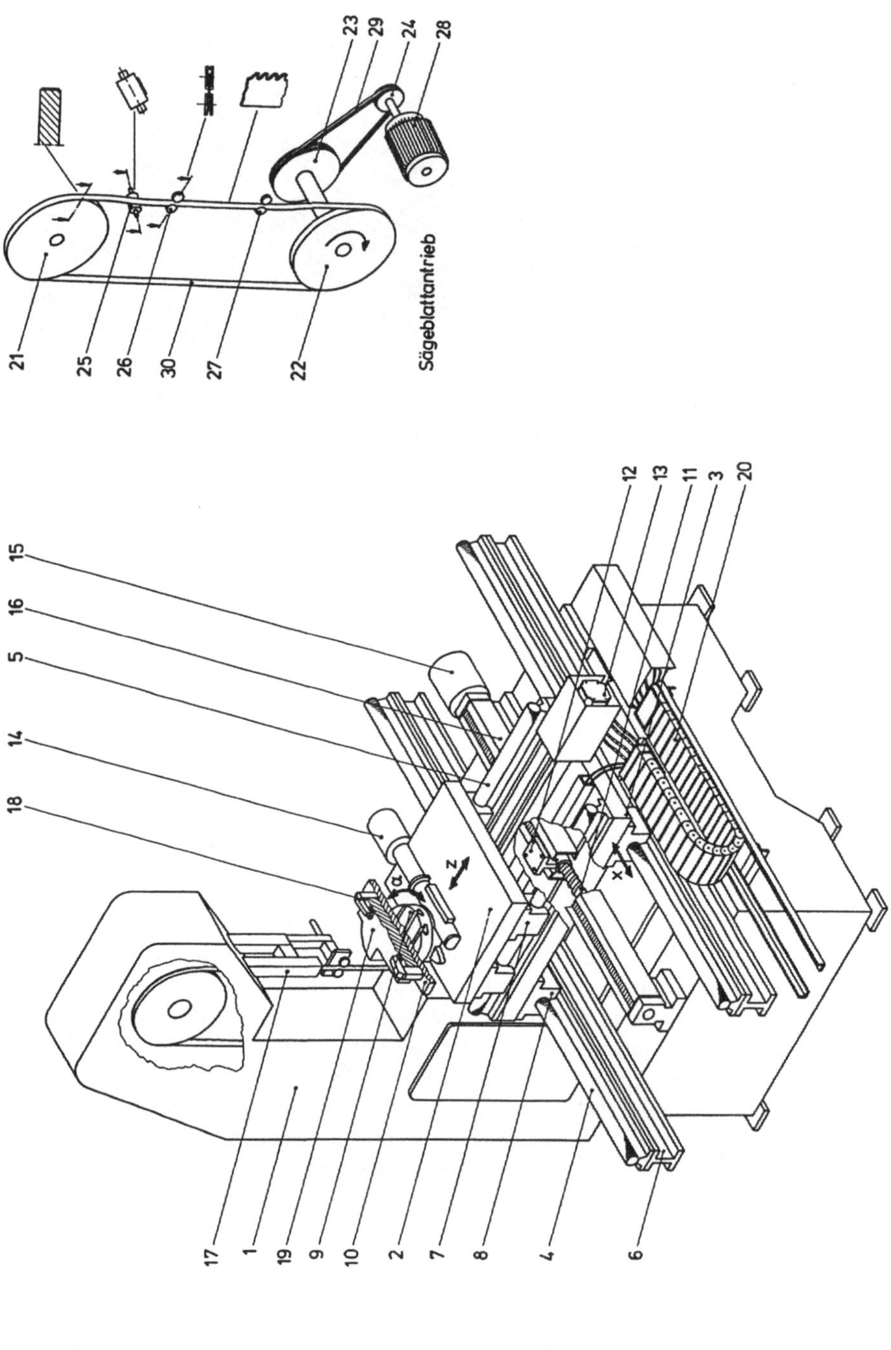

Abb. 1.60: 3-Achsen-CNC-Bandsägemaschine (August Mössner)

Bandrollen 22 und 21. Durch Haftreibung wird die Drehbewegung der unteren Bandrolle auf das Sägeblatt übertragen. Um die Haftreibung zu erhöhen, sind beide Bandrollen mit einem speziellen Gummibelag an den Laufflächen überzogen. Die Führungselemente 25, 26 und 27 drehen das Sägeblatt um 90° in die erforderliche Schnittposition. Der Führungsschlitten 3, der mit den auf der Linearführungswelle 4 gleitenden Führungsböcken 8 verbunden ist, bewegt sich in X-Richtung. Der Träger 6 nimmt die Führungswelle auf und bildet mit ihr verwindungssteife Einheit. Der elektrische Schrittmotor 15 treibt die Kugelrollspindel 11 an, auf welcher sich die mit Führungsschlitten 3 verschraubte Schlittenhalterung 12 bewegt. Abdeckung 16 schützt die Kugelrollspindel vor Verschmutzung und Beschädigung.

Der Führungsschlitten 2, der mit den auf der Linearführungswelle 5 gleitenden Führungsböcken 7 verbunden ist, bewegt sich in Z-Richtung. Der elektrische Schrittmotor 13 treibt auch hier eine Kugelrollspindel an. Der elektrische Schrittmotor 14 steuert den Rundschalttisch 9, der die Drehbewegung α ausführt. Auf dem Rundschalttisch ist die Werkstückaufnahmeplatte 10 befestigt.

Das Werkstück 19 wird mit den Spannelementen 18 auf der Platte 10 fixiert. Die Energiekette 20 nimmt die Versorgungsleitungen und Schläuche der entsprechenden Achsenantriebe auf.

Antriebsleistung Sägebandmotor: 3,5 kW, Schnittgeschwindigkeit stufenlos: 18-114 m/min., Vorschub: 2 mm/min - 10 m/min.

1.6.4 Bearbeitungsbeispiele

Auf Kaltkreissägemaschinen werden Materialstangen unterschiedlicher Form auf die gewünschte Länge zugeschnitten.

Alle Profile im Rund-, Flach- 4-Kant- und 6-Kantform sowie Stangen in U-Form, T-Form und Rohre werden auf diesen Maschinen bearbeitet (Abb. 1.61 a).

Bandsägemaschinen werden zum Kontursägen von Platten eingesetzt. Sie werden mit drei CNC-gesteuerten Bewegungsachsen ausgestattet, damit für die Serienproduktion unterschiedlichste Konturen wirtschaftlich bearbeitet werden können.

Auf einer Diamantdrahtsäge können die kompliziertesten Formen konturgeschnitten werden (Abb. 1.61 b). Ein dünner, mit feinen Diamanten - bzw. CBN-Körnern besetzter, hochfester Draht dient als Schneidwerkzeug. Die geringe Schnittiefe (0,7 - 1,5 mm) bedeutet weniger Späne und geringere Erwärmung.

1.7 Schleifmaschinen

1.7.1 Übersicht der Schleifmaschinen

Schleifmaschinen werden eingeteilt in

- Außen- und Innenrundschleifmaschinen,
- Spitzenlose Außenrundschleifmaschinen,

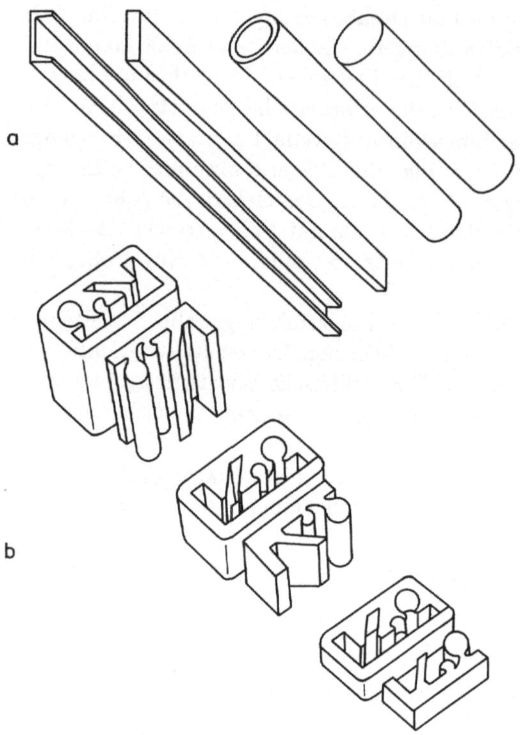

Abb. 1.61: Bearbeitungsbeispiele auf Sägemaschinen
(a) verschiedene Profile, die an Kaltkreissägemaschinen auf die gewünschte Länge gesägt werden (b)
Werkstücke, die auf einer Diamantdrahtsäge bearbeitet werden (Heckler & Koch)

- Flachschleifmaschinen,
- Trennschleifmaschinen,
- Werkzeugschleifmaschinen,
- optische Profilschleifmaschinen,
- Bandschleifmaschinen,
- Schleifzentren.

1.7.2   Außen- und Innenrundschleifmaschinen

In Abbildung 1.62 ist eine CNC-Innenrundschleifmaschine mit Schleifspindelrevolver
dargestellt.

Das Grundkonzept dieser Produktionsschleifmaschine ist der modulare Aufbau.

Der Längsschlitten 2 bewegt sich auf dem Maschinengestell 1 in Z-Richtung. Diese
Bewegung kann beim Kurzhubschleifen auch oszillierend sein. Der Querschlitten 11
bewegt sich in X-Richtung. Der Werkstückspindelstock 7 kann auf dem Querschlitten
9 in U-Richtung linear verschoben und um eine senkrechte Achse um $\pm 15°$ geschwenkt
werden. Dadurch wird das Schleifen kegeliger Bohrungen möglich. Auf dem Kreuztisch

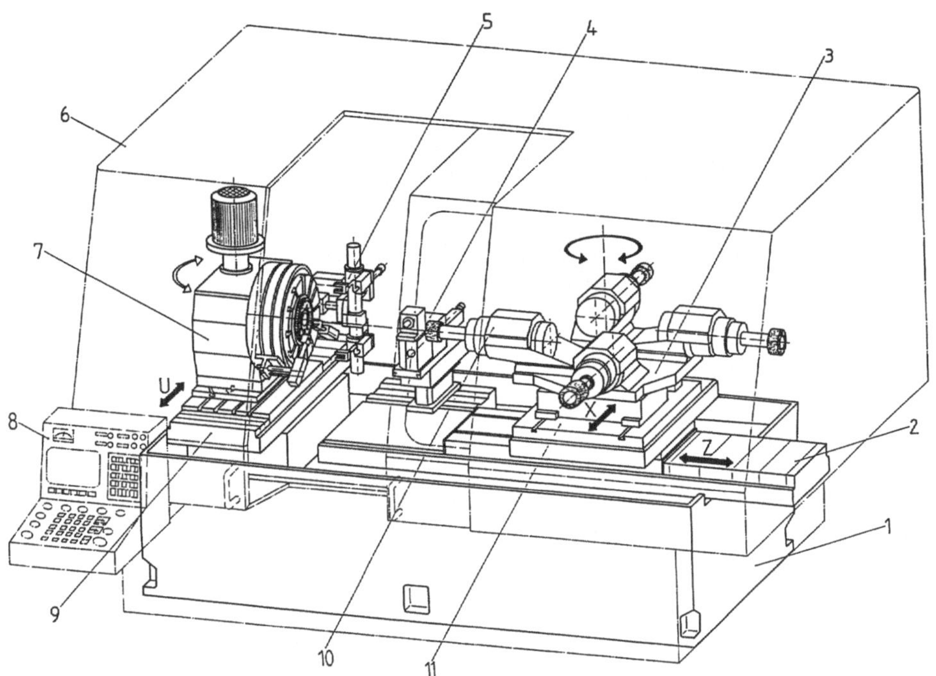

Abb. 1.62: CNC-Innenrundschleifmaschine 610 I-CNC (Overbeck)

2, 11 ist ein Schleifspindelrevolver 3 mit vier Innenschleifspindeln 10 aufgebaut. Die Abrichteinrichtung 4 ist auf einer Konsole beweglich montiert. „In Process"-Meßsteuerung 5 wird direkt neben dem Werkstückspindelstock aufgebaut. Die Steuer- und Bedieneinheit 8 befindet sich in dem Bedienbereich. Die Achsbewegungen X, Z erfolgen über Drehstrom-Servomotoren und Kugelrollspindeln. Der Schleifspindelrevolver wird hydraulisch angetrieben. Der Werkstückspindelstock wird von einem Drehstrom-Servomotor angetrieben.

1.7.3 Spitzenlose Außenrundschleifmaschinen

Abbildung 1.63 zeigt eine spitzenlose CNC-Rundschleifmaschine in einer vereinfachten Funktionelldarstellung.

Das Werkstück 5 wird über die Werkstückauflage 9 durch den Stützschuh 10 gestützt und durch die Regelscheibe 4 angetrieben. Der Schlitten des Regelscheibenspindelstockes 3 wird für die Zustellbewegung X_1 durch einen Drehstrom-Servomotor und Kugelrollspindel angetrieben. Der Stützschuh verfügt über eine eigene CNC-gesteuerte Achse X_4.

Die Abrichteinrichtung 2 mit dem Einkorndiamant ist in Richtung der CNC-Achsen X_3 und Z_3 verfahrbar, damit rotationshyperboloide Profile der Regelscheibe abgerichtet werden können.

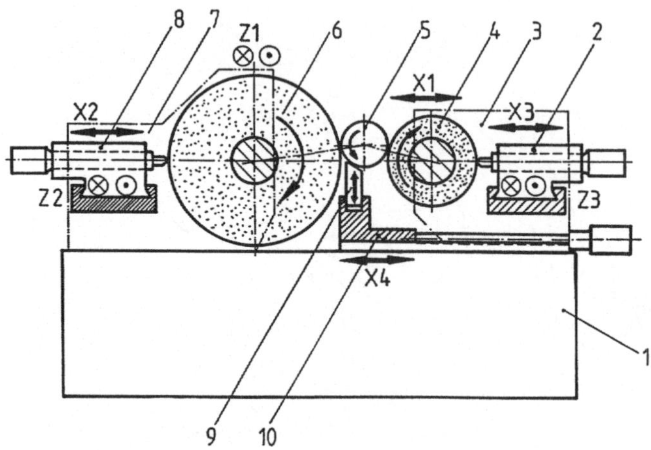

Abb. 1.63: Spitzenlose CNC-Rundschleifmaschine SR3 - CNC (Herminghausen)

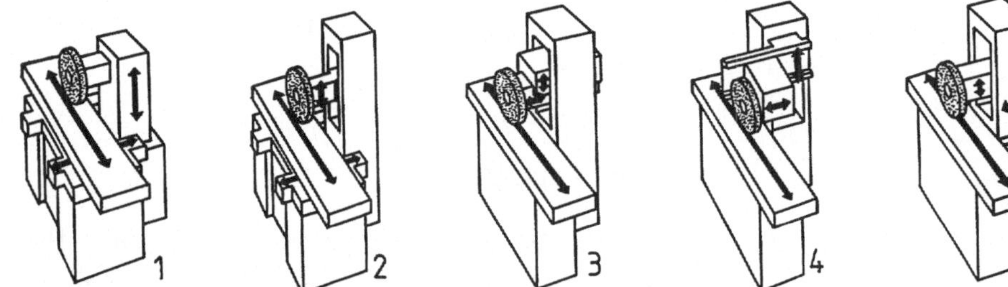

Abb. 1.64: Bauformen von Flachschleifmaschinen 1 Support-Bauform mit festem Spindelstock 2 Support-Bauform mit beweglichem Spindelstock 3 Ausleger-Bauform, Spindelstock innen beweglich 4 Ausleger-Bauform, Spindelstock außen beweglich 5 mit beweglicher Rahmensäule und innen beweglichem Spindelstock

Der Schlitten des Schleifscheibenspindelstockes 7 kann in Z_1-Richtung quer verstellt werden. Diese Verstellung ermöglicht Schleifscheibe 6, auf einem Verfahrweg von 1 μm oszillierend zu schleifen. Die Abrichteinrichtung der Schleifscheibe 8 ist in Richtung der CNC-Achsen X_2 und Z_2 verfahrbar.

1.7.4   Flachschleifmaschinen

Fünf Bauformen von Flachschleifmaschinen sind in Abb. 1.64 dargestellt.

In Abbildung 1.65 ist eine CNC-Präzisions-Flachschleifmaschine mit einem außen beweglichen Spindelstock in Ausleger-Bauform dargestellt.

Mit dieser Flachschleifmaschine werden Werkstücke verschiedener Form an ihrer Außenseite plangeschliffen. Sie wird ausschließlich im Pendelschleifbetrieb eingesetzt, d.h. das Schleifen erfolgt während mehrerer Überläufe im Gleich- oder Gegenlauf mit

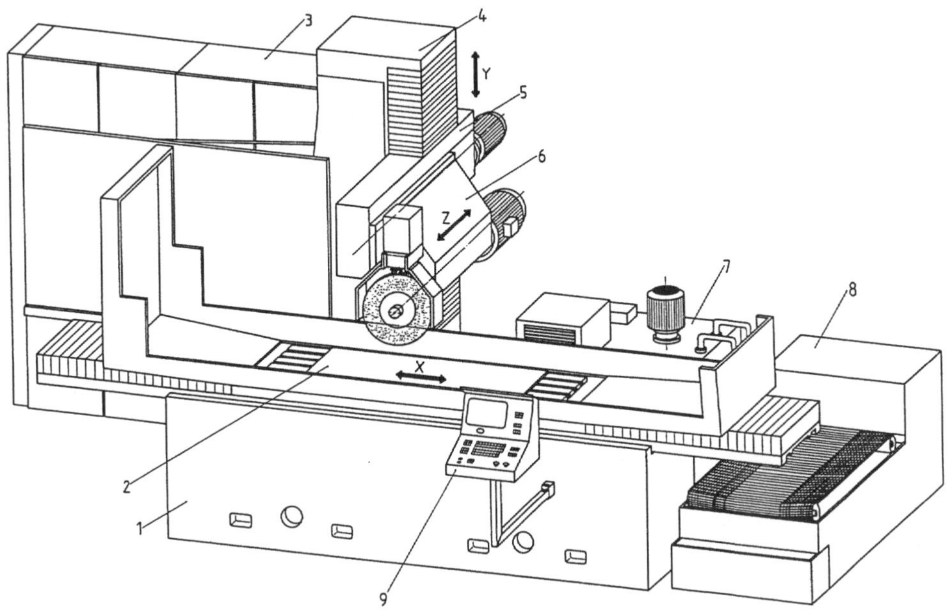

Abb. 1.65: CNC-Präsizions-Flachschleifmaschine FFU 1250/60-CNC (Aba)

geringer Einzelzustellung in Y-Richtung. Die Maschine besitzt neben dem Maschinenbett 1 noch einen sich nach oben verjüngenden Führungsständer 4 als Maschinengestell.

Die Antriebe des Kreuzschlittens 5, 6 in Y- und Z-Richtung erfolgen durch Drehstrom-Servomotoren und Kugelrollspindeln. Der Antrieb der Senkrechten Y-Achse wird durch im Führungsständer untergebrachte Gegengewichte entlastet.

Der Werkstückschlitten 2 wird in X-Richtung hydraulisch angetrieben. Die Geschwindigkeit wird über Drosselventile geregelt (Hydraulikaggregat 7). Als universale Werkstückaufnahme wird für ferromagnetische Teile eine elektromagnetische Spannplatte verwendet. Hydraulik und Schmierung sind getrennte Systeme, die optimale Ölzusammensetzung und Wartungsmöglichkeit für beide Systeme ist damit gewährleistet (Bandfilteranlage 8).

Die Abrichtung der Schleifscheibe wird von einer darüberliegenden Abrichteinrichtung vorgenommen.

Die Steuerung (Schaltschrank 3, Steuer- und Bedieneinheit 9) ist modular aufgebaut und auf maximal acht Achsen erweiterbar. Die Dateneingabe erfolgt über die Tastatur an der Steuer- und Bedieneinheit. Im Teach-In- bzw. Playback-Verfahren können außerdem Schleifprogramme erstellt werden.

1.7.5 Trennschleifmaschinen

Trennschleifmaschinen, die zum Trennen von Werkstücken eingesetzt werden, arbeiten mit hoher Schnittgeschwindigkeit und verwenden sehr dünne Trennschleifscheiben.

Beim Kalttrennschleifen besitzt das Werkstück Raumtemperatur, beim Heißtrennschleifen wird das Werkstück im glühenden Zustand bearbeitet.

Hauptanwendungsbereiche des Trennschleifens, das vorwiegend zum Ablängen von Stangenmaterial eingesetzt wird, sind Walzwerke, Schmieden und Stranggießereien.

Nach der Anordnung und der Relativbewegung zwischen Werkzeug und Werkstück unterscheidet man bei Trennschleifverfahren zwischen

- Kappschnitt,
- Fahrschnitt,
- Drehschnitt,
- Schwingschnitt.

Der Kappschnitt, bei dem die Schleifscheibe eine radiale Vorschubbewegung ausführt, wird vor allem bei großen Werkstücken angewandt.

Beim Fahrschnitt bewegt sich das Werkzeug horizontal und trifft auf das Werkstück außermittig auf. Das Trennen mehrerer Werkstücke in einer Aufspannung ist möglich.

Beim Drehschnitt, der bei großen Rohren angewandt wird, kommt zum radialen Vorschub der Schleifscheibe noch eine im Gleichlauf mit der Scheibe rotierende Bewegung des Werkstückes hinzu.

Der Schwingschnitt ist durch eine alternierende Vorschubbewegung gekennzeichnet. Die Zustellung erfolgt nach jedem Doppelhub.

Abbildung 1.66 zeigt eine Trennschleifmaschine, die zum Trennen von Guß- und Kreislaufmaterial eingesetzt wird. Um den unterschiedlichsten geometrischen Formen der Gußstücke Rechnung zu tragen, ist diese Maschine sehr flexibel ausgelegt. Das Trennschleifen erfolgt im Kappschnitt oder im Fahrschnitt. Der Werkstückschlitten ist als Kreuztisch 3, 9 ausgeführt und ist in X- und Z-Richtung verfahrbar. Beide Achsen werden hydraulisch angetrieben. Der auf dem Kreuztisch aufgebaute Rundtisch dient zum Be- und Entladen des Werkstücks. Im Maschinengrundkörper 1 ist die gesamte Hydraulikanlage integriert.

Das Werkstück wird in der Werkstückspannvorrichtung 8 aufgenommen und gespannt. Der starre Maschinenständer nimmt den um die Drehachse C beweglichen Schleifspindelkopf 5 auf. Die Schleifscheibe kann in radialer Richtung stufenlos zugestellt werden. Diese Bewegung wird über einen Hydraulikzylinder erreicht. Ein über Frequenzumwandler gesteuerter Drehstrommotor treibt über einen Riemen die Schleifspindel an.

Eine Bearbeitung ist nur bei geschlossenem Schiebeschutz 7, der mit Dämmstoff ausgekleidet und mit einem Sichtfenster aus Panzerglas versehen ist, möglich. Der bei der Bearbeitung entstehende Materialabtrag sowie die entstehenden Funken werden vom Funkenfang und Staubabscheider 4 aufgefangen.

Die Maschine kann wahlweise für den Handbetrieb oder im vollautomatischen Betrieb ausgelegt werden. In der Automatikversion verfügt sie über eine speicherprogrammierbare Steuerung, bei der alle Verfahrenswege durch Sensoren überwacht werden (Steuer- und Bedienpult 2 und Schaltschrank 6).

Verfahrwege: X-Richtung 550 mm, Z-Richtung 400 mm, Vertikaler Zustellbereich der Schleifscheibe: 500 mm.

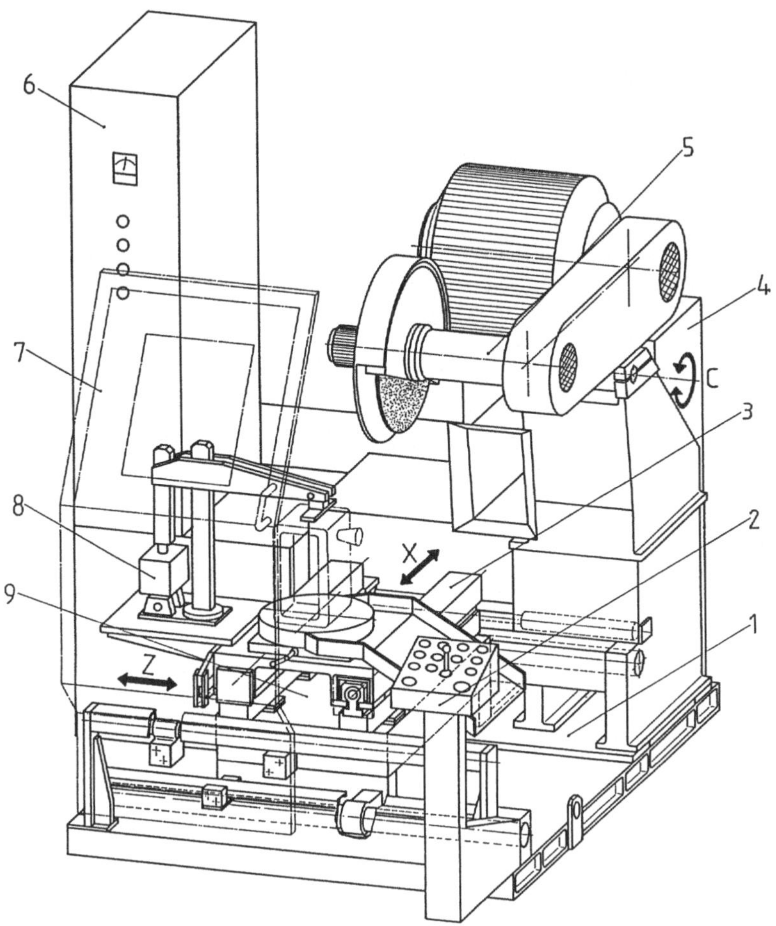

Abb. 1.66: Trennschleifmaschine Rasant TM600 (Universal Maschinen- und Apparatebau)

1.7.6 Werkzeugschleifmaschinen

Der Aufgabenbereich der Werkzeugschleifmaschinen umfaßt das Nachschleifen und
Schärfen sowie die Herstellung von Dreh-, Hobel-, Bohr-, Fräs- und Sägewerkzeugen.
Die meist schwierigen geometrischen Formen der Werkzeuge machen den Einsatz von
mindestens vier CNC-Achsen für eine Bearbeitung erforderlich.

Abbildung 1.67 zeigt eine Werkzeugschleifmaschine mit den CNC-gesteuerten Achsen X, Y, Z und R.

Der Kreuztisch, der aus Längsschlitten 5 (X-Achse) und Querschlitten 6 (Y-Achse)
besteht, wird durch Gleichstrom-Servomotoren über Kugelrollspindeln angetrieben. Als
Wegmeßelemente wurden Drehgeber vorgesehen. Auf dem Maschinenbett 4 sind die
Führungsbahnen für die Wälzführungen aufgeschraubt. Auf dem Querschlitten ist eine
Führungssäule, auf welcher der Schleifkopf 8 in Z-Achse verstellt werden kann, aufge-

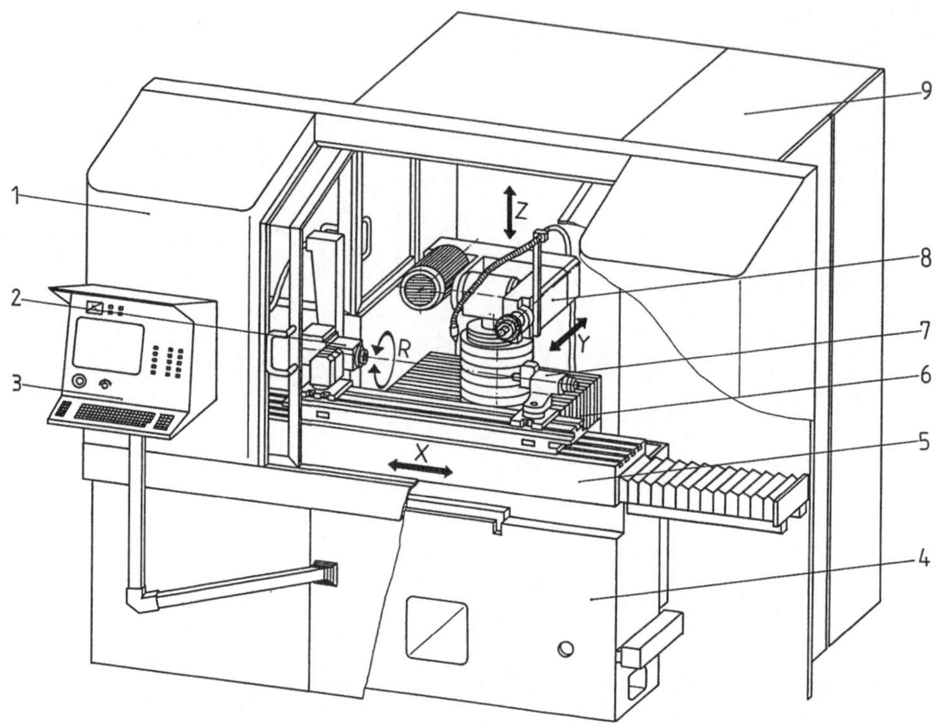

Abb. 1.67: CNC-Werkzeugschleifmaschine WU 750 - CNC-4 (Schütte)

schraubt. Der Antrieb für die Z-Achse erfolgt mit einem Gleichstrom-Servomotor über
eine Kugelrollspindel. Der Antrieb der Schleifspindel erfolgt durch Drehstrommotor
über Riementrieb.

Der Werkstückspindelstock 2 und der Reitstock 7 können auf der Schwalbenschwanz-
führung des auf dem Längsschlitten angebrachten Schwenktisches verschoben werden.
Der Schwenktisch hat einen Schwenkbereich von ±6°.

Die Werkstückspindel führt die Drehbewegung R aus, die zum Teilen, Drallschleifen
und Hinterschleifen erforderlich ist. Der Antrieb der Werkstückspindel erfolgt über
einen Gleichstrom-Servomotor und ein Schneckengetriebe.

Die CNC-Steuerung (Steuer- und Bedieneinheit 3, Schaltschrank 9) ist modular
aufgebaut. Sie steuert die vier Achsen, wobei je zwei Achsen entweder linear oder
zirkular interpoliert werden können.

In Abbildung 1.68 ist die Erweiterung der Grundversion der Maschine durch zusätzliche modulare Bauelemente dargestellt.

Die Grundversion 1 in Abb. 1.68 ist identisch mit der Maschine in Abb. 1.67. Wenn
zur Grundversion ein CNC-Rundtisch (A-Achse) und ein zusätzlicher Schlitten (U-
Achse) eingebaut werden, muß auch die CNC-Steuerung von vier auf sechs Achsen
erweitert werden (Version 2). Das gleiche gilt bei Erweiterung der Grundversion durch
einen auf der Führungssäule befestigten Rundtisch (C-Achse) und einen in der B-Achse
um ±25° drehbaren Schwenktisch. Diese Version erlaubt das CNC-gesteuerte Positio-

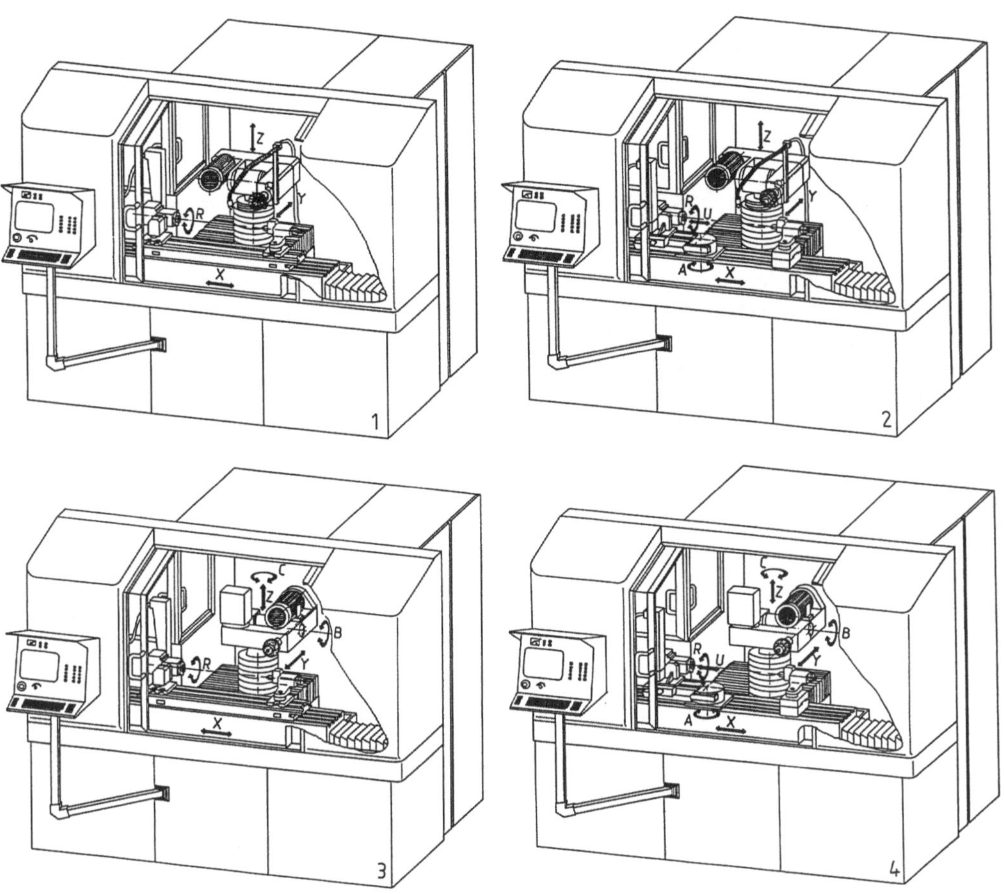

Abb. 1.68: Erweiterung der Grundversion der Werkzeug-Schleifmaschine WU750-CNC-4 durch zusätzliche modulare Bauelemente 1 Grundversion 2 Erweiterung durch einen CNC-Rundtisch (A-Achse) und einen zusätzlichen Schlitten (U-Achse) 3 Erweiterung durch einen Rundtisch (C-Achse) und einen Schwenktisch (B-Achse) 4 Erweiterung durch Rundtisch (A-Achse), Schlitten (U-Achse), Rundtisch (C-Achse), Schwenktisch (B-Achse)

nieren des Schleifkopfes um die senkrechte Achse. Bei der Version 4 als höchste Ausbau-
stufe werden alle zusätzlichen CNC-gesteuerten Achsen (A, U, C, B) der Grundversion
(X, Y, Z, R) hinzugefügt. Die CNC-Steuerung wird also auf insgesamt acht Achsen
erweitert.

1.7.7 Optische Profilschleifmaschinen

Diese Maschinen werden zum Schleifen von Matrizensegmenten, Schnittstempeln, Rund-
formwerkzeugen, Drehwerkzeugen mit allseitigen Freiwinkeln sowie von Holzbearbei-
tungsformplatten eingesetzt. Die wirtschaftliche Bearbeitung der Werkstücke wird
durch die hohe Flexibilität der Maschinen gewährleistet. Die optische Vergrößerung
erlaubt sowohl manuellen als auch CNC-gesteuerten Arbeitsablauf.

Abbildung 1.69 zeigt eine CNC-optische Profilschleifmaschine.

Der Werkstückkreuztisch 4 kann in Z- und V-Richtung automatisch oder manuell
und in der Höhe manuell verstellt werden. Neben der Möglichkeit, Werkstücke unterschiedlicher Abmessungen zu bearbeiten, dient die Höhenverstellung auch zur Fokussierung der Schleifebene. Der Kreuztisch des Schleifspindelstockes 7 kann in X- und Y-
Richtung automatisch oder manuell (Handräder 5 und 6) verstellt werden. Der auf dem
Längsschlitten des Kreuztisches befestigte Spindelstock 8 läßt sich in drei Achsen durch

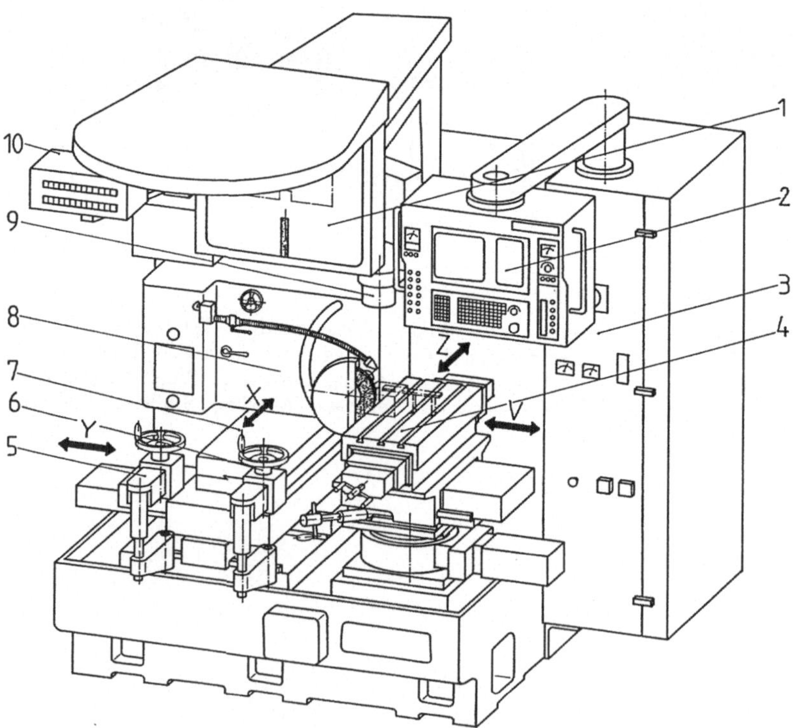

Abb. 1.69: CNC-optische Profilschleifmaschine GLS 135-AS (Wasino)

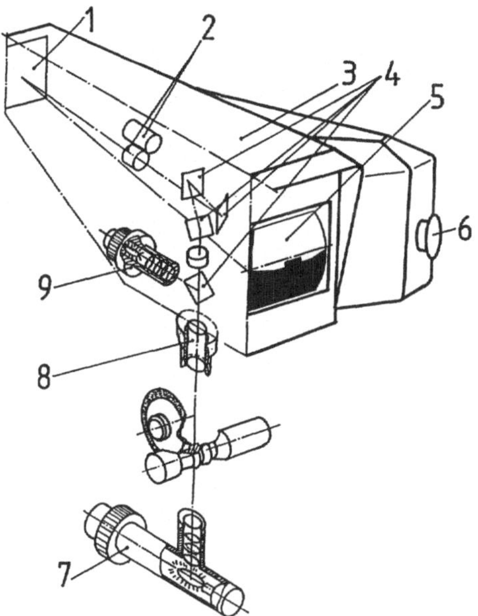

Abb. 1.70: Projektionseinheit der optischen Profilschleifmaschine GLS 135-AS

Lösen der betreffenden Verschraubung schwenken. Da das Profilschleifen mit einer oszillierenden Hubbewegung durchgeführt wird, befindet sich im Spindelstock neben dem Spindelantrieb auch ein Antrieb für die oszillierende Bewegung des Schlittens.

Die Projektionseinheit 1, der Linsensystem-Projektor 9, die Maßstabanzeige 10 und die Bedien- und Steuereinheit 2 sind auf dem Maschinenständer aufgebaut. Der Schaltschrank 3 ist am Ständer seitlich angebracht.

Die Steuerung der Maschine ist für vier CNC-gesteuerte Achsen ausgelegt, die jeweils paarweise lineare und zirkulare Interpolationen ausführen können. Das Profil des Werkstücks kann mit Hilfe der Vergrößerung auf dem Bildschirm abgefahren werden; der Computer erstellt danach ein fertiges Schleifprogramm. Diese Programmiertechnik wird Teach-In genannt.

Beim Playback-Verfahren werden durch Eingabe von willkürlichen Konturpunkten und interpolierenden Funktionen fehlende Bahnpunkte vom Computer errechnet.

Die Projektionseinheit aus Abb. 1.69 wird mit ihrer Optik in Abb. 1.70 dargestellt. Mit ihr kann man wahlweise diaskopisch oder episkopisch arbeiten (WASINO-Patent). Die Optik der Projektionseinheit besteht aus dem Spiegel 1, der Linse 2, dem zweiten Spiegel 4, dem Bildschirm 5 und der Projektor-Linse 8. Die episkopische Beleuchtung 7 und die diaskopische Beleuchtung 8 sind am Gehäuse 3 installiert. Mit dem Vergrößerungsknopf 6 wird die optische Vergrößerung erreicht.

1.7.8   Bandschleifmaschinen

Das Hochleistungsbandschleifen mit Stützplatte ist ein relativ junges Fertigungsverfahren, das zur Erzeugung ebener Auflage- und Dichtflächen dient. Diese Maschinen
werden im Maschinen- und Automobilbau zum Schleifen von Zylinderköpfen, Getriebe-
deckeln und Kurbelgehäusen aus Grauguß oder Aluminium angewandt.

In Abbildung 1.71 ist eine Hochleistungs-Bandschleifmaschine dargestellt. Neben
der Be- und Entladestation 3 und der Bearbeitungsstation kann eine Meßstation integriert werden. Die Maschine ist vollgekapselt, da im Naßschleifverfahren bearbeitet
wird.

Das Maschinengestell besteht aus dem Maschinenbett, das auf vier Hubspindeln 9
den Drehtisch 8 aufnimmt und dem Maschinenständer, an dem über eine Konsole der
Schleifkopf 4 befestigt ist. Durch einen Getriebemotor werden über Gelenkwellen und
Rollenkettentrieb die Hubspindeln synchron in der Höhe verstellt, damit Werkstücke
mit verschiedener Geometrie bearbeitet werden können. Auf dem Drehtisch sind drei
jeweils um 120°versetzte Arbeitstische 2 angeordnet. Durch die Drehbewegung des
Drehtisches werden die Arbeitstische zur entsprechenden Station positioniert.

Der Schleifkopf trägt drei Rollen zur Führung und zum Antrieb des Schleifbandes
13. Die beiden unteren Walzen sind fest montiert, während die obere durch einen
Pneumatikzylinder in senkrechter Richtung bewegt werden kann. Durch das Anhe-
ben der oberen Walze wird das Schleifband gespannt. Die geriffelte Antriebsrolle wird
über den Drehstrom-Asynchronmotor 6 mit federbelasteter Scheibenbremse, die pneumatisch belüftet wird, über einen Keilriementrieb angetrieben. Die Werkstücke 11
werden durch Werkstückaufnahme 10 lagebestimmt und gespannt. Der Antrieb der
Stützplatte 12 erfolgt über einen Drehstrommotor über einen Riementrieb und eine
Kugelrollspindel auf ein Keilgetriebe 16. Zwischen der Druckplatte 17 und der fest mit
dem Gestell verbundenen Traverse 14 befinden sich zwei pneumatische Balyzylinder 15.
Um ein „Auswandern" des Schleifbandes im Betrieb zu verhindern, ist der Schleifkopf
mit einem „Tracking-System" ausgerüstet. Die Bahn des Schleifbandes wird über vier
Lichtschranken kontrolliert. Jeweils eine Lichtschranke dient auf jeder Bandseite als
Endschalter, der bei Überschreitung des kontrollierten Weges für die Notausschaltung
sorgt.

Der vertikale Schleifbandvorschub, die Vorschubbewegung der Stützplatte und die
Überwachung aller Maschinenfunktionen übernimmt die CNC-Steuerung (Bedien- und
Steuereinheit 7). Die Schleifdunstabzugseinrichtung 5 ist an dem Maschinenständer
über dem Schleifkopf angebracht.

1.7.9   Schleifzentren

Kennzeichnende Eigenschaften von Schleifzentren sind die numerische Steuerung und
große Flexibilität der Maschine, die durch Werkzeugwechsel- und Werkstückwechselein-
richtungen erreicht werden können.

Abbildung 1.72 zeigt ein CNC-Außenrund- und Innenrundschleifzentrum. Das Maschinenbett 8 ist als rohrförmiger Gußkörper, der im Winkel von 30° auf dem Unterbau
befestigt ist, ausgeführt. Von der schrägen Fläche des Maschinenbettes werden Späne

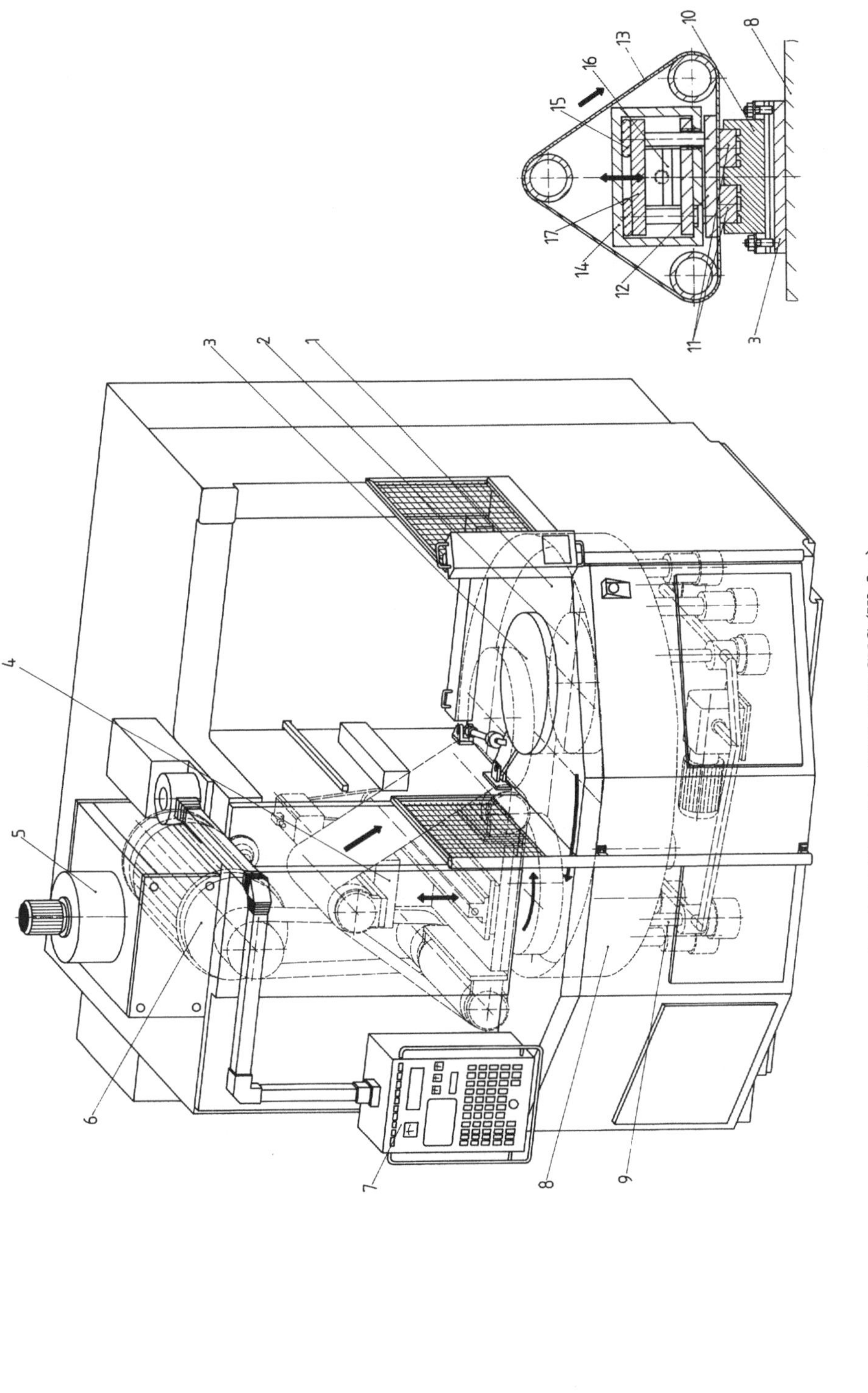

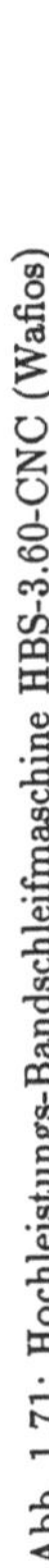

Abb. 1.71: Hochleistungs-Bandschleifmaschine HBS-3.60-CNC (Wafios)

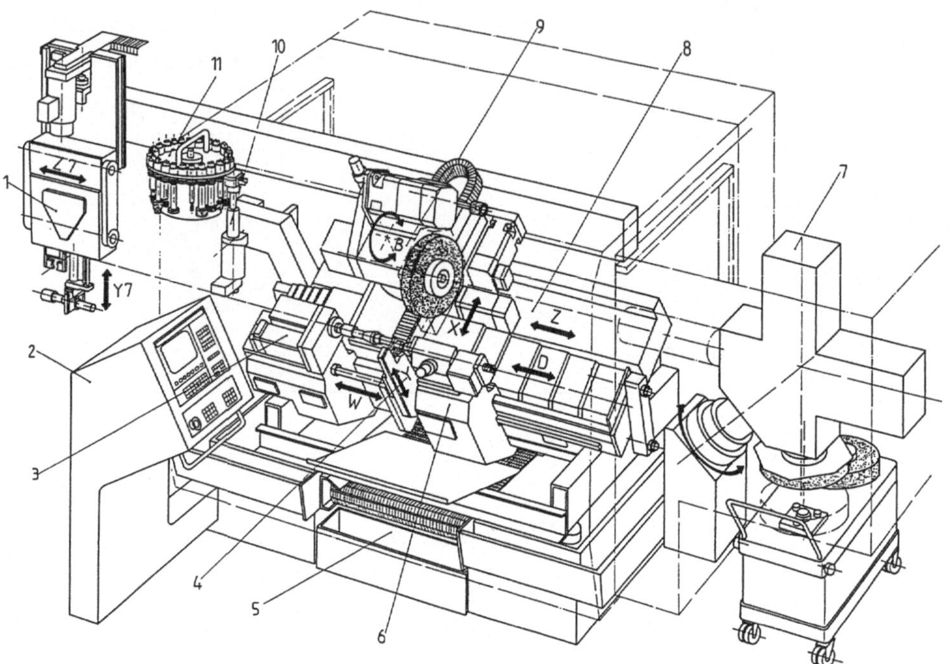

Abb. 1.72: CNC-Außenrund- und Innenrundschleifzentrum T3U (Schaudt)

und Kühlmittel in die Kühlmittelreinigungsanlage 5 abgeführt. Der Werkstückspindelstock 3 ist mit dem Maschinenbett fest verbunden. Die Werkstückspindel wird durch
einen Drehstrommotor über einen Zahnriementrieb angetrieben.

Zum Schleifen zwischen Spitzen wird der Reitstock 6 verwendet, der über einen Inde-
xierbolzen vom Schleifspindelstock zur CNC-gesteuerten Positionierung in der D-Achse
gefahren wird. Der Schleifspindelstock 9 führt sämtliche zum Schleifen und Abrichten
erforderlichen Verfahr-Bewegungen in drei gesteuerten Achsen (X, Z, B) aus.

Der Meßkopf 4 mit dem In-Prozess-System kann in Y- und W-Richtung verstellt
werden. Das durch Zu- und Abförderbänder oder durch ein Palettensystem bereitge-
stellte Rohteil wird von einem Doppelgreifer aufgenommen und durch den Laufwagen 1
über die Verfahrwege Y7 und Z7 in die Werkstückwechselposition gebracht. Der Greifer entnimmt das geschliffene Werkstück aus dem Werkstückspindelstock, schwenkt und
übergibt das Rohteil der Werkstückaufnahme. Anschließend fährt der Laufwagen in den
Führungen des Ladeportals in Z7-Richtung in die Ausgangsposition zurück.

Der Außenschleifscheibenwechsler 7 übernimmt die von dem Schleifspindelstock in
Wechselstellung gebrachte Schleifscheibe, schwenkt um 45°, übergibt die neue Schleifscheibe dem Schleifspindelstock und legt die alte Schleifscheibe in den Wagen ab.

Beim Wechseln der Innenschleifscheibe wird der Innenschleifspindelstock aus der
Bearbeitungs- in die Wechselposition gefahren. Der Doppelgreifer 10 zieht die programmierte Innenschleifscheibe aus der Aufnahme des Werkzeugmagazins 11 ab und
schwenkt um 90°. Der freie Greifer faßt die alte Innenschleifscheibe, zieht sie aus dem

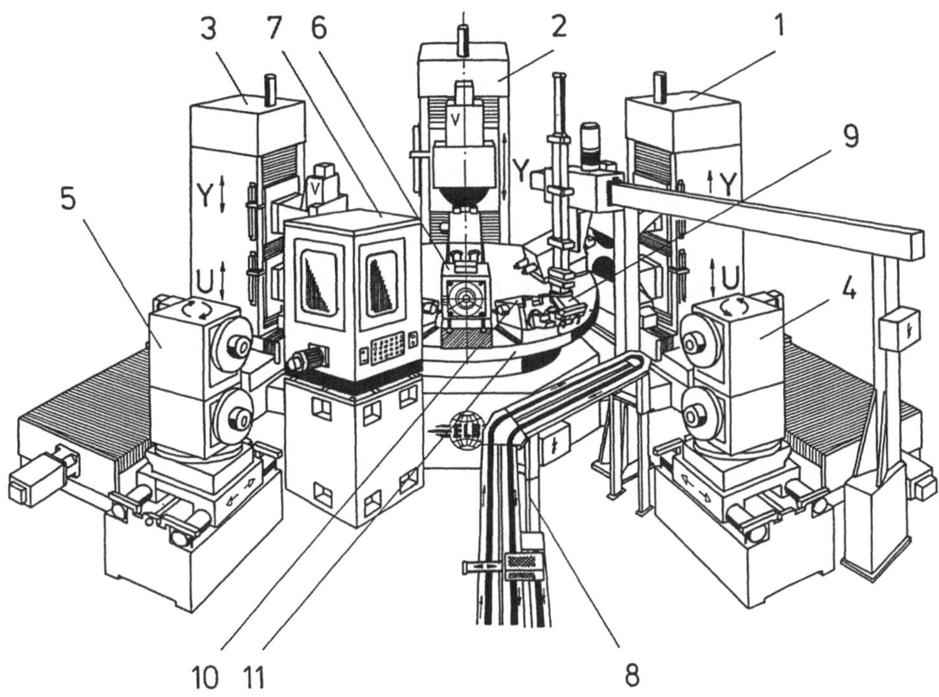

Abb. 1.73: Schleifzentrum CAM-Master III/5 (ELB-Schliff)

Innenschleifspindelstock aus, schwenkt um 180° und übergibt die neue Schleifscheibe
dem Spindelstock. Die Maschine ist mit einer modularen CNC-Steuerung bis maximal 15 Achsen ausgerüstet, verfügt über eine Fehlerdiagnose und bietet eine graphische
Bedienerführung und Programmierung (Bedien- und Steuereinheit 2).

In Abbildung 1.73 ist ein Schleifzentrum zum Schleifen der Füße von vier verschiedenen Turbinenschaufeln dargestellt.

Die längs und quer positionierbaren Schleifständer mit doppelten Schleifspindeln
1 und 3 sind in der Z- und X-Achse beweglich, ebenso der mit einer Schleifspindel
ausgerüstete Schleifständer 2. Die Schleifscheibenwechsler 4 und 5 bedienen die Ständer
1 und 3, für den Schleifständer 2 dient der Scheibenwechsler 6. Zu dem Schleifzentrum
gehören noch die Meßmaschine 7, die Transportanlage 8 für die Werkstücke sowie der
Greifer 9 zum Be- und Entladen der Werkstücke. Die fünf Spannvorrichtungen 10 mit
je zwei nach oben gerichteten Teilspindeln sind auf dem Rundtisch 11 aufgebaut.

Drei Spannvorrichtungen befinden sich jeweils in der Schleifstellung, eine Spannvorrichtung positioniert die Werkstücke zum Messen, während die Greifer in der fünften
Spannvorrichtung die Werkstücke wechseln. Das Transportband bringt die Werkstücke
auf Paletten von der Druckgießmaschine zur Ladestation. Zwei Werkstücke werden von
den Greifern erfaßt und in die Spannvorrichtung eingelegt. Sensoren, die die richtige
Lage der Werkstücke prüfen, geben bei einwandfreier Positionierung der Werkstücke
den Spannvorgang frei.

Bei Abnutzung der Schleifscheiben werden die Schleifscheibenwechsler automatisch eingeschaltet. Vier Diamant-Abrichtrollen sind in die Abzieheinrichtung jeder Schleifspindel fest eingebaut. Die Schleifscheibe wird in der Z-Achse unter die für das schleifende Werkstück passende Abrichtrolle durch den Schleifscheibenwechsler positioniert. Jedem der drei Schleifständer ist eine CNC-Steuerung zugeordnet. Im Endzustand steuert eine Zentraleinheit die gesamte Anlage über den speicherprogrammierbaren Zellenrechner und die CNC-Steuerungen der einzelnen Schleifständer.

1.7.10   Bearbeitungsbeispiele

Die Schleifverfahren lassen sich wie in Abb. 1.74 in

- Längsschleifen und
- Querschleifen

unterteilen.

Längsschleifen bezeichnet Schleifen, bei dem die Hauptvorschubrichtung parallel zu der zu erzeugenden Fläche liegt.

Querschleifen (Einstechschleifen) bezeichnet Schleifen, bei dem die Hauptvorschubrichtung rechtwinklig (quer) zu der zu erzeugenden Fläche liegt.

Umfangschleifen bezeichnet Schleifen, bei dem das rotierende Schleifwerkzeug zur Spanabnahme am Umfang wirksam wird.

Stirnschleifen bezeichnet Schleifen, bei dem das rotierende Schleifwerkzeug zur Spanabnahme an der Stirnseite wirksam wird.

Rundschleifen dient zur Erzeugung von Rundflächen.

Planschleifen (Flachschleifen) dient zur Erzeugung ebener Flächen.

Drehschleifen dient zur Erzeugung von Drehstirnflächen.

Charakteristische Bearbeitungsbeispiele beim Schleifen auf Innenrundschleifmaschinen sind in Abb. 1.75 darstellt.

In Abbildung 1.75 a, d, e, f, g, h, i, j ist das Längsschleifen, in Abb. 1.75 b, c das Querschleifen dargestellt. In Abbildung 1.75 e wird die Bohrung nach dem Umfangsinnenrund-Längsschleifverfahren und anschließend die Stirnfläche nach dem Stirndreh-Querschleifverfahren geschliffen.

Für das Längsschleifen der Laufbahnen in Abb. 1.75 d wird eine Oszillationseinrichtung für kurze Hübe und hohe Frequenzen eingesetzt.

In Abbildung 1.76 ist zur Erläuterung des verfahrenstechnischen Vorganges ein Werkstück mit zwei Bohrungen und einem Innenkegel dargestellt. Für die Bearbeitung dieses Werkstückes kann die in Abb. 1.62 dargestellte CNC-Innenrundschleifmaschine mit Schleifspindelrevolver eingesetzt werden. Für dieses Werkstück würde auch ein Schleifspindelrevolver mit zwei Innenschleifspindeln ausreichen. Das Werkstück wird im Futter auf $\oslash 185$ gespannt. Mit der ersten Schleifscheibe wird zuerst die Bohrung $\oslash 60^{H6}$ mit der Schleifzugabe von 0,25 mm geschliffen. Nach dem Takten des Revolverkopfes wird mit der zweiten Schleifscheibe die Bohrung $\oslash 98^{H7}$ mit der Schleifzugabe von 0,3 mm geschliffen und die angegebene Fläche mit der Schleifzugabe von 0,15 mm geplant. Nach dem Schwenken des Werkstückspindelstockes um seine senkrechte Achse um 15° wird die Bohrung des Innenkegels geschliffen (s. Abb. 1.75 h). Nach dem Zurückschwenken des Werkstückspindelstockes wird die Phase 4x45° bei

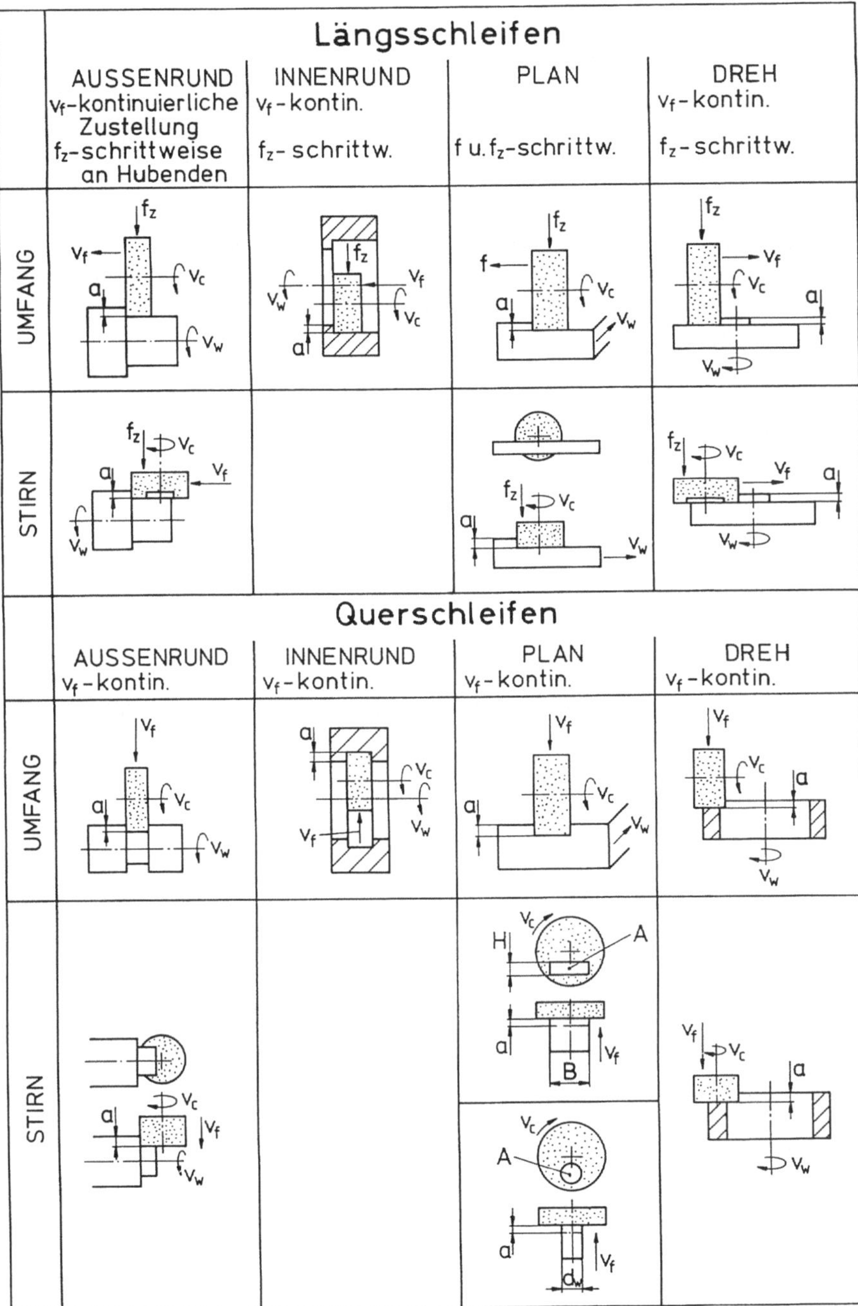

Abb. 1.74: Unterteilung des Fertigungsverfahrens Schleifen [4]

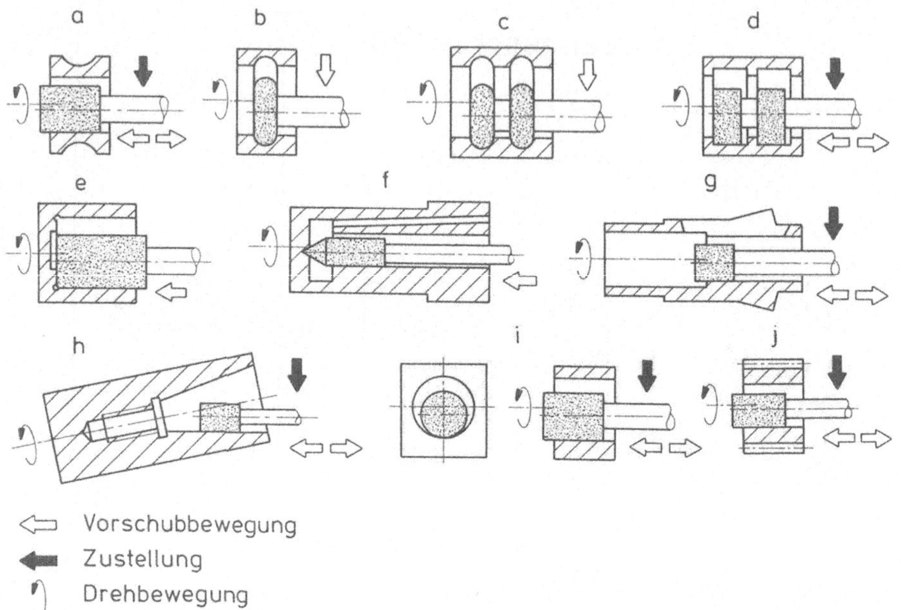

Abb. 1.75: Charakteristische Bearbeitungsbeispiele beim Schleifen auf Innenrundschleifmaschinen
(a) Bohrungs-Längsschleifen in Kugellager-Innenring (b) Laufbahn-Querschleifen in Kugellager-Außenring (c) Laufbahn-Querschleifen in zweireihigem Kugellager-Außenring (d) Laufbahn-Längsschleifen in zweireihigem Nadellager (e) Bohrungs-Längsschleifen und Stirninnenflächen-Drehquerschleifen in Kardanlagerbuchse (f) Bohrungs-Längsschleifen und Kegel-Drehquerschleifen in Einspritzdüse (g) Bohrungs-Längsschleifen in Spannzange (h) Bohrungs-Längsschleifen von Innenkegeln (i) Bohrungs-Längsschleifen von prismatischen Teilen (j) Bohrungs-Längsschleifen von Zahnrädern

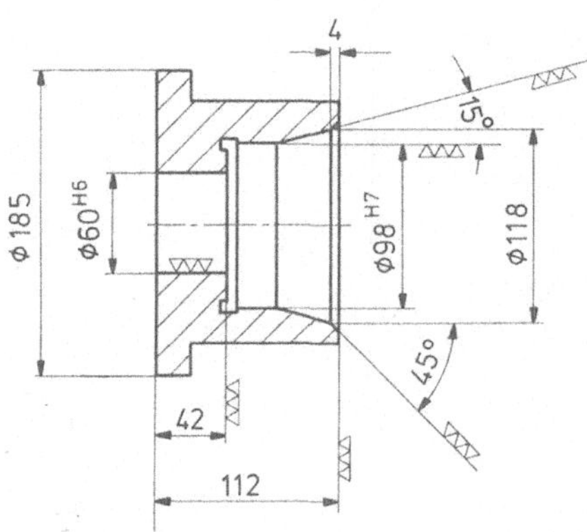

Abb. 1.76: Erläuterung des Bohrverfahrens am Beispiel eines Werkstücks mit zwei Bohrungen und Innenkegel

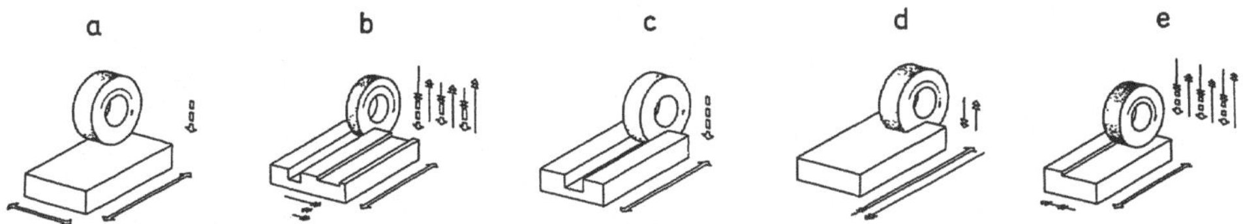

Abb. 1.77: Typische Bearbeitungsbeispiele auf Flachschleifmaschinen
(a) Flachschleifen mit kontinuierlicher und sprungweiser Querverstellung (b) Nuten- und Stufenschleifen, automatische Maßkompensation am Schleifscheibenumfang und in der Breite (c) Querschleifen mit kontinuierlicher, sprungweiser oder degressiver Vertikalzustellung (d) Produktions-Vollschnittschleifen, Mehrschnittautomatik (e) Flachschleifen im Querschleifverfahren

gleichzeitigem Verfahren von X- und Z-Achse geschliffen. Anschließend wird die äußere Werkstückfläche mit Schleifzugabe von 0,15 mm plangeschliffen. Auf diese Art kann eine Stückzeit von 9 min. erreicht werden. Die erzielbaren Durchmessertoleranzen liegen bei den Außen- und Innenrundschleifmaschinen zwischen 0,005 mm und 0,020 mm. Die Rundheitsabweichungen liegen zwischen 0,002 mm und 0,010 mm und die Rauhtiefe Rt zwischen 2 μm und 6 μm.

Spitzenlose Außenrundschleifmaschinen dienen zur Herstellung folgender Teile:

- Kugellager-Außenringe, Nadellager-Außen- und Innenringe aus der Kugellagerindustrie,
- Wellen, Achsen und Stangen aus der Kleineisenindustrie,
- Ventilführungen, Stoßdämpferstangen, Bremskolben, Buchsen, Düsennadeln, Ventilsitzringe aus der Automobilindustrie,
- Bohrer, Läppdorne für Düsenkörper aus der Werkzeugindustrie.

Die Werkstücke sind meistens mit einem Aufmaß von 0,1 mm - 0,3 mm vorgedreht. In manchen Fällen werden jedoch auch gegossene oder geschmiedete Rohlinge mit einem Aufmaß von 3 - 5 mm auf diesen Maschinen bearbeitet. Die erzielbaren Durchmessertoleranzen liegen bei 0,002 mm, die Rundheitsabweichungen bei 0,0003 mm, der Mittenrauhwert Ra zwischen 0,1 und 0,15 μm.

Auf Flachschleifmaschinen werden Werkstücke aus dem allgemeinen Maschinenbau, Vorrichtungsbau, Schnittwerkzeug- und Formenbau bearbeitet. In Abbildung 1.77 sind typische Bearbeitungsbeispiele wiedergegeben. Die Werkstücke werden in Abb. 1.77 a, b, d nach dem Umfangsplan-Längsschleifverfahren und in den Abb. 1.77c, e nach dem Umfangsplan-Querschleifverfahren geschliffen.

Auf Trennschleifmaschinen werden Werkstücke getrennt. Abbildung 1.78 zeigt das Trennen des Kreislaufmaterials an einem Gußwerkstück auf einer Trennschleifmaschine.

In Abbildung 1.79 sind Bearbeitungsbeispiele auf Werkzeugschleifmaschinen dargestellt.

Alle Werkzeuge zum Drehen, Bohren, Senken, Reiben, Fräsen, Sägen, Räumen u.a.m. können auf diesen Maschinen geschliffen werden.

Das Schleifen wird zum Zwecke der Herstellung oder des Schärfens der Werkzeuge durchgeführt. Um die kompliziertesten geometrischen Formen schleifen zu können, werden heute Werkzeugschleifmaschinen mit vier bis acht CNC-gesteuerten Achsen ausgerüstet.

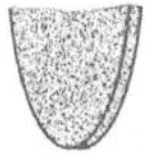

Abb. 1.78: Trennen des Kreislaufmaterials an einem Gußwerkstück auf einer Trennschleifmaschine

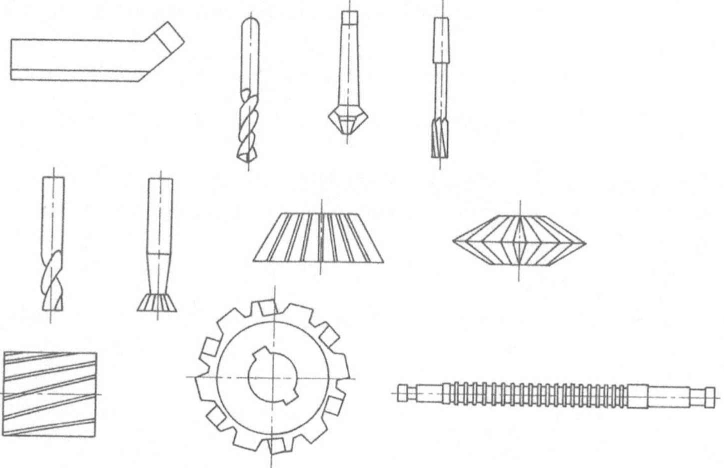

Abb. 1.79: Bearbeitungsbeispiele auf Werkzeugschleifmaschinen

Beim Schleifen von Walzenfräsern, Schaftfräsern, Scheibenfräsern und Formfräsern werden ISO-Qualitäten IT8 benötigt. Für hinterschliffene Fräser und Reibahlen wird die Qualität IT5 benötigt.

Beim Schleifen von Räumwerkzeugen werden höhere Fertigungsgenauigkeiten verlangt. Die Rundlaufabweichung beim Schleifen der Spanflächen muß unter 0,05 mm, beim Schleifen der Freiflächen unter 0,02 mm liegen. Die Ebenheitsabweichungen bei Flachräumwerkzeugen dürfen 0,05 mm auf 500 mm nicht überschreiten.

Auf optischen Profilschleifmaschinen wird eine sehr hohe Bearbeitungspräzision entwickelt, die durch präzise Positionsüberwachung mit einer Auflösung von bis zu 0,1 μm erreicht werden kann. Der Auflösungsfehler des Projektionsbildschirms (Durchmesserbereich $\oslash$400 mm) ist kleiner als ±0,03 %.

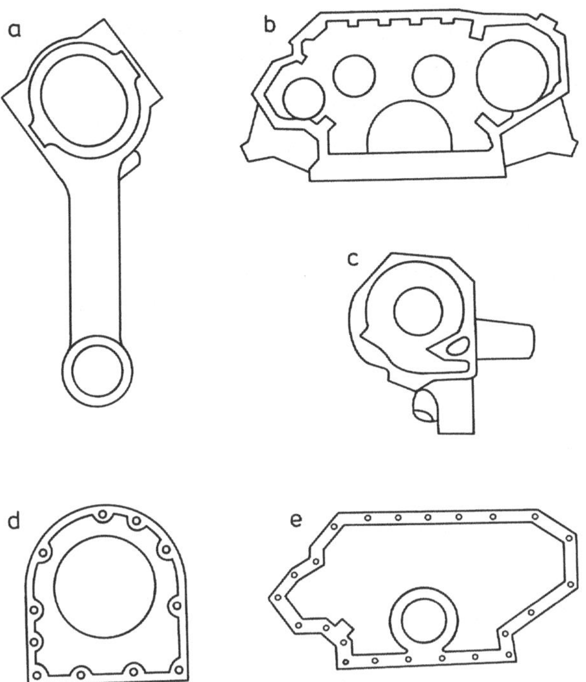

Abb. 1.80: Bearbeitungsbeispiele auf Bandschleifmaschinen (WAFIOS)
(a) Pleuel aus Stahlguß (b) Getriebegehäuse aus Grauguß (c) Wasserpumpengehäuse aus Grauguß (d) Dichtflansch aus Aluminium (e) Deckel aus Aluminium

Auf den Bandschleifmaschinen werden ebene Auflage- und Dichtflächen von Werkstücken aus Stahlguß, Grauguß und Alu-Gußlegierungen geschliffen. Dieses Fertigungsverfahren hat die kostenintensive Kombination von Fräsen, Schleifen und Läppen ersetzt und wird besonders für dünnwandige Teile angewendet. In Abbildung 1.80 sind einige Bearbeitungsbeispiele dargestellt. Die Werkstücke werden in der Vorrichtung lagebestimmt, gespannt und auf der oberen, frei vorstehenden Seite geschliffen.

Auf Schleifzentren werden die kompliziertesten Fertigungsabläufe durchgeführt. Da diese Maschinen bis zu 15 CNC-gesteuerte Achsen haben und mit Werkzeugwechseleinrichtung ausgestattet sind, können durch die Unterprogrammtechnik per Bildschirm relativ schnell neue Fertigungsabläufe realisiert werden.

In Abbildung 1.81 sind zwei Bearbeitungsbeispiele dargestellt, die auf dem in Abb. 1.72 dargestellten Bearbeitungszentrum durchgeführt werden können. So können der Durchmesser, der Kegel und die Kugelkalotte in einem Einstich geschliffen werden (Abb. 1.81 a). Durch die CNC-Bahnsteuerung des Schleifspindelstockes für die Achsen X und Z ist es möglich, die Radien auf den Wellen sehr genau zu schleifen (Abb. 1.81 b).

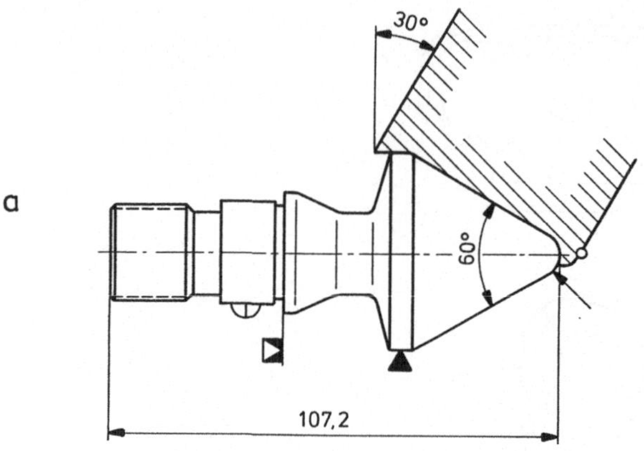

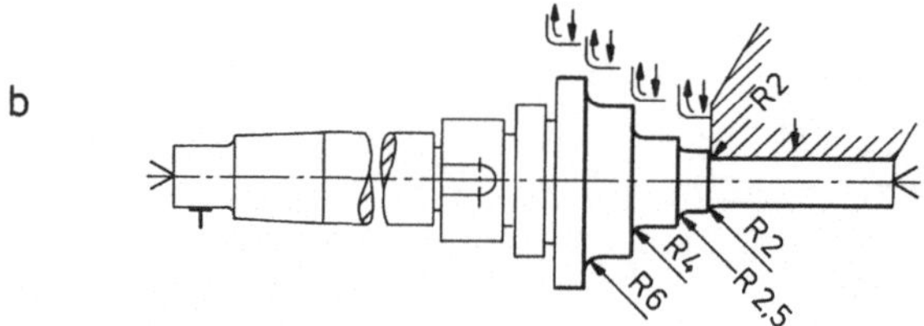

Abb. 1.81: Bearbeitungsbeispiele auf Schleifzentren (Schaudt)
(a) Schleifen des Durchmessers, des Kegels und der Kugelkalotte in einem Einstich (b) Bahngesteuertes
Radienschleifen

1.8 Honmaschinen

1.8.1 Übersicht der Honmaschinen

Honmaschinen werden eingeteilt in

- Langhubhonmaschinen und
- Kurzhubhonmaschinen

1.8.2 Langhubhonmaschinen

Bei Langhubhonmaschinen führt das Honwerkzeug gleichzeitig eine Dreh- und Hubbewegung aus.

In Abbildung 1.82 ist eine Senkrecht-Langhubhonmaschine dargestellt.

Der Drehstrommotor 1 treibt über das Reibradgetriebe 5 und den Riemenantrieb
6 eine Nabe an, die durch ein Keilwellenprofil mit der Arbeitsspindel 9 verbunden ist

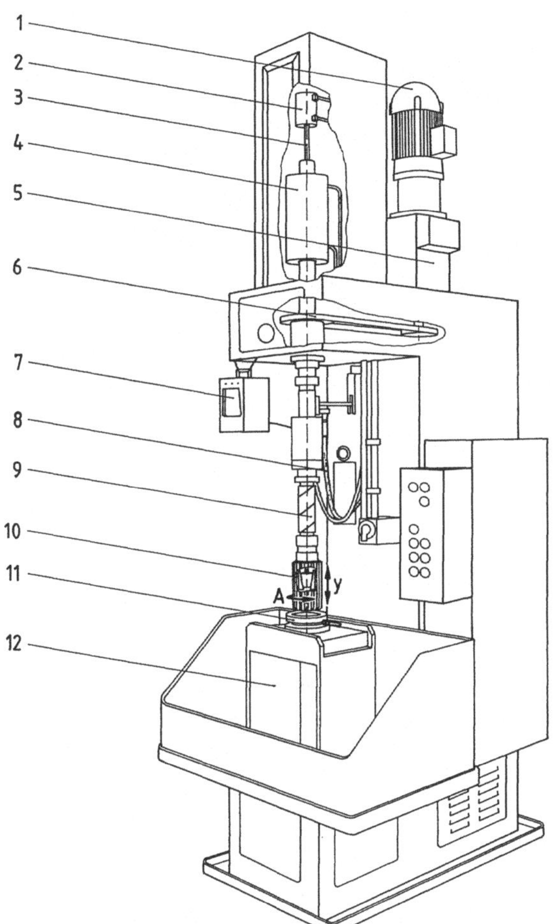

Abb. 1.82: Senkrecht-Langhubhonmaschine Z600-125 (Gehring)

(Drehbewegung A). Durch den Hydraulikzylinder 4 erfolgt die Hubbewegung der Arbeitsspindel in Y-Richtung. Die Hublänge und Hubgeschwindigkeit sind stufenlos einstellbar. Mit einer hydraulischen Zustelleinrichtung, die aus dem Hydraulikzylinder 2 und der Zustellstange 3 mit Zustellkonus besteht, wird der Anpreßdruck der Honsteine am Honwerkzeug 10 eingestellt. Im Honwerkzeug befindet sich eine Meßeinrichtung, die den Durchmesser des Werkstückes an drei Meßstellen aufnimmt. Die Messung erfolgt während des Honvorganges und ermöglicht die automatische Regelung der Honleistenzustellung. Durch die hohle Arbeitsspindel wird während des Honvorganges über Kühlmittelleitungen 8 Kühlschmierstoff zum Werkzeug geleitet. Die zu bearbeitenden Werkstücke werden durch eine hydraulische Spannvorrichtung 11, die auf dem Festtisch 12 aufgebaut ist, gespannt. Hublänge der Maschine: 600 mm, Honlänge: 10-500 mm, Spindeldrehzahl: 53-265 min^{-1}, Antriebsleistung Spindelmotor: 4 kW.

1.8.3 Kurzhubhonmaschinen

Bei Kurzhubhonmaschinen (Superfinish-Maschinen) führt das Honwerkzeug eine Schwingbewegung aus, die Drehbewegung wird von dem zu bearbeitenden Werkstück ausgeführt.

Abbildung 1.83 zeigt eine spitzenlose Kurzhubhonmaschine.

Die Drehbewegung der Werkstücke wird durch die hyperbolischen Transportwalzen 1 erreicht. Die Honsteine, die in Werkzeughaltern 2 gespannt sind, werden pneumatisch an die Werkstücke angepreßt. Der Anpreßdruck, der für jeden Werkzeughalter getrennt eingestellt werden kann, wird auf Manometern 6 kontrolliert.

Die Schwingbewegung der Honwerkzeuge wird durch den Schwingkopf 3 erzeugt. Er enthält einen Pneumatikzylinder, dessen Kolben wechselseitig mit Druckluft beaufschlagt wird. Der auf Kugelführungen gelagerte Schwingkopf wird mit den Honsteinen und deren Haltern in Schwingungen versetzt, wobei sich die Massenkräfte der einzelnen Bauteile fast vollständig kompensieren. Der Antrieb der Transportwalzen erfolgt durch Drehstrommotor 10 und PIV-Regelgetriebe 9 über Riementrieb und Schneckengetriebe 8. Die Transportwalzen sorgen sowohl für die Drehbewegung als auch für den geradlinigen Werkstücktransport.

Die Auflage der Werkstücke auf den Transportwalzen hat eine kleine Neigung, durch die die Auflagekraft in eine Normalkraft und eine kleine Hangabtriebskraft zerlegt wird. Infolge der Verjüngung der Walzendurchmesser unterliegt das Werkstück durch verschiedene Umfangsgeschwindigkeiten einem ständigen Schlupf. Dadurch stellt sich Gleitreibung ein, weil damit auch keine Haftreibung in Vorschubrichtung wirken kann, reicht die geringe Hangabtriebskraft zur Erzeugung des Vorschubes aus. Der geradlinige Werkstücktransport wird durch eine leichte Schrägstellung der Transportwalzen untereinander und relativ zur waagerechten Achse erreicht. Werkstückdurchmesser: 1,2-10 mm, Durchlaufgeschwindigkeit: 0,4-2,8 m/min, Schwingfrequenz: 2000-2300 min^{-1}, Amplitude: 1,5-3 mm, Leistungsaufnahme: 1,4 kW.

1.8.4 Bearbeitungsbeispiele

Auf Langhubhonmaschinen werden Bohrungen für Werkstücke im Fahrzeugbau, im Werkzeug- und Werkzeugmaschinenbau sowie in der Hydraulik-, Pneumatik- und Kompressorenindustrie bearbeitet.

In Abbildung 1.84 sind Bearbeitungsbeispiele auf Langhubhonmaschinen dargestellt.

Der Rippenzylinder für Dieselmotoren aus GG (Abb. 1.84 a) wird in der Honzeit von 35 Sekunden bearbeitet. Die Bearbeitungszugabe beträgt 0,05 - 0,08 mm. Die Formabweichungen (Rundheit und Zylinderform) nach dem Honen betragen 0,015 mm. Die Rauhtiefe nach dem Honen beträgt Rt = 4 - 7 μm. Die Bremstrommel aus GG (Abb. 1.84 b) wird in der Honzeit von 40 Sekunden bearbeitet. Die Bearbeitungszugabe beträgt 0,05 bis 0,08 mm. Die Rauhtiefe nach dem Honen liegt bei 2,5 - 4 μm. Das Steuerventil aus GGL 35 (Abb. 1.84 c) hat die Honzeit von 50 Sekunden. Bei einer Bearbeitungszugabe von 0,04 - 0,06 mm werden für Rundheit und Zylinderform Formabweichungen von 0,002 mm erzielt. Die Rauhtiefe nach dem Honen beträgt 1,25 μm. Das nitrierte Stahlrohr (Abb. 1.84 d) wird in 6 min vorgehont und anschließend in 2

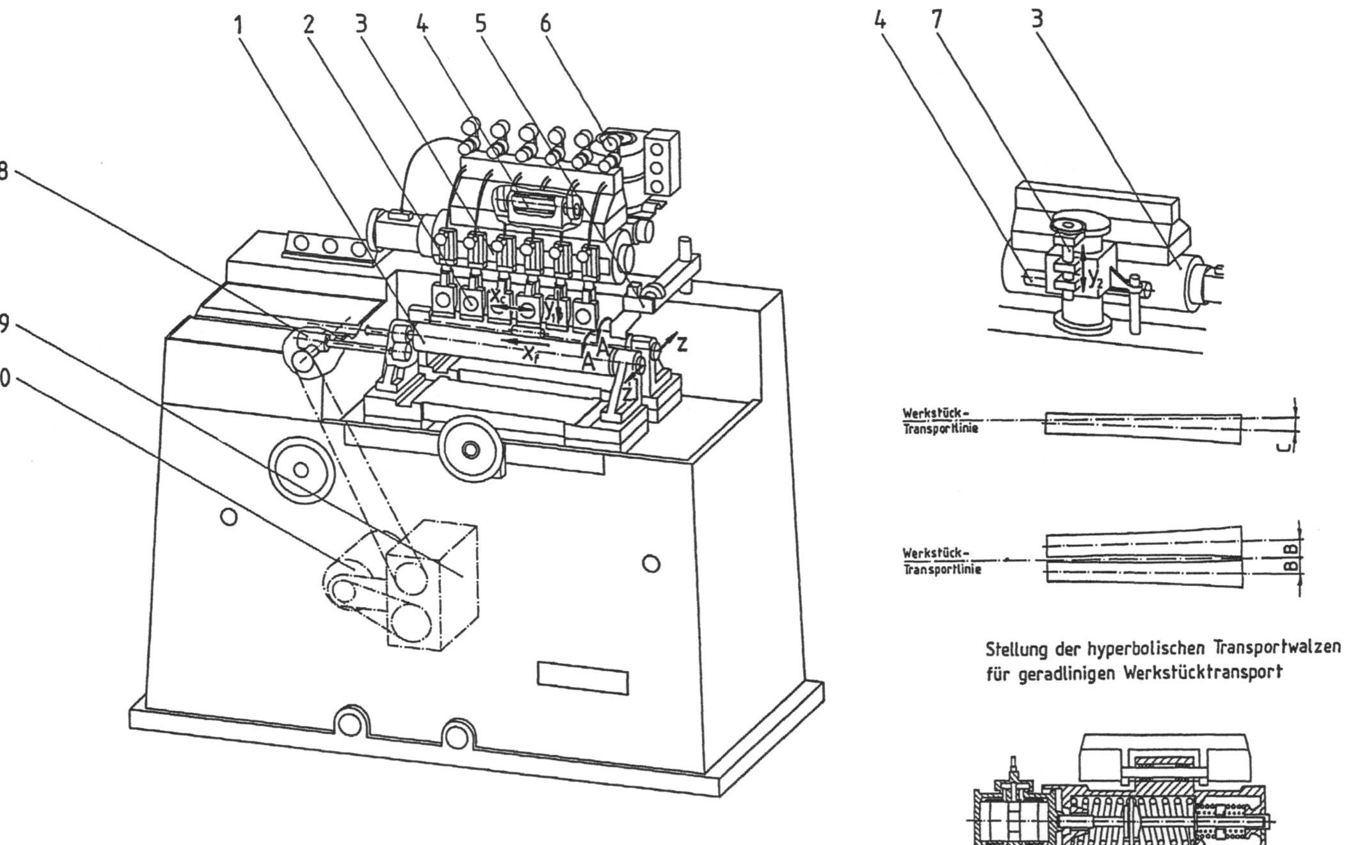

Abb. 1.83: Spitzenlose Superfinish-Maschine SM 57 (Supfina)

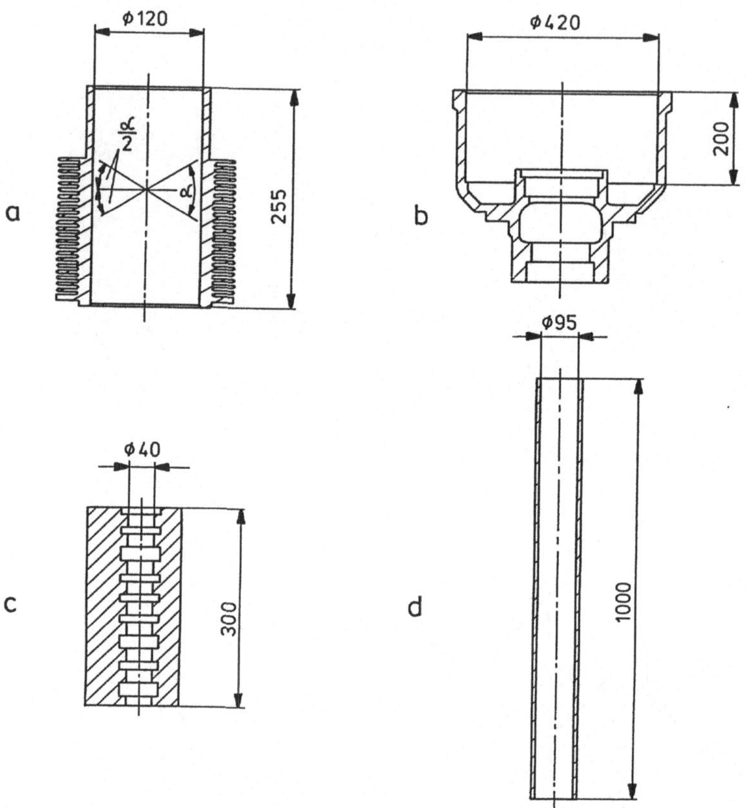

Abb. 1.84: Bearbeitungsbeispiele auf Langhubhonmaschinen (Gehring)
(a) Rippenzylinder für Dieselmotoren aus GG (b) Bremstrommmel aus GG (c) Steuerventil aus GGL 35
(d) Nitriertes Stahlrohr

min fertiggehont. Bei einer Bearbeitungszugabe von 0,1 mm werden Formabweichungen
von 0,01 mm und eine Rauhtiefe von Rt = 0,4 μm erzielt.

Auf Kurzhubhonmaschinen werden Durchmesser von Präzisionsteilen der Wälzla-
ger-, Fahrzeug-, Motoren-, Hydraulik- und Pneumatikindustrie bearbeitet. Höchste
Oberflächengüte und sehr hohe Formgenauigkeit kann auf diesen Maschinen erreicht
werden.

Abbildung 1.85 zeigt Bearbeitungsbeispiele. Die Nadeln $\oslash$ 1,2 - 10 mm (Abb. 1.85
a) können bei 80 % Auslastung in der Stückzahl von 1750 Stück/h gehont werden. Die
Rauhtiefe beträgt Rt = 1,4 - 2 μm.

Die in Abbildung 1.85 b dargestellten Präzisionsrollen $\oslash$ 3 x 5 mm haben bei 70 %
Auslastung die Stückzahl von 7000 Stück/h. Die Rauhtiefe beträgt Rt = 0,16 - 0,19
μm.

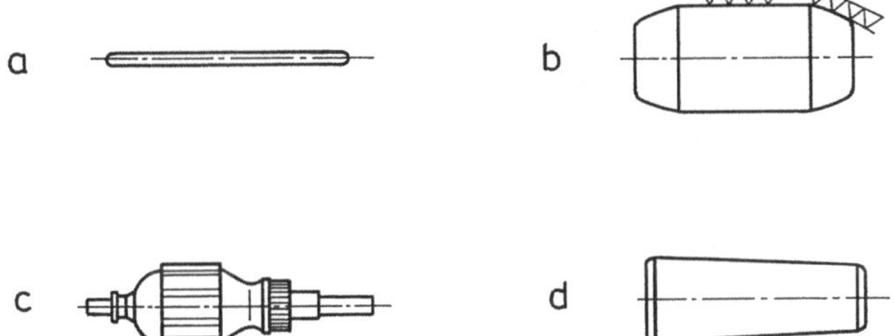

Abb. 1.85: Bearbeitungsbeispiele auf Superfinish-Maschinen (Gehring)
(a) Nadeln $\oslash$ 1,2 bis 10 mm (b) Präzisionsrolle $\oslash$ 3 x 5 mm (c) Lagerzapfen von Rotoren (d) Kegelrolle 11 x 18 mm

Die Lagerzapfen von Rotoren (Abb. 1.85 c) werden in der Bearbeitungszeit von 12 Sekunden mit einer Nebenzeit von 8 Sekunden gehont. Die Rauhtiefe Rt wird dabei von 1,6 μm auf 0,2 - 0,25 μm verbessert. Die Rundheitsverbesserung beträgt 50 - 80 %.

Die Kegelrolle 11 x 18 mm (Abb. 1.85 d) hat eine Taktzeit von 12 Sekunden. Auch bei diesem Werkstück wurden Formgenauigkeit und Oberflächengüte verbessert.

1.9 Läppmaschinen

1.9.1 Übersicht der Läppmaschinen

Läppmaschinen werden eingeteilt in

- Zweischeibenläppmaschinen,
- Einscheibenläppmaschinen,
- Innenläppmaschinen.

1.9.2 Zweischeibenläppmaschinen

Abbildung 1.86 zeigt eine Zweischeibenläppmaschine, die zum Läppen von parallelen Flächen der Werkstücke eingesetzt wird.

Der innere Stiftkranz 9 ist feststehend, der äußere Stiftkranz 10 wird durch Getriebemotor 11 angetrieben. Zwischen den Stiftkränzen befinden sich die Läuferscheiben bzw. die Werkstückaufnahmen 5, in deren Öffnungen die Werkstücke 12 aufgenommen werden. Durch den Antrieb des äußeren Stiftkranzes drehen sich die Läuferscheiben um den inneren Stiftkranz und zugleich um ihren eigenen Mittelpunkt. Dies ermöglicht, daß die Werkstücke in allen Richtungen geläppt werden.

Mit dem Getriebemotor 1 wird die obere Läppscheibe 8 angetrieben. Die untere Läppscheibe 13 wird durch den Getriebemotor 2 angetrieben. Die Läppflüssigkeit wird zwischen die Läppscheiben und die Läuferscheiben eingebracht. Mit Hilfe des Pneumatikzylinders 3 wird der Vorschub durch den Druck der oberen Läppscheibe

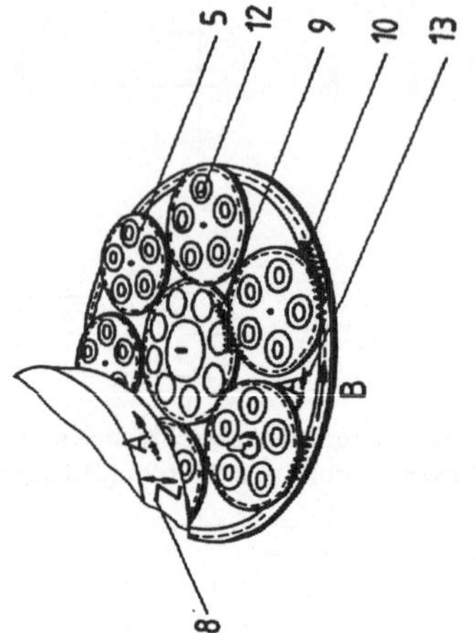

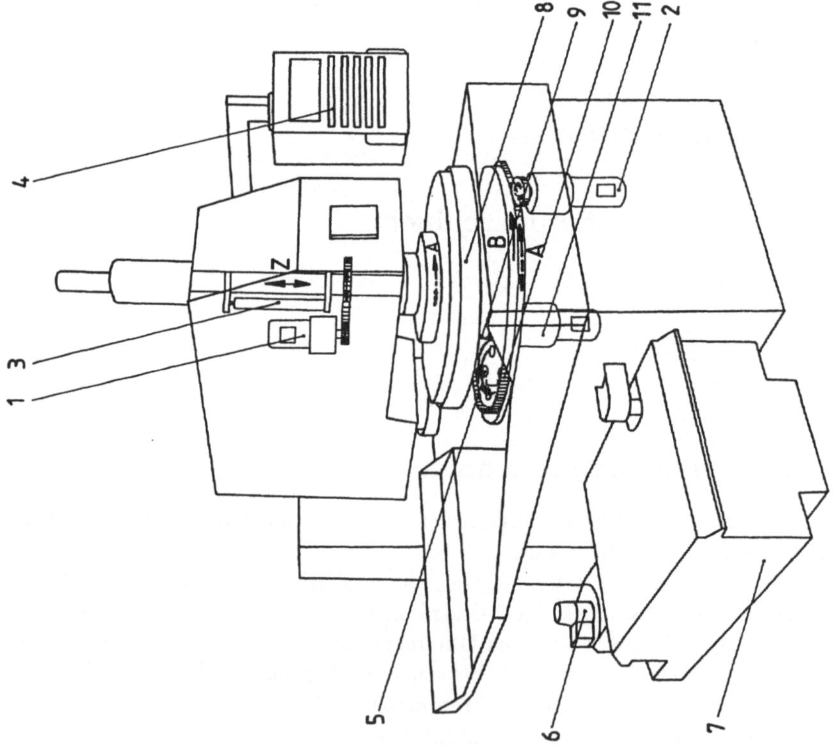

Abb. 1.86: Zweischeibenläppmaschine micro Line AC1000/AC1200 (Wolters)

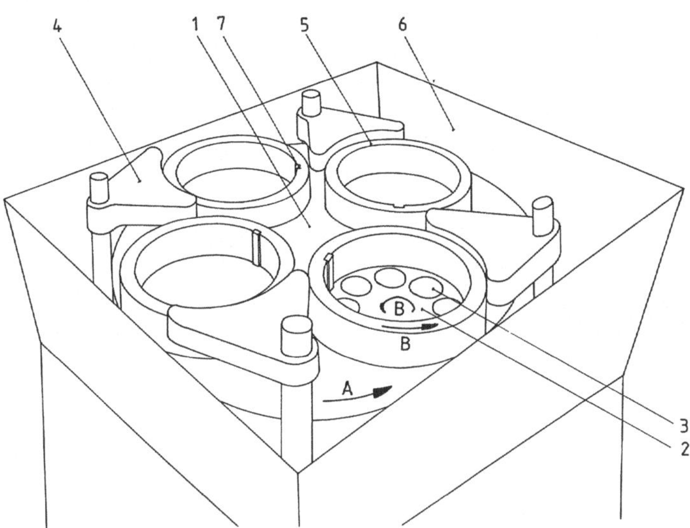

Abb. 1.87: Einscheibenläppmaschine micro Lap FL5/B 58 (Wolters)

auf die Werkstücke erreicht. Die obere Läppscheibe kann zur Seite geschwenkt werden, damit das Bestücken der Maschine erleichtert wird. Der Läppmitteltank 7 mit Läppmittelpumpe 6 wird direkt an der linken Seite der Maschine untergebracht. Das Bedienpult 4 wird an der rechten Seite der Maschine eingebaut.

Läppscheibendurchmesser: 800-1240 mm, größter Läppscheibenabstand: 120 mm, Läppscheibenantrieb: 5,5/7,5 kW, max. 800 min^{-1}, Werkstückantrieb: 1,6 kW, max. 60 min^{-1}.

1.9.3 Einscheibenläppmaschinen

Abbildung 1.87 zeigt eine Einscheibenläppmaschine. Die Werkstücke 3 werden durch ihr Eigengewicht auf die Läppscheibe 1 gedrückt. Die Läuferscheiben 2, die die Werkstücke aufnehmen, befinden sich in dem Hohlzylinder 5, der durch zwei Führungsbolzen 4 gehalten wird. Durch die Drehung der Läppscheibe werden die Hohlzylinder mit den Werkstücken gegen die Führungsbolzen geschoben. Infolge der größeren Geschwindigkeit an der äußeren Seite der Läppscheibe werden die Hohlzylinder mit den Werkstücken zusätzlich gedreht. Dies ermöglicht das Läppen in allen Richtungen des Werkstücks.

Die Läppflüssigkeit wird zwischen Läppscheibe und Werkstück eingebracht.

Die Einscheibenläppmaschine mit dem kastenförmigen Gehäuse 6 hat außer einem Läppmittelbehälter und einem Bedien- und Steuerpult, das an der Seitenwand des Maschinengehäuses angebracht ist, keine weiteren Bauteile. Läppscheibendurchmesser: 580 mm, Antrieb: 1,5 kW, Umdrehungsfrequenz der Arbeitsspindel: 79 min^{-1}.

1.9.4   Bearbeitungsbeispiele

Auf Läppmaschinen werden äußerst präzise und auch dünnwandige Werkstücke bearbeitet. Werkstücke unterschiedlichster Form und aus verschiedenen Werkstoffen werden geläppt (Abb. 1.88).

Auf Zweischeibenläppmaschinen werden planparallele und zylindrische Werkstücke von zwei Seiten bearbeitet. Das Aufmaß beträgt ca. 0,03 mm. Die erzielbaren Maß-, Form- und Lageabweichungen betragen: Maßabweichungen: $\pm$ 0,3 - $\pm$ 1,0 μm, Ebenheitsabweichungen: 0,2 μm - 0,8 μm, Planparallelitätsabweichungen: 0,8 - 1,2 μm. Die erreichten Rauhtiefen liegen bei Rz = 0,3 - 2 μm.

Auf den Einscheibenläppmaschinen werden Werkstücke von einer Seite bearbeitet. Die erreichten Ebenheitsabweichungen und Rauhtiefen betragen: Ebenheitsabweichungen: 0,2 - 0,8 μm, Rauhtiefen: Rz = 0,3 - 2 μm.

1.10   Verzahnmaschinen

1.10.1   Übersicht der Verzahnmaschinen

Verzahnmaschinen werden eingeteilt in

- Wälzfräsmaschinen,
- Profilfräsmaschinen,
- Wälzhobel- und Wälzstoßmaschinen,

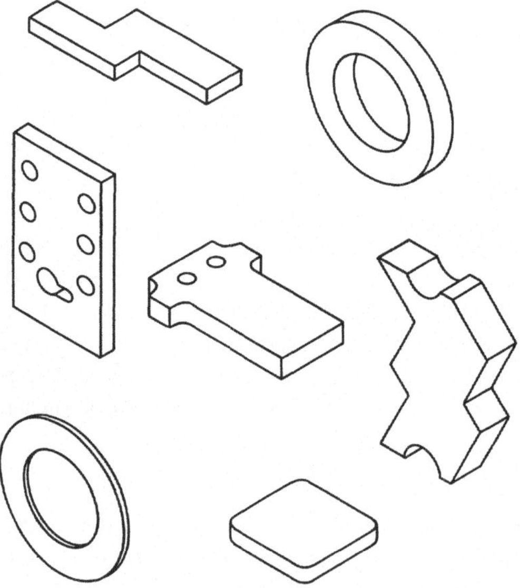

Abb. 1.88: Bearbeitungsbeispiele auf Läppmaschinen.

- Zahnradräummaschinen,
- Wälzschälmaschinen,
- Zahnradschabmaschinen,
- Zahnflankenschleifmaschinen,
- Profilschleifmaschinen
- Zahnradhonmaschinen,
- Zahnradläppmaschinen.

1.10.2 Wälzfräsmaschinen mit Wälzfräser als Werkzeug

Wälzfräsmaschinen zählen zu den Verzahnmaschinen, die im kontinuierlichen Wälzverfahren mit einem Wälzfräser als Werkzeug arbeiten. Die Grundgeometrie dieses Fräsers entspricht einer ein- oder mehrgängigen zylindrischen Schnecke, aus deren Windungen in regelmäßigen Abständen Nuten ausgespart sind, um Spanflächen am Werkzeug zu bilden. Die Freiflächen der aus der Schnecke herausbearbeiteten Zähne werden hinterschliffen, so daß von der ursprünglichen Hüllschnecke nur noch die Schneidkanten erhalten bleiben. Die Querschnittform der Hüllschneckenwindungen ist bei Wälzfräsern zur Herstellung von Evolventenzahnprofilen trapezförmig. Das bedeutet, daß die Schneidkanten entsprechend dem Querschnitt einer Zahnstange geradlinig sein müssen. Die geometrisch einfache Form des Zahnes ist gegenüber den beim Profilteilverfahren verwendeten Schneidgeometrien preislich vorteilhaft.

Da sich die Evolventenform durch den Wälzprozeß automatisch ergibt, ist die Werkzeugform nur modulabhängig, wobei die Zähnezahl des Werkstücks die Geometrie des Fräsens nicht beeinflußt.

Abbildung 1.89 zeigt eine Wälzfräsmaschine zur Herstellung von Gerad- und Schrägstirnrädern.

Auf dem Maschinenbett 1 verfährt der Maschinenständer 2 in Y-Richtung. Der Gegenständer 3, der mit dem Maschinenbett fest verschraubt ist, trägt einen höhenverstellbaren Reitstock zur Abstützung des Werkstücks 8. Auf dem Rundtisch 4, der um die A-Achse drehbar ist, wird das Werkstück mittels einer Spannvorrichtung aufgenommen und gespannt. Axialschlitten 5 verfährt an den Führungen des Maschinenständers in (zur Werkstückachse parallel) X-Richtung. Der Antrieb des Schlittens erfolgt vom Antriebsmotor über Kugelrollspindel und Kugelumlaufmutter auf den Schlitten. Der Tangentialschlitten 6, auf welchem der Wälzfräser 7 um die B-Achse drehbar gelagert ist, verfährt linear in der Z-Achse und schwenkt um die C-Achse. Beim Fräsen wird Kühlmittel reichlich zugeführt (Pos. 9).

Die Verfahrwege werden durch Mehrfachschalter 11 kontrolliert. Zur Maschine gehört auch der Späneförderer 12. Bedien- und Steuertafel 10 wird auf der linken Bedienseite untergebracht.

Bei der Herstellung von Geradstirnrädern wird die Drehachse des Fräsers entsprechend der Steigung des Werkzeuges um die C-Achse geschwenkt. Die Zustellung des Werkzeuges in Y-Richtung kann sowohl als reine Zustellbewegung als auch als Tauchvorschub gefahren werden und ist stufenlos regelbar.

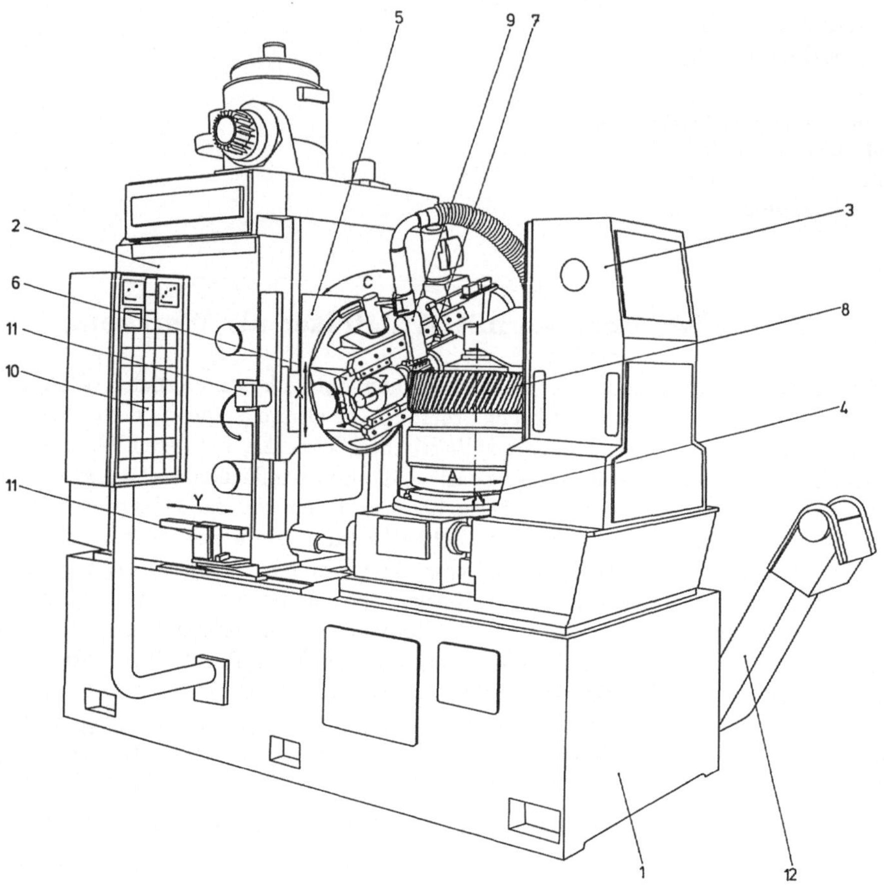

Abb. 1.89: Wälzfräsmaschine L 652 (Liebherr)

Nach erfolgter Zustellung bewegt sich der Axialschlitten in X-Richtung. Die Drehung des Fräsers um die B-Achse ist mit der Werkstückdrehung um die A-Achse gekoppelt.

Bei der Herstellung von Schrägverzahnungen muß die Fräsachse jedoch zusätzlich um den Winkel der Zahnschräge geschwenkt werden. Außerdem ist eine vom Vorschubweg des Axialschlittens abhängige Zusatzdrehung des Rundtisches erforderlich. Alle anderen Wege sind mit den für die Herstellung von Geradstirnrädern beschriebenen identisch.

Maximaler Werkstückdurchmesser: 650 mm,
maximal fräsbarer Modul: 10 mm,
maximaler Fräserdurchmesser: 192 mm,
maximale Fräserlänge: 250 mm,
maximale Fräserdrehzahl: 256-512 min^{-1},
minimale Fräserdrehzahl: 32-64 min^{-1},
Axialvorschub X-Achse: 0,21-212 mm/min,

Tangentialvorschub Z-Achse: 0,02-53 mm/min,
Radialvorschub Y-Achse: 0,70-14 mm/min,
Nennleistung des Hauptmotors: 12 kW.

1.10.3 Wälzfräsmaschinen mit Messerkopf als Werkzeug

Das Zyklo-Palloid-Verfahren ist ein kontinuierliches Wälzfräsverfahren mit einem Messerkopf als Werkzeug. Das Werkstück ist ein Kegelrad mit gekrümmten Zähnen, Spiralkegelrad genannt. Diese Kegelräder zeichnen sich gegenüber geradverzahnten Kegelrädern infolge der gekrümmten Flankenlinien durch bessere Laufruhe und größere Drehmomentübertragung aus.

Die Flankenlinien aller nach diesem Verfahren hergestellten Kegelräder verlaufen im zugeordneten Planrad in Gestalt verlängerter Epizykloiden.

Abbildung 1.90 zeigt eine CNC-Spiralkegelradwälzfräsmaschine.

Der Werkzeugständer 2 ist auf dem Maschinenbett 1 in Richtung der X-Achse zum Zwecke der Einstellung der Frästiefe linear bewegbar. Die Bewegung des Werkstückspindelstockes 3 in Y-Richtung dient zur Positionierung des Werkstücks. Durch diese

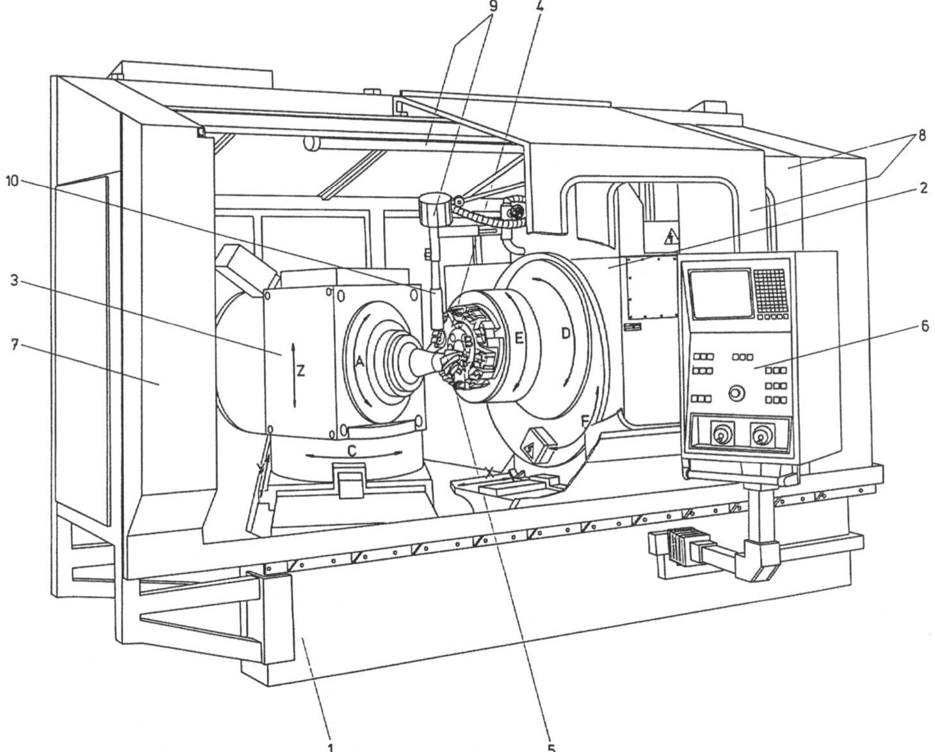

Abb. 1.90: CNC-Spiralkegelradwälzfräsmaschine KNC 40 (Klingelnberg)

Bewegung kann das Werkstück 5, das sich um die Achse A dreht, in eine günstige Be- und Entladestellung gebracht werden.

Die Drehbewegung des Werkstückspindelstockes um die C-Achse ermöglicht die Maschineneinstellung auf den gewünschten Teilkegelwinkel. Diese Bewegung wird auch beim Werkstückwechsel genutzt, um den Werkstückspindelstock in eine günstige Position zu schwenken. Ein Verschieben des Werkstückspindelstockes in Z-Richtung ermöglicht das Einstellen der Achsversetzung für die Hypoidzahnradherstellung. Drehachse B des Messerkopfes 4 ist die Führungsachse der Wälzkoppelung. Die E-Achse ist die Werkzeugpositionierachse und dient der Einstellung der Exzentrizität bei Verwendung zweiteiliger Messerköpfe. Die Einstellung der Maschinendistanz geschieht durch Verdrehen der Messerkopflagerung um die Achse D auf einer exzentrisch zur Wälztrommel gelagerten Bahn. Eine Drehung der Wälztrommel um die Wälzdrehachse F wird im Wälzprozeß als zusätzliche Führungsgröße hinzugeschaltet. Die Maschine hat eine Vollverkleidung 7 und eine Spritzschutztüre 8. Die Beleuchtung 9 und Kühlmittelzufuhr 10 sind direkt über dem Werkstück angebracht.

Alle Achsen der Maschine bis auf die Z-Achse werden durch die CNC-Steuerung kontrolliert.

Maximaler Werkstückdurchmesser: 450 mm,
minimaler Werkstückdurchmesser: 20 mm,
maximaler Normalmodul: 8 mm,
minimaler Normalmodul: 1 mm,
maximaler Stirnmodul: 12 mm,
minimaler Stirnmodul: 1,5 mm,
maximale Zahnbreite: 80 mm,
maximale Zähnezahl: 120,
minimale Zähnezahl: 5,
maximale Werkzeugdrehzahl: $300 \ \mathrm{min}^{-1}$,
minimale Werkzeugdrehzahl: $30 \ \mathrm{min}^{-1}$,
Nennleistung des Werkzeugantriebsmotors: 22 kW,
Nennleistung des Werkstückantriebsmotors: 22 kW.

1.10.4 Zahnflankenschleifmaschinen

Abbildung 1.91 zeigt eine Zahnflankenschleifmaschine, die in einem Teilverfahren arbeitet, bei dem je zwei Zahnflanken fertiggeschliffen werden.

Die Schleifscheiben bleiben ortsfest in ihrer Einstellposition, während das Werkstück hin- und herpendelnd die Abwälzbewegung durchführt. Diese Bewegung setzt sich aus der linearen Bewegung des Wälzschlittens und der daraus über die Rollbänder und den Rollbogen abgeleiteten Drehbewegung des Werkstückes zusammen. Das zu fertigende Zahnrad wälzt mit dem Radius des Grundkreises auf einer Geraden ab. Die Berührpunkte der Schleifscheiben mit dem Werkstück liegen auf diesen Geraden und erzeugen die Evolventenflanken. Die Arbeitsweise der Maschine entspricht exakt der geometrisch definierten Evolventenerzeugung.

Der Vorschub in Zahnlängsrichtung wird bei Geradverzahnung durch axiales Verschieben des Werkstücks mit dem Vorschubschlitten erreicht. Bei der Herstellung von

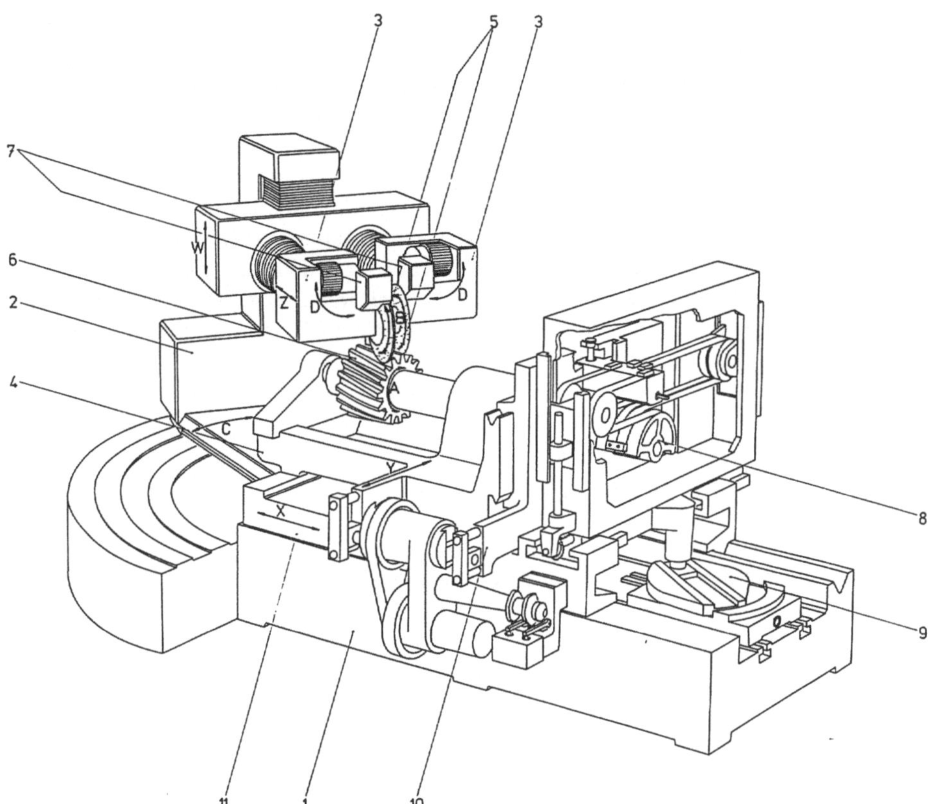

Abb. 1.91: Zahnflankenschleifmaschine SD-36-X (Maag)

Schrägverzahnungen wird dem Werkstück durch den Kulissenhebel über Rollbänder eine Zusatzdrehung gegeben.

Der Kreuzschlitten, der aus Vorschubschlitten 11 (X-Achse) und Wälzschlitten 4 (Y-Achse) besteht, wird auf dem Maschinenbett 1 aufgebaut. Das Werkstück 6, dessen Achse parallel zur X-Achse verläuft, wird mit der Teilvorrichtung und dem Rollbogen 8 auf dem Wälzschlitten gelagert. Der Wälzschlitten wird durch einen Axialkolbenmotor über eine Kulisse, die die Drehbewegung in die translatorische Bewegung umsetzt, angetrieben.

Auf dem Maschinenbett wird der drehbar gelagerte Ständer 2 mit zwei Schleifeinheiten 3 und zwei Abrichteinheiten 7 aufgebaut. Die Schwenkung des Ständers um die C-Achse ist für die Fertigung von Schrägverzahnungen erforderlich. Die beiden Schleifspindeleinheiten können unabhängig voneinander in Z-Richtung verschoben werden. Durch Drehung der einzelnen Schleifspindeln um die D-Achse ist die Einstellung auf die gewünschte Schleifmethode möglich. Bei der Nullgrad-Schleifmethode sind die Schleifflächen der Schleifscheiben 5 planparallel zueinander, bei der K-Schleifmethode liegen sie in einem bestimmten Winkel zueinander. Durch die Verstellung der Rollbogenvorrichtung 10 ist die Verwendung eines Rollbogendurchmessers in einem Modulbereich möglich und der Wechsel des Rollbogensatzes nur bei größeren Moduländerungen notwendig. Die Zusatzdrehung des Werkstückes bei der Herstellung von Schrägverzahnungen wird durch die im Maschinenbett eingebaute Kulissenführung 9 in Abstimmung mit der Vorschubbewegung in X-Richtung erreicht. Da die Schleifmaschine im Trockenschleifverfahren arbeitet, wird keine Kühlmitteleinrichtung benötigt. Die Abwälzbewegung setzt sich aus der linearen Bewegung des Wälzschlittens in Y-Richtung und der daraus über die Rollbänder und Rollbogen abgeleiteten Drehbewegung des Werkstückes A zusammen. Maximaler Kopfkreisdurchmesser: 360 mm, minimaler Grundkreisdurchmesser: 20 mm, maximaler Modul: 12 mm, minimaler Modul: 1 mm, maximaler Zahnschrägewinkel: 45°, Verfahrwege: X-Richtung 350 mm, Y-Richtung 80 mm, Z-Richtung ± 45 mm, Drehwinkel: D-Achse: 20°.

1.10.5   Profilschleifmaschinen

Diese Schleifmaschinen arbeiten nach dem Formschleifverfahren. Der Querschnitt der Schleifscheibe entspricht im Arbeitsbereich der aus dem Radkörper herauszutrennenden Zahnlücke und muß daher der jeweilig zu fertigenden Verzahnung angepaßt werden.

Abbildung 1.92 zeigt eine CNC-Zahnrad-Profilschleifmaschine.

Das Maschinenbett 1, das eine sehr große Steifigkeit besitzt, stützt sich in drei Punkten auf das Fundament. Der Ständer 2 ist in V-Richtung auf dem Maschinenbett verschiebbar. Der mit dem Maschinenbett fest verbundene Gegenhalter 3 trägt einen Reitstock zur Abstützung des Werkstücks. Auf dem Vorschubschlitten 4, der auf dem Ständer in W-Richtung verschiebbar ist, sind das Abrichtgerät 8 und die Schleifspindel mit der Profilschleifscheibe 7 durch Schwenkeinrichtung 6 um die D-Achse schwenkbar gelagert. Das Abrichtgerät besteht aus einem um die C-Achse rotierenden Abrichtwerkzeug, das in Y- und Z-Richtung verfahren kann. Die sich um die B-Achse drehende Schleifscheibe kann noch zusätzlich in X-Richtung verschoben werden. Der Rundtisch 5 ist mit dem Werkstück 9 um die A-Achse drehbar.

Bei der Fertigung von Geradverzahnungen wird die Schleifscheibe durch die Schwenkachse D waagerecht gestellt und der Vorschubschlitten in der senkrecht liegenden W-Richtung verschoben. Der Rundtisch mit dem Werkstück dreht sich erst dann, wenn das Werkzeug nicht mehr im Eingriff ist, um eine Teilung weiter.

Bei der Fertigung von Schrägverzahnungen wird die Achse der Schleifspindel um den Schrägungswinkel aus der waagerechten Ebene um die D-Achse geschwenkt. Da die Vorschubbewegung in W-Richtung nicht mit der Zahnlängsrichtung übereinstimmt, ist eine vom Vorschubweg abhängige Zusatzdrehung des Rundtisches erforderlich. Diese Maschine wird durch gezielte Kühlung thermisch stabilisiert.

Maximaler Kopfkreisdurchmesser: 420 mm, minimaler Fußkreisdurchmesser: 20 mm, maximaler Modul: 12 mm, minimaler Modul: 1 mm, maximaler Schrägungswinkel: ± 45°, maximale Zahnbreite: 330 mm.

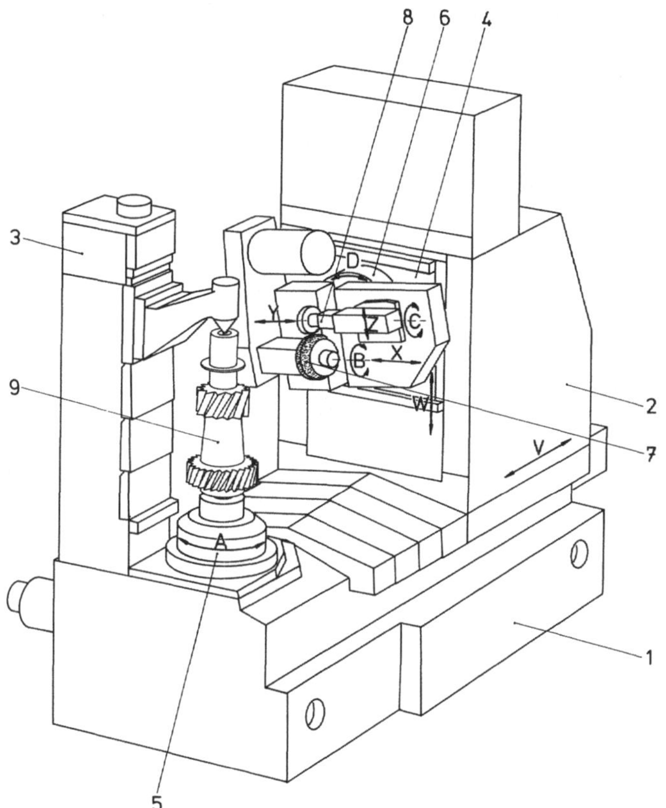

Abb. 1.92: CNC-Zahnrad-Profilschleifmaschine opal 420 (Oerlikon Maag)

1.10.6 Bearbeitungsbeispiele

Auf Verzahnmaschinen werden verschiedene Werkstückformen (Zylinderräder, Kegelräder, Schnecken, Schneckenräder) gefräst, gehobelt, gestoßen, geräumt, geschält, geschabt, geschliffen, gehont und geläppt.

Das Fertigungsverfahren wird auch in Hinsicht auf das Werkstück, d.h. der Werkstückform und den erforderlichen Maß-, Form- und Lagegenauigkeiten und der gewünschten Oberflächengüte gewählt.

In Abbildung 1.93 sind verschiedene Werkstücke dargestellt, die auf einer 7-Achsen-CNC-Zahnradbearbeitungsmaschine bearbeitet werden können.

So können Spiralkegelräder, Innen- und Außenverzahnungen von Zylinderrädern, Ritzelwellen und andere Werkstückformen mit Gerad- oder Schrägverzahnung nach dem Wälzfräs- und Stoßfräs-Verfahren bearbeitet werden. Diese Maschinen können auf bis zu 14 CNC-Achsen ausgebaut werden. Rollentgratautomaten übernehmen nach der Fertigung der Verzahnung das Anfasen, Entgraten und Anschrägen von verzahnten Werkstücken.

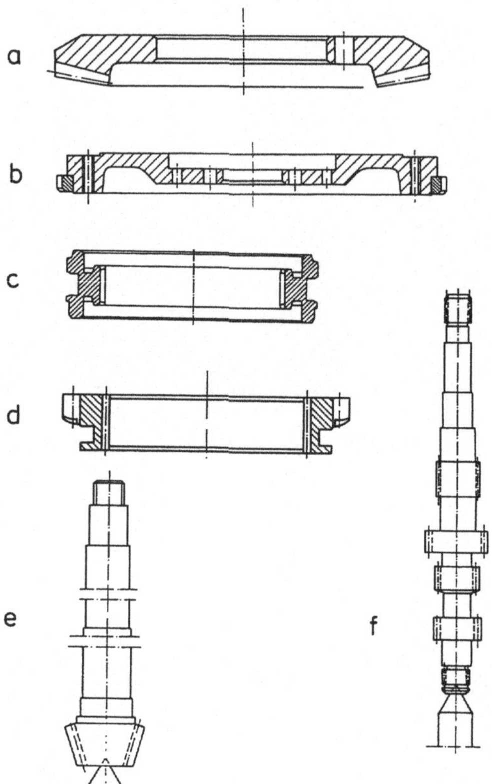

Abb. 1.93: Bearbeitungsbeispiele auf einer 7-Achsen-CNC-Zahnradbearbeitungsmaschine Type Syn-
chroForm (Präwema)
(a) Spiralkegelrad (b) Außenverzahnung-Anlasserkranz (c) Innenverzahnung-Muffenübersetzung
(d) Außenverzahnung-Wechselgetriebeumwandler (e) Spiralkegelrad-Ritzelwelle (f) Außenverzahnung-
Welle

1.11   Gewindeherstellmaschinen

1.11.1   Übersicht der Gewindeherstellverfahren

Gewinde können durch Urformen, Umformen und Trennen hergestellt werden.

Beim Urformen von Gewinden wendet man aus Formgenauigkeitsgründen stets das
Druckgußverfahren an.

Die bei der Gewindeherstellung gebräuchlichen Umformverfahren sind

- Gewindewalzen,
- Gewindefurchen,
- Gewindedrücken.

Bei den Trennverfahren unterscheidet man

- Gewindedrehen,

- Gewindestrehlen,
- Gewindeschneiden,
- Gewindebohren,
- Gewindewirbeln,
- Gewindefräsen,
- Gewindeschleifen,
- Gewinderadieren.

1.11.2 Gewindeschneidmaschinen

Das Gewindeschneiden ist ein Schraubdrehen zur Erzeugung eines Gewindes mit einem Werkzeug, das in Vorschubrichtung und Schnittrichtung mehrere Zähne besitzt. Das Werkzeug kann ein Schneideisen, Schneidkluppen und Schneidkopf sein.

Abbildung 1.94 zeigt eine Gewindeschneidmaschine.

Der Spindelstock als Gewindeschneidkopf 11 oder als Gewinderollkopf 12 mit rotierendem Werkzeugsystem (Bewegung α) vollzieht den linearen Arbeitshub in X-Richtung. Der Antrieb der Arbeitsspindel erfolgt vom polumschaltbaren Drehstrommotor 3 über ein 3-stufiges Riemengetriebe 2. Die hydraulische Spannvorrichtung 8 für die feststehenden Werkstücke 13 ist fest mit dem Maschinenbett 10 verbunden. Die genaue Positionierung der Werkstücke übernimmt eine Zweibacken-Zentrierspannung. Das Schließen und das Öffnen des Werkzeugsystems erfolgt über eine mechanische oder pneumatische Schalteinrichtung 6. In der Grundausrüstung arbeitet die Maschine mit Schützensteuerung 4, bei höherem Automatisierungsgrad wird eine speicherprogrammierbare Steuerung eingesetzt. Der Antrieb für die X-Achse ist hydraulisch, die Hydraulikanlage 1 ist am Maschinenbett angebracht. Die Kühlmitteleinrichtung 9 befindet sich im inneren Raum des Maschinenbettes. Die Wege in X-Richtung werden durch Nocken 5 und Reihengrenztaster kontrolliert. Regelgewinde: M5-M24, Feingewinde: bis M36x2, Whithworth-Gewinde: 1/4"-7/8", Withworth-Rohrgewinde: R 1/8"-R 5/8", Trapezgewinde: 12x2 - 24x2, Spanndurchmesser: maximal 60 mm, Schlittenhub: 280 mm, Motor: 4,7/5,7 kW, Spindeldrehzahl: 750/1050/1340, 1500/2100/2680 min^{-1}.

1.11.3 Gewinderollmaschinen

Beim Gewinderollen handelt es sich um eine spanlose Kaltmassivumformung. Der Werkstoff des Werkstücks wird durch Druck über die Elastizitätsgrenze hinaus beansprucht und dadurch plastisch umgeformt. Die Werkstoffasern werden bei einer Profilierung nicht zerschnitten sondern nur verlagert. Der Werkstoff sollte eine Mindestdehnung von 5 % aufweisen und die Zugfestigkeit von 1700 N/mm^2 nicht überschreiten.

Rollbar sind fast alle genormten Gewinde wie zylindrische und kegelige Spitzgewinde, Trapezgewinde, Halbrundgewinde u. a.

Abbildung 1.95 zeigt eine Senkrecht-Doppelspindel-Gewinderollmaschine, die als Werkzeug sowohl Gewindeschneidköpfe als auch Gewinderollköpfe 2 verwenden kann. Die Werkzeuge werden auf die Antriebsspindeln 1 mit Hilfe von Bajonett-Scheibenbefestigungen angebracht. Die Verriegelung 9 muß vorher gelöst, und die Aufnahmeplatte

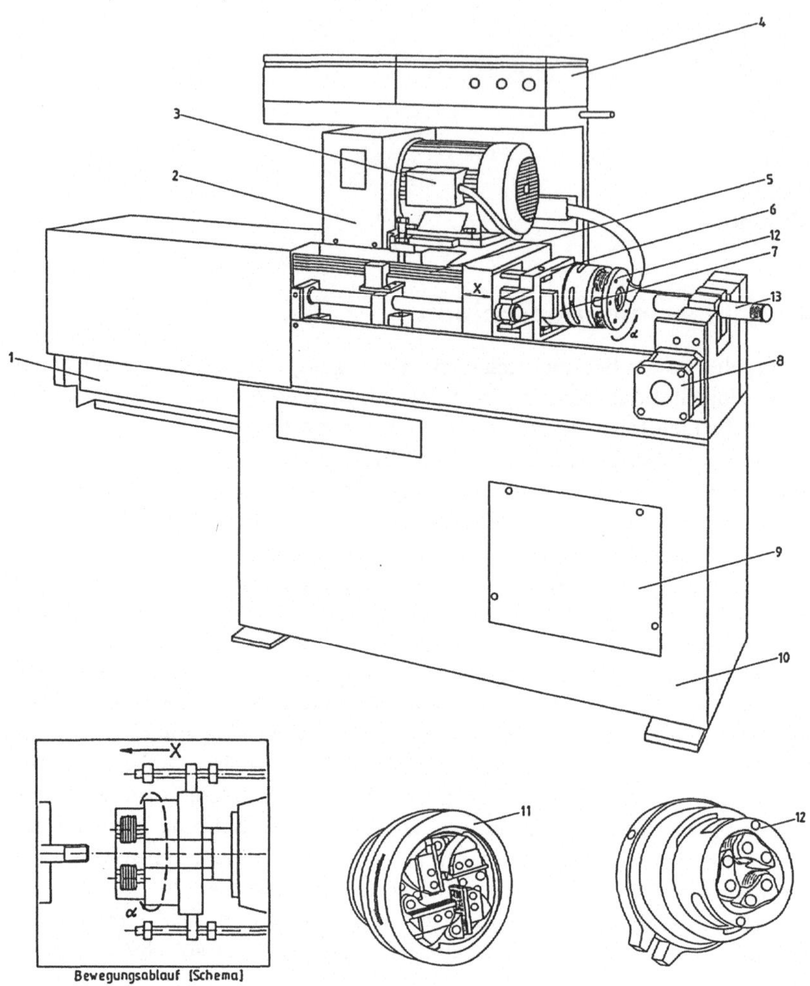

Abb. 1.94: Gewindeschneidmaschine GU 39 (Wagner)

6 muß weggeklappt werden. Die Handhabung wird durch Gasdruckaussteller 12 erleichtert. Die Spindeln werden durch den Antriebsmotor 10 über das Getriebe 11 angetrieben (Spindelbewegung α). Das Werkstück wird in die Bearbeitungsöffnung 4 gesteckt und anschließend aufgenommen. Das Drehmoment wird durch das der Werkstückform angepaßte Gegenlager 5 aufgenommen. Der Rollvorgang wird durch eine Zweihandbedienung 3 elektropneumatisch ausgelöst. Die Vorschubbewegung in Y-Richtung übernimmt ein Hydraulikmotor. Beim Gewinderollen wird der Vorschubantrieb nach Beginn des Rollvorganges über eine Zahnkupplung ausgeschaltet. Die Steuerung 8 und die Bedien- und Steuereinheit 7 sind direkt an der Maschine angebracht. Arbeitsbereich: Regelgewinde: M8 - M27, Antriebsleistung: 7,5 kW, Spindeldrehzahl: 270 min^{-1}.

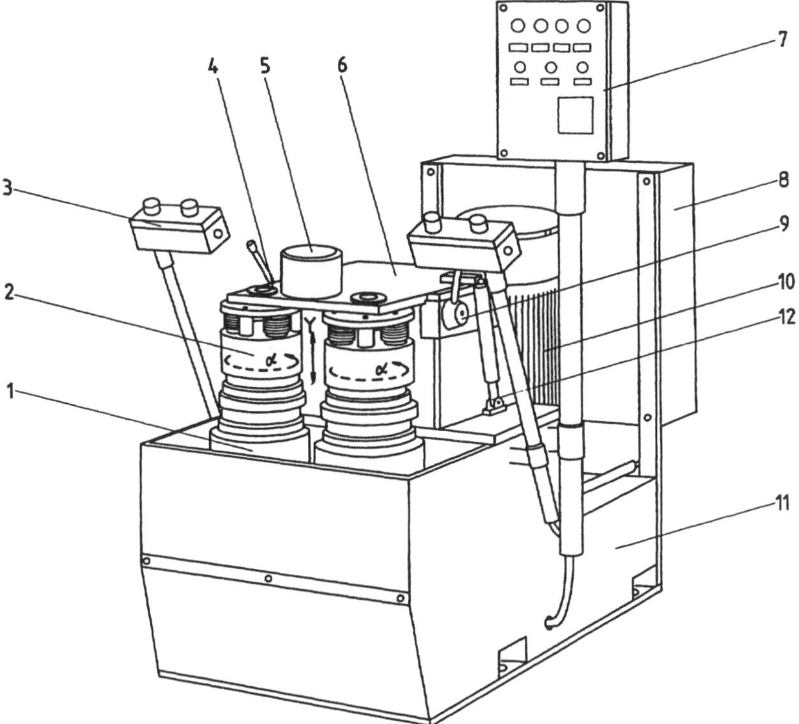

Abb. 1.95: Senkrecht-Doppelspindel-Gewinderollmaschine R 502 V (Fette)

1.11.4 Arbeitsgenauigkeit

Auf Gewindeherstellmaschinen kann Gewinde durch Druckgießen, Walzen, Furchen, Drücken, Drehen, Strehlen, Schneiden, Bohren, Wirbeln, Fräsen, Schleifen und Radieren hergestellt werden. Das Fertigungsverfahren wird nach der Form des Werkstücks und nach den geforderten Arbeitsgenauigkeiten bestimmt.

Die höchste Arbeitsgenauigkeit wird durch das Gewindeschleifen erreicht. Auf Gewindebohrerschleifmaschinen und auf Schleifmaschinen für Kugelrollspindeln werden höchste Steigungsgenauigkeiten erzielt. Die zulässigen Steigungsabweichungen für höchste Anforderungen betragen:

Bei Schleiflängen bis 300 mm: 0,005 - 0,006 μm,
bis 1000 mm:0,006 - 0,008 μm,
bis 2000 mm:0,008 - 0,010 μm,
bis 4000 mm:0,010 - 0,015 μm.

Im folgenden werden exemplarisch nur das Gewindeschneiden (Abschnitt 1.11.2) und Gewinderollen (Abschnitt 1.11.3) beschrieben; einige der übrigen Verfahren lassen sich auf an anderer Stelle beschriebenen Universalwerkzeugmaschinen realisieren.

1.12 Sonderwerkzeugmaschinen aus Baueinheiten

Diese Maschinen werden bei Großserienfertigung verwendet, da hier mit den Universalmaschinen keine hohe Produktivität erreicht werden kann.

1.12.1 Übersicht der Sonderwerkzeugmaschinen aus Baueinheiten

Die Einteilung erfolgt in

- Sonderwerkzeugmaschinen aus DIN-genormten Baueinheiten, und
- Sonderwerkzeugmaschinen aus flexiblen Bearbeitungseinheiten.

1.12.2 Sonderwerkzeugmaschinen aus DIN-genormten Baueinheiten

Sonderwerkzeugmaschinen werden in der Regel aus DIN-genormten Baueinheiten zusammengesetzt. Die Forderung nach Normung kam von der Autoindustrie, die erreichen wollte, daß aus Baueinheiten bestehende Maschinen nach dem Wagenmodellwechsel problemlos umgebaut werden können.

Abbildung 1.96 zeigt eine waagerechte und senkrechte Dreiwegvier-Stationen-Sonderwerkzeugmaschine mit festem Tisch. Diese Maschine wird aus folgenden aus DIN-genormten Baueinheiten zusammengesetzt:

- Mitten-Einheit für Ein- und Mehrwegemaschinen nach DIN 69520,
- Seiten-Einheit für Schlitten-Einheiten nach DIN 69516,
- Seiten-Einheit für Ständer-Einheiten nach DIN 69516,
- Schlitten-Einheit nach DIN 69572,
- Ständer-Einheit nach DIN 69525,
- Träger-Einheit nach DIN 69610-69612,
- Mehrspindelkopf nach DIN 69620-69622.

Abbildung 1.97 zeigt eine waagerechte und senkrechte Vierwegsechs-Stationen-Sonderwerkzeugmaschine mit waagerechter kreisförmiger Zubringbewegung (Rundschalttischmaschine). Diese Maschine setzt sich aus folgenden Baueinheiten zusammen:

- Mitte-Einheit für Rundschalttisch-Einheiten nach DIN 69513,
- Seiten-Einheit für Ständer-Einheiten nach DIN 69516,
- Konsol-Einheit nach DIN 69518,
- Anpaß-Einheit,
- Ständer-Einheit nach DIN 69525,
- Schlitten-Einheit nach DIN 69572,
- Frässpindel-Einheit nach DIN 69643,
- Träger-Einheit nach DIN 69610-69612,
- Mehrspindelkopf nach DIN 69620-69622,
- Rundschalttisch-Einheit nach DIN 69514.

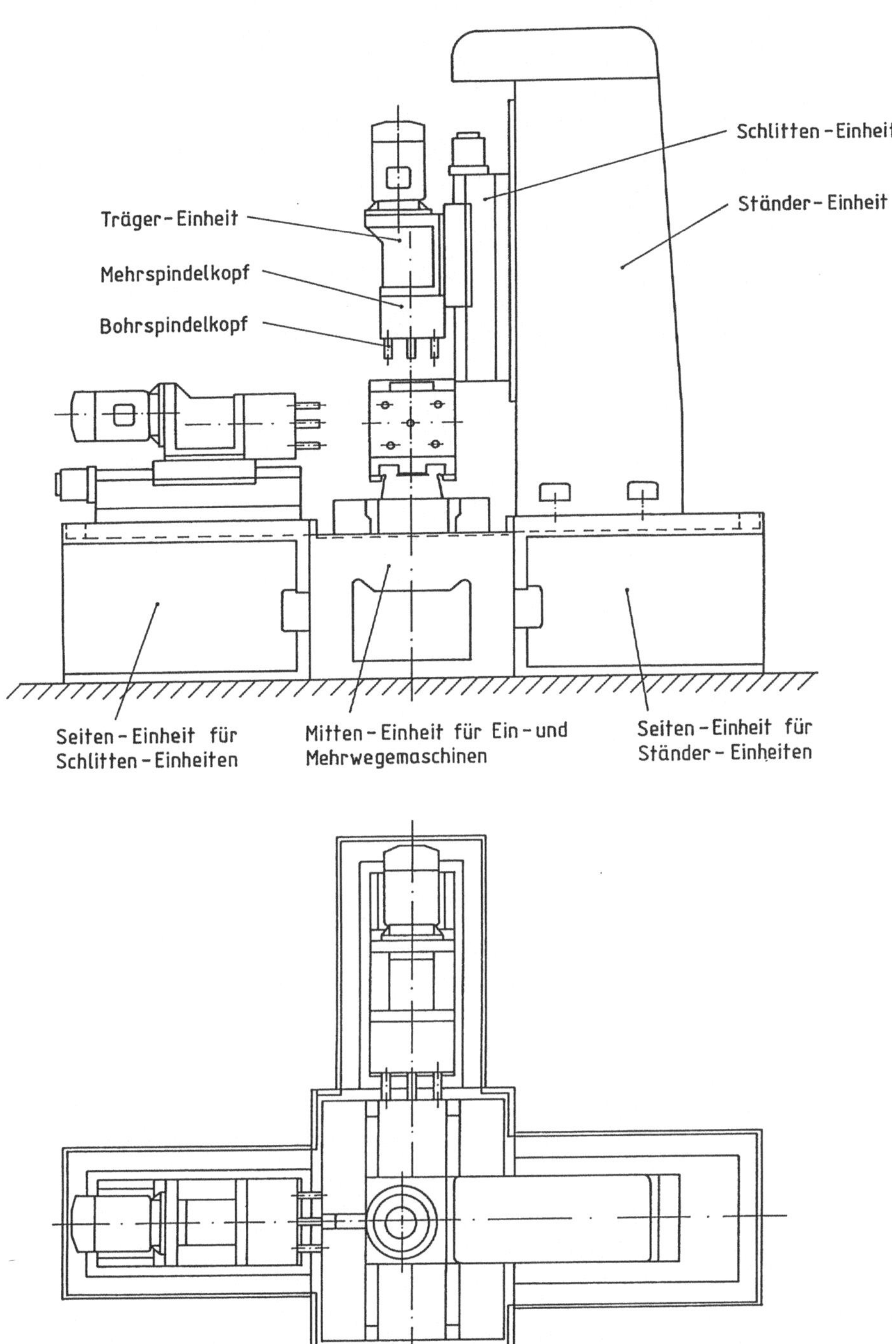

Abb. 1.96: Waagerechte und senkrechte Dreiwegvier-Stationen-Sonderwerkzeugmaschine mit festem Tisch.

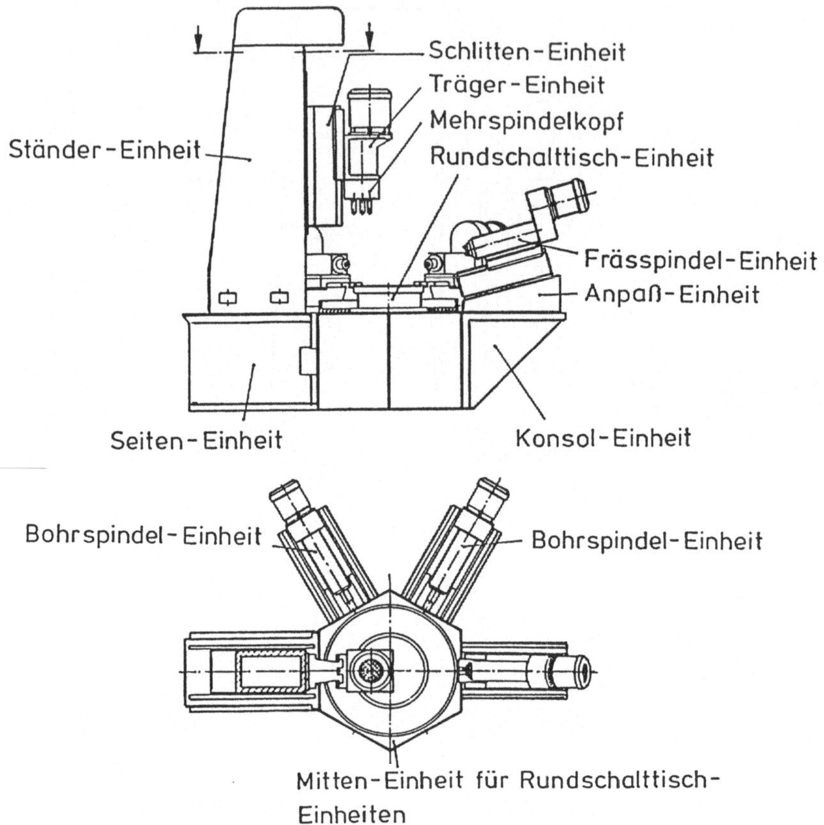

Abb. 1.97: Waagerechte und senkrechte Vierwegsechs-Stationen-Sonderwerkzeugmaschine mit waagerechter kreisförmiger Zubringbewegung (Rundschalttischmaschine)

Die einzige nach DIN-genormte Baueinheit ist die Anpaß-Einheit, die als Sonderbaueinheit mit Hinsicht auf die erforderliche Schrägstellung der Bearbeitungseinheit gebaut werden muß.

In Abbildung 1.98 ist eine waagerechte und senkrechte Dreiwegvier-Stationen-Sonderwerkzeugmaschine mit waagerechter, kreisförmiger Zubringbewegung (Rundschalttischmaschine) dargestellt. Diese Sonderwerkzeugmaschine wird aus folgenden Baueinheiten zusammengesetzt:

- Horizontale Schlittenständer-Einheit 1 nach DIN 69572,
- Frässpindel-Einheit 2 nach DIN 69643,
- Mehrspindelbohrkopf 3 nach DIN 69620-69622 mit Träger-Einheit 4 nach DIN 69610-69612 und Motor 5,
- vertikale Schlittenständer-Einheit 6 nach DIN 69525,
- Seiten-Einheit für Ständer-Einheiten 7 nach DIN 69516,
- Rundschalttisch-Einheit 8 nach DIN 69514,

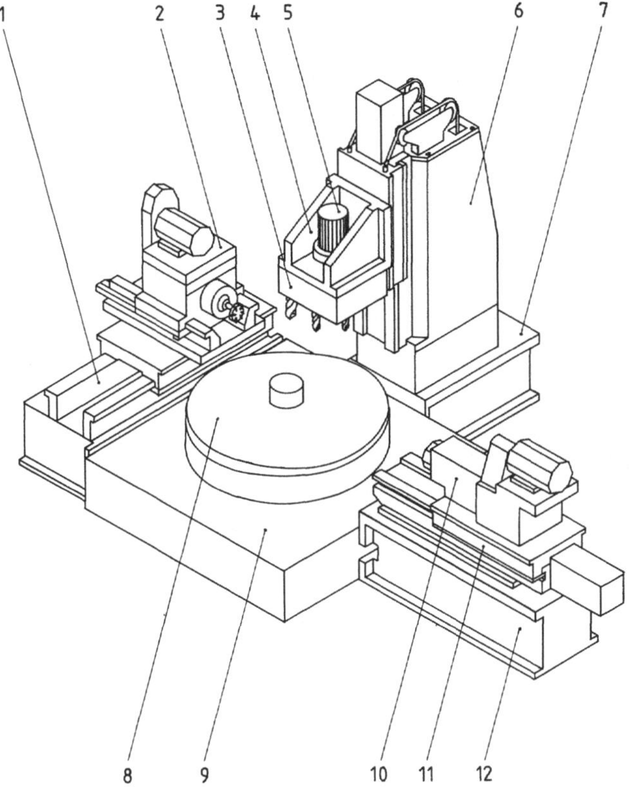

Abb. 1.98: Waagerechte und senkrechte Dreiwegvier-Stationen-Sonderwerkzeugmaschine mit waagerechter, kreisförmiger Zubringbewegung (Hüller Hille)

- Mitten-Einheit für Rundschalttisch-Einheiten 9 nach DIN 69513,
- Drehspindel-Einheit 10 nach DIN 69642,
- Schlitten-Einheit 11 nach DIN 69572,
- Seiten-Einheit für Schlitten-Einheit 12 nach DIN 69516.

1.12.3 Sonderwerkzeugmaschinen aus flexiblen Baueinheiten

Um Sonderwerkzeugmaschinen auch in der Mittel- und Kleinserienfertigung anwenden zu können, wurden in den letzten Jahren flexible Bearbeitungseinheiten entwickelt.

In Abbildung 1.99 ist eine CNC-waagerechte und senkrechte Zweiwegdrei-Stationen-Sonderwerkzeugmaschine mit waagerechter, kreisförmiger Zubringbewegung (Rund schalttischmaschine) dargestellt. Diese Sonderwerkzeugmaschine wird aus folgenden Baueinheiten zusammengesetzt:

- Mitten-Einheit für Rundschalttisch-Einheiten 10 nach DIN 69513,
- Seiten-Einheit für Schlitten-Einheiten 12 nach DIN 69516,

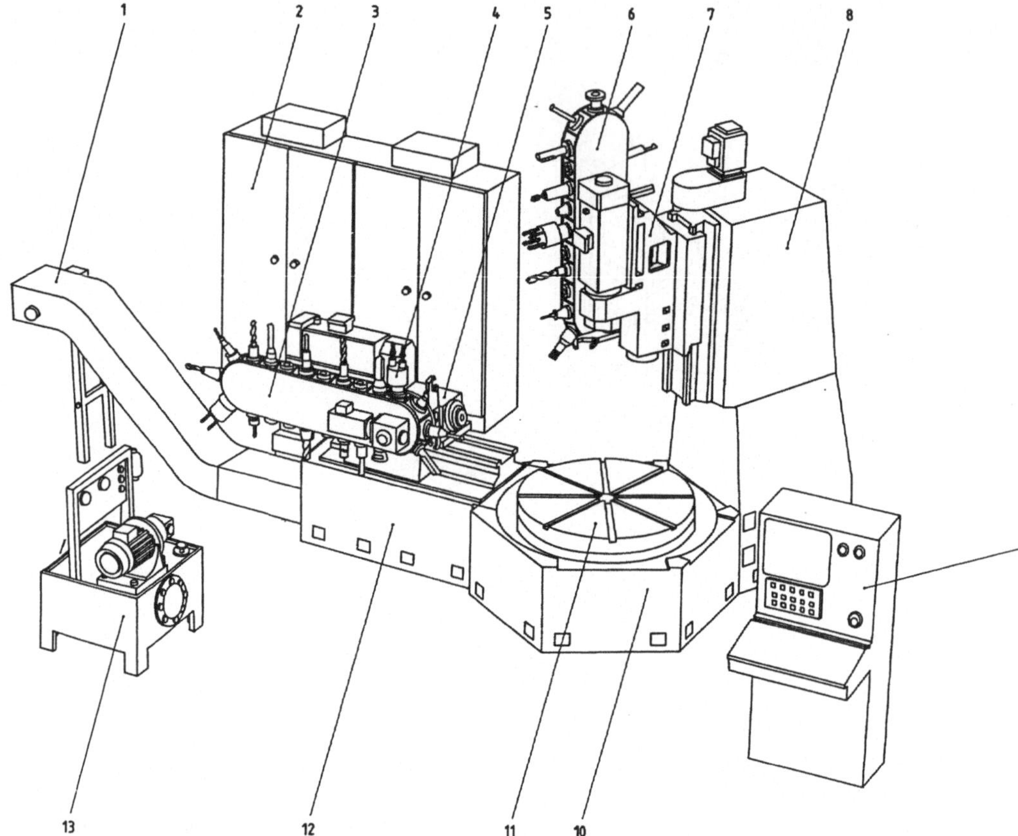

Abb. 1.99: CNC-Rundschalttisch-Sonderwerkzeugmaschine aus flexiblen Baueinheiten (Elha).

- Rundschalttisch-Einheit 11 nach DIN 69514,
- Ständer-Einheit 8 nach DIN 69525,
- 1-Achsen-CNC-Arbeitseinheit 5 (horizontal),
- 1-Achsen-CNC-Arbeitseinheit 7 (vertikal),
- automatischer Werkzeugwechsler 3 (horizontal),
- automatischer Werkzeugwechsler 6 (vertikal).

Neben diesen Einheiten gehören zu der Maschine:

- Hydraulik-Aggregat 13,
- Späneförderer 1,
- Schaltschrank 2,
- CNC-Steuereinheit 9.

Die Werkzeugwechsler können bis zu 20 Werkzeuge 4 aufnehmen.

Bei flexiblen CNC-Arbeitseinheiten werden für die Hauptspindel und für die Vorschubantriebe Gleichstrom- und Drehstromantriebe mit elektrischer Drehzahleinstellung verwendet. Dadurch und durch den Einsatz von Werkzeugwechslern wird die

Flexibilität der Werkzeugmaschine wesentlich erhöht und die Umrüstzeiten erheblich verkürzt.

1.12.4 Bearbeitungsbeispiele

Sonderwerkzeugmaschinen aus Baueinheiten werden für die Großserienfertigung von Werkstücken aus der Automobil-, Elektro-, Hydraulik-, Armaturen- und Pumpenindustrie eingesetzt.

In Abbildung 1.100 sind einige charakteristische Bearbeitungsbeispiele dargestellt.

Das Hydraulik-Pumpengehäuse (Abb. 1.100 a) wird in zwei Aufspannungen auf einer waagerechten und senkrechten Siebenweg-sechs-Stationen-Sonderwerkzeugmaschine mit Rundschalttisch (Mauser) mit 58 Arbeitsspindeln von sieben Seiten gebohrt, feingebohrt, gestirnt, gefast, gewindegeschnitten und gefräst. Die Bearbeitungszeit beträgt 2,2 min. Das Getriebegehäuse (Abb. 1.100 b) wird auf einer waagerechten Dreiwegvier-

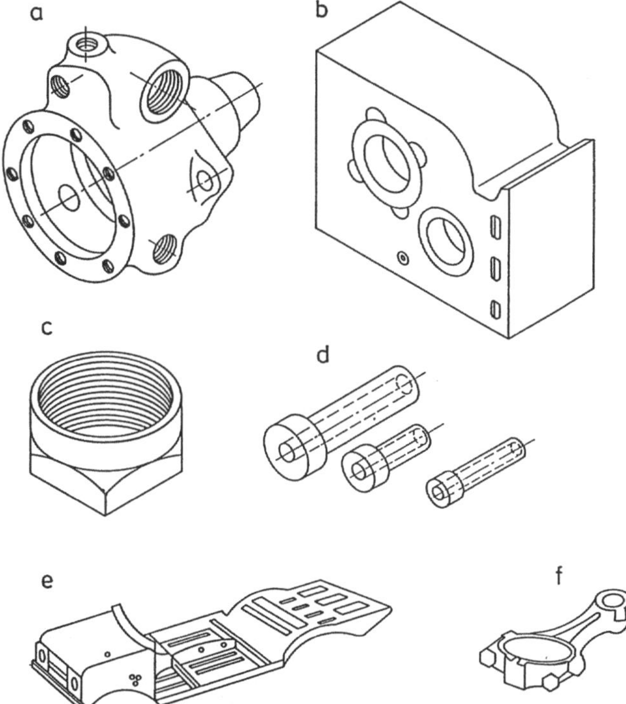

Abb. 1.100: Bearbeitungsbeispiele auf Sonderwerkzeugmaschinen aus Baueinheiten
(a) Hydraulik-Pumpengehäuse (b) Getriebegehäuse (c) Überwurfmutter (d) Ventilstösselbuchsen
(e) Bodenrahmen von Personenkraftwagen (f) Pleuelstange

Stationen-Sonderwerkzeugmaschine (Honsberg) bearbeitet. Die Bearbeitungszeit beträgt 25,3 min. Die Überwurfmutter (Abb. 1.100 c) wird auf einer Dreiwegvier-Stationen-Sonderwerkzeugmaschine mit Rundschalttisch (Mauser) bearbeitet. Sie dient der Bearbeitung der Überwurfmuttern M 20x2 - M 52x2 bei Bearbeitungszeiten von 12 - 25 Sekunden. Die in Abbildung 1.100 d abgebildeten Ventilstößelbuchsen für Dieseleinspritzpumpen werden auf einer Fünfweg-sechs-Stationen-Sonderwerkzeugmaschine mit Rundschalttisch (Mauser) bearbeitet. Sie ist für Werkstücke mit Bohrungsdurchmessern von 6,3 - 28,5 mm und Werkstücklängen von 46 - 149 mm vorgesehen. Die Bearbeitungszeit liegt je nach Werkstück bei 1,15 - 9,36 min. Die Bohrungen müssen innerhalb der Toleranz H7 liegen.

Der in Abbildung 1.100 e abgebildete PKW-Bodenrahmen wird auf einer Vierweg-Sonderwerkzeugmaschine (Mauser) bearbeitet. Drei vorgestanzte Löcher $\oslash$ 18,5 mm werden vorne an der einen Rahmenseite aufgebohrt, ein vorgestanztes Loch $\oslash$ 34,5 mm wird auf der anderen Rahmenseite aufgebohrt, zwei Aufnahmelöcher $\oslash$ 5 mm werden von unten gebohrt.

Die in Abbildung 1.100 f abgebildete Pleuelstange wird auf einer Sonderwerkzeugmaschine (Wiedemann) von beiden Seiten angefast und gestirnt.

1.13 Transferstraßen

Transferstraßen werden aus Baueinheiten zusammengesetzt, damit Fertigungssysteme mit vollautomatischem Arbeitsablauf entstehen, die bei der Großserienfertigung angewandt werden können. Durch eine Werkstücktransporteinrichtung werden die Werkstücke jeweils zur nächsten Station befördert. Das unbearbeitete Werkstück wird in der ersten Station geladen, in allen weiteren Stationen bearbeitet und in der letzten Station schließlich wird das fertige Werkstück entladen.

An allen Stationen wird zur gleichen Zeit bearbeitet, wobei jede Station eine bestimmte Bearbeitungsaufgabe zu erfüllen hat. Die Taktzeit bestimmt die Station, die für ihre Bearbeitungsaufgabe die längste Zeit in Anspruch nimmt.

1.13.1 Übersicht der Transferstraßen

Transferstraßen werden unterteilt in

- Transferstraßen aus DIN-genormten Baueinheiten und
- flexible Transferstraßen.

1.13.2 Transferstraße aus DIN-genormten Baueinheiten

Transferstraßen werden in der Regel aus DIN-genormten Baueinheiten zusammengesetzt.

In Abbildung 1.101 ist eine aus Baueinheiten zusammengesetzte Transferstraße dargestellt. Sie enthält zwei Mehrspindelbohrkopf-Wechseleinrichtungen 3 und 13 und ein

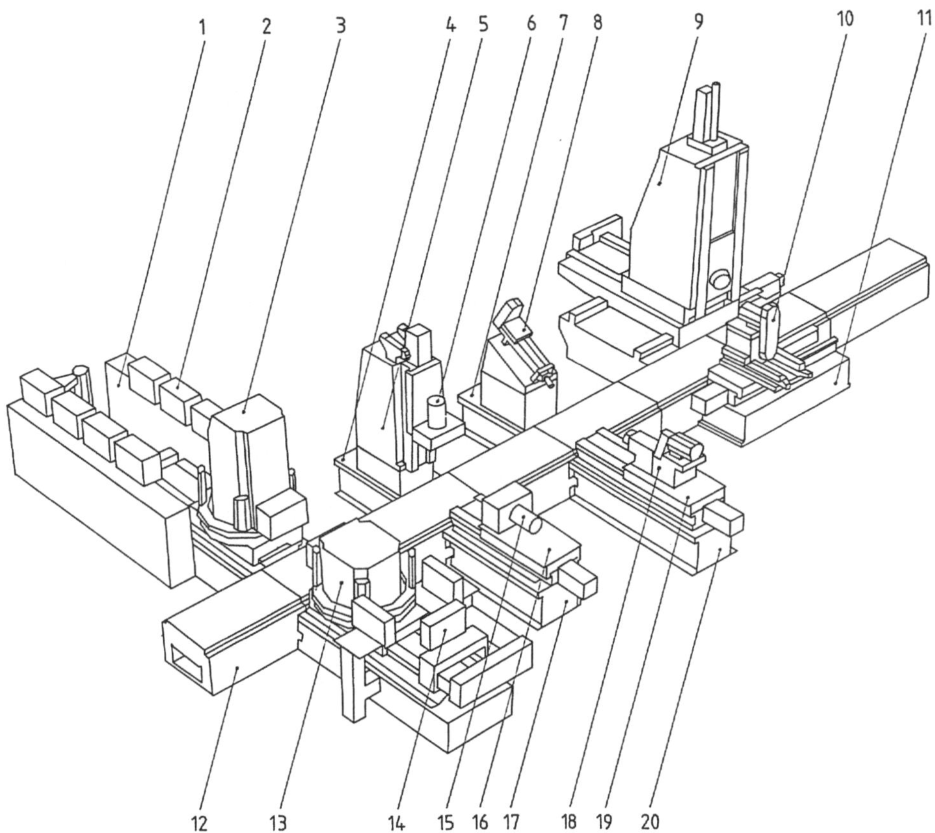

Abb. 1.101: Transferstraße aus Standardbaueinheiten (Huller Hille)

Mehrspindelbohrkopf-Magazin 1. Bohrkopfwechseleinrichtung 3 kann eine größere Anzahl von Mehrspindelbohrköpfen 2 bereithalten, Bohrkopfwechseleinrichtung 14 kann an den drei bearbeitungsabgewandten Seiten je einen Mehrspindelbohrkopf 14 bereithalten. Die auf Paletten aufgespannten Werkstücke werden durch Werkstücktransporteinrichtung 12 von Station zu Station befördert.

Die Transferstraße ist aus folgenden Baueinheiten zusammengesetzt:

- Seiten-Einheiten 4, 7, 17, 20 nach DIN 69523,
- vertikale Schlittenständer-Einheit 5 nach DIN 69525,
- Träger-Einheit 6, 15 nach DIN 69610,
- Frässpindel-Einheit 10 nach DIN 69643,
- horizontale Schlittenständer-Einheit 11 nach DIN 69572,
- Schlitten-Einheit 16, 19 nach DIN 69572,
- Drehspindel-Einheit 18 nach DIN 69642,
- Pinolen-Einheit mit langem Hub 8,
- mehrachsige Bearbeitungseinheit.

Die nicht nach DIN genormten Baueinheiten 1, 2, 3, 8, 9, 12, 13, 14 werden durch Werksnormen erfaßt.

Auch bei dieser Transferstraße ist der Trend zu größerer Flexibilität durch Bohrkopfwechseleinrichtungen zu erkennen.

1.13.3   Flexible Transferstraßen

Kennzeichnend für flexible Transferstraßen sind CNC-Steuerung und hohe Flexibilität. Für die Hauptspindel und die Vorschubantriebe werden Gleichstrom- und Drehstromantriebe mit elektrischer Drehzahleinstellung eingesetzt. Dadurch wird die Flexibilität der Transferstraße erhöht und die Umrüstzeiten erheblich verkürzt.

In Abbildung 1.102 ist eine flexible Transferstraße für die Fräsbearbeitung von Kurbelgehäusen für LKW in 5 verschiedenen Ausführungen dargestellt.

An der Station 1 wird die Zylinderkopfseite mit einem Planfräskopf stirngefräst. An Station 2 wird eine Seitenfläche des Kurbelgehäuses mit einem Planfräskopf stirngefräst; die andere Seitenfläche wird an Station 3 bearbeitet. Die Vorbearbeitung der Ölwannenseite des Kurbelgehäuses wird mit 2 Planfräsköpfen an Station 4 durchgeführt. An Station 5 wird die Lagergasse des Gehäuses mit einem Walzenstirnfräser vorbearbeitet. Die Ölwannenseite des Gehäuses wird an Station 6 fertigbearbeitet. An Station 7 wird die Zylinderkopfseite mit einem Planfräskopf fertigbearbeitet. An den Stationen 2 und 3 werden waagerechte, an den Stationen 1, 4, 5, 6 und 7 senkrechte Fräseinheiten eingesetzt. Vor Station 1 wird eine Beschickungseinrichtung mit zwei Drehstationen eingesetzt. Durch eine Wendestation werden die Werkstücke um 90° gedreht und von Station 2 bis Station 6 durch eine Werkstücktransporteinrichtung befördert. Die Werkstücke werden dann wieder an einer Wendestation um 90° gedreht und anschließend zur Station 7 befördert. Die fertig bearbeiteten Werkstücke werden entspannt, an einer weiteren Drehstation um 90° gedreht und zu den 2 Ausgangsspeichern weiterbefördert.

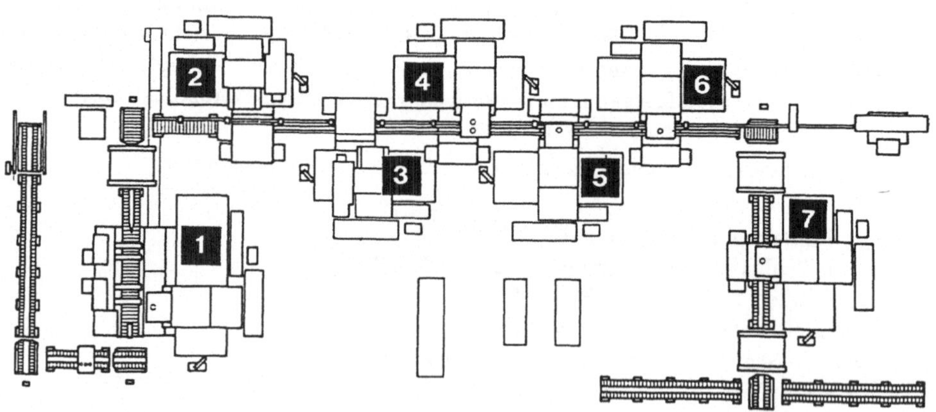

Abb. 1.102: Flexible Transferstraße für die Fräsbearbeitung von Kurbelgehäusen in fünf verschiedenen Ausführungen (Fritz Heckert)

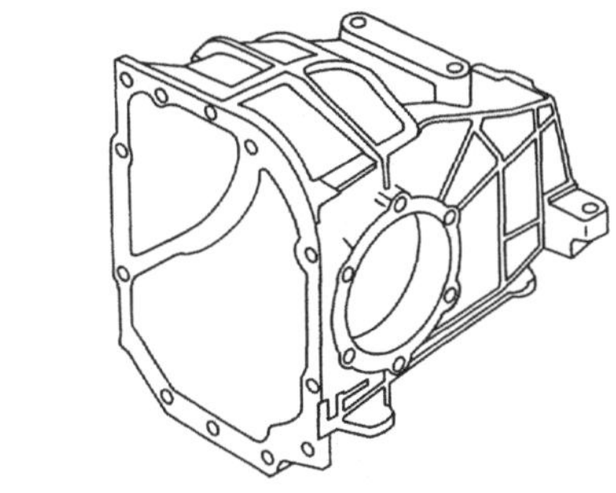

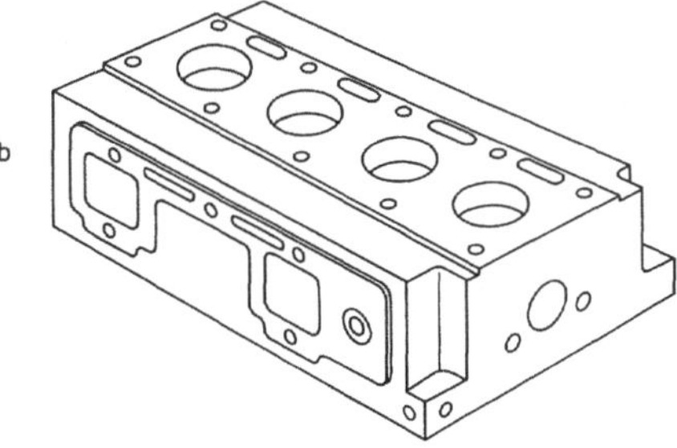

Abb. 1.103: Bearbeitungsbeispiele an Transferstraßen
(a) Hinterachsgetriebegehäuse (b) Zylinderkopf von 4-Zylinder-Motoren.

Die Forderung nach hoher Flexibilität gewährleisten die Frässtationen durch CNC-Steuerung, PC-Steuerungen als übergeordnete Steuerungen für das Gesamtsystem und anpassungsfähige Werkstückspannvorrichtungen.

1.13.4 Bearbeitungsbeispiele

Transferstraßen werden für Werkstücke der Großserienfertigung eingesetzt.

Flexible Transferstraßen werden wegen der schnelleren Umrüstbarkeit bei der Bearbeitung von Teilefamilien vorteilhaft angewandt.

Abbildung 1.103 zeigt typische Bearbeitungsbeispiele auf Transferstraßen. Ein Hinterachsgetriebegehäuse aus GGG-40 (Abb. 1.103 a) wird auf einer 26-Stationen Transferstraße (Wiedemann) in der Taktzeit von 55 Sekunden komplett bearbeitet. Ein Zylinderkopf für 4-Zylinder-Motoren (Abb. 1.103 b) wird auf einer Transferstraße (Honsberg) in der Taktzeit von 1,2 min komplett bearbeitet.

1.14   Bearbeitungszentren

1.14.1   Maschinenbeschreibung

Bearbeitungszentren sind numerisch gesteuerte Werkzeugmaschinen zum Bohren und
Fräsen, die mit einer automatischen Werkzeugwechseleinrichtung in Verbindung mit
einem Werkzeugmagazin ausgerüstet sind.

Abbildung 1.104 zeigt ein Bearbeitungszentrum, das sich zum Bohren, Reiben, Gewinden und auch zum Fräsen eignet. Auf dem Maschinenbett 1 wird der feststehende
Arbeitstisch 2 mit den hydraulischen Spannvorrichtungen 9 aufgebaut. Der Maschinenständer 4 führt Bewegungen in X- und Y-Richtung aus. Die Bewegungen in Z-
Richtung übernimmt der Spindelstock 6. Der Werkzeugwechsler 7 hat ein Magazin mit
12 Magazinplätzen, die um die Hauptspindel 5 angeordnet sind. Jeder Magazinplatz
verfügt über einen separaten pneumatisch angetriebenen Greifarm 8. Der Späneförderer
3 wird unter die Tischkante gesetzt. Das schwenkbare Bedienpult 10 ist mit einem
Bildschirm und einer Maschinensteuertafel ausgerüstet. Die Bearbeitungsprogramme
können entweder auf einem portablen PC erstellt und anschließend auf die Maschinensteuertafel übertragen oder direkt an dieser eingegeben werden. Der Elektroschrank
wird weiter hinten an der Maschine angebaut. Die Vorschubantriebe für die X-, Y-
und Z-Achsen werden durch Drehstrom-Servomotoren, Zahnriemengetriebe und Kugelrollspindel realisiert. Die Wegmessung erfolgt über lineare Wegmessysteme. Die

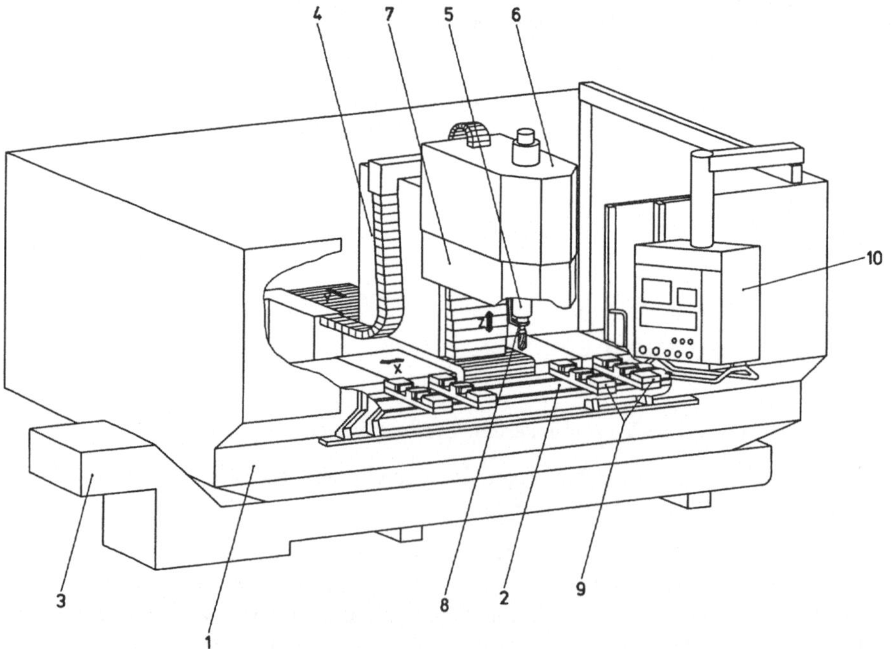

Abb. 1.104: CNC-Fertigungszentrum FZ 18L (Chiron)

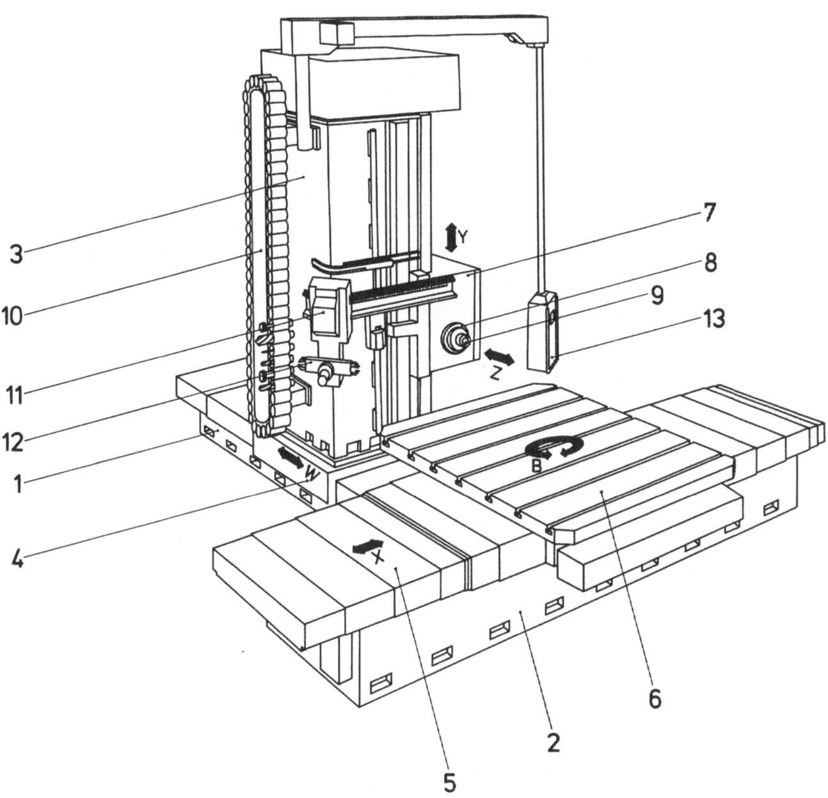

Abb. 1.105: Kreuzbett-Bohr-Fräsmaschine RAPID 2R (Wotan)

Hauptspindel wird durch einen elektrisch regelbaren Drehstrom-Hauptspindelmotor angetrieben. Werkzeugaufnahme der Arbeitsspindel: SK 40, Hauptspindelmotor: 14 kW, Hauptspindeldrehzahlen: stufenlos 20-6000 min^{-1}, Verfahrwege: X-Achse 2200 mm, Y-Achse 400 mm, Z-Achse 425 mm, Eilganggeschwindigkeit für X-, Y-, Z-Achse: 20 m/min, Aufspannfläche des Tisches: 2510 x 475 mm.

In Abbildung 1.105 ist eine Kreuzbett-Bohr-Fräsmaschine dargestellt. Die Maschine ist mit seitlich geführtem Spindelstock 7 und waagerechter Bohrspindel 9 ausgeführt. Der Spindelstock führt die Senkrechtbewegung in der Y-Achse, die Bohrspindel die waagerechte Bewegung in der Z-Achse aus. Der Maschinenständer 3 vollzieht mit dem Ständerschlitten 4 die Bewegung in der W-Achse. Maschinentisch 5 bewegt sich mit Drehtisch 6 in X-Richtung. Ständerbett 1 und Tischbett 2 sind kreuzförmig zueinander angeordnet (Kreuzbettanordnung). Zum Werkzeugwechsel entnimmt der am Zubringer 11 drehbare Doppelgreifer 12 das Werkzeug aus dem Kettenmagazin 10, das bis zu 60 Werkzeuge aufnehmen kann. Die leere Doppelgreiferzange ergreift das gebrauchte Werkzeug aus der Hauptspindel, der Doppelgreifer schwenkt um 180°, das neue Werkzeug wird der Hauptspindel und das gebrauchte Werkzeug dem Kettenmagazin übergeben. Die Bohrspindel ist in Lager 8 hydrostatisch gelagert. Da sich im Hydraulikaggregat

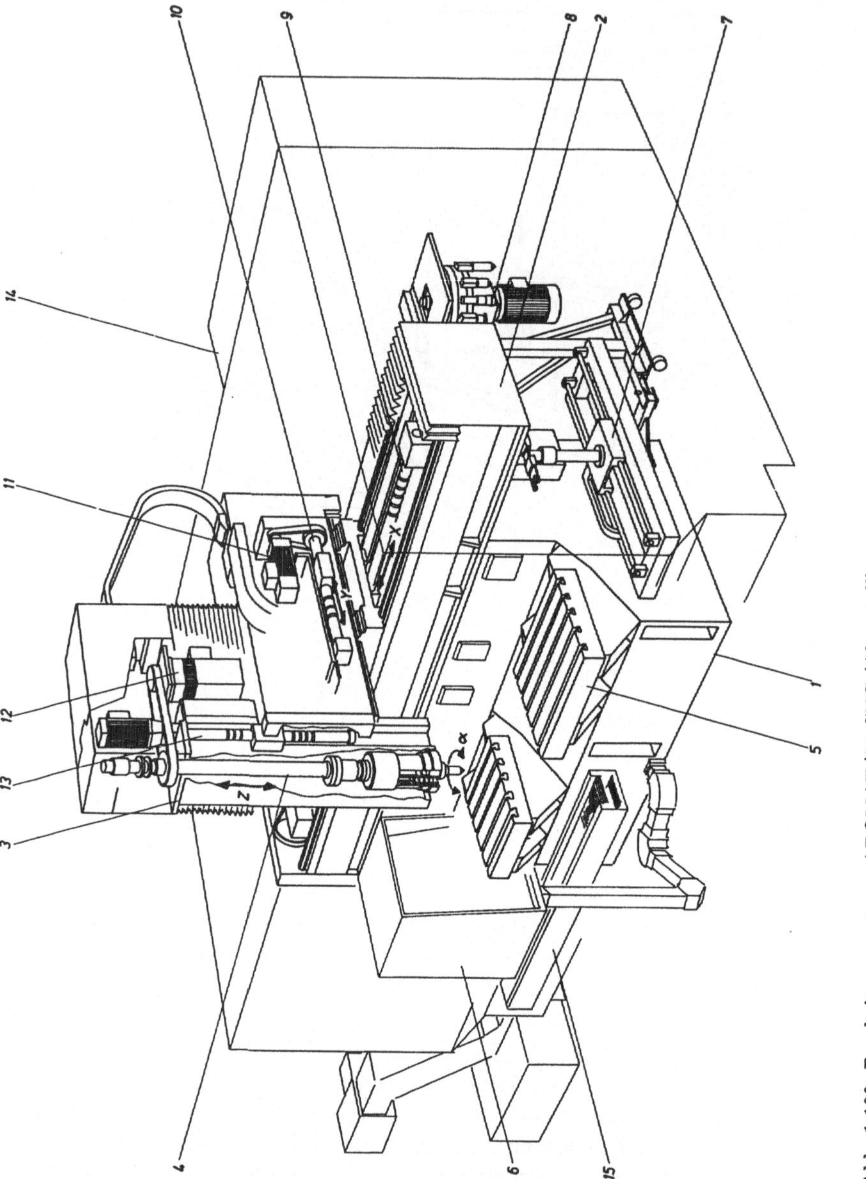

Abb. 1.106: Bearbeitungszentrum ABOMAT/25 CNC (Alzmetall)

ein Ölkühler befindet, wird eine hohe thermische Stabilität des Spindelstockes erzielt.
Alle vier Maschinenachsen und der Werkzeugwechsel werden numerisch gesteuert. Ein

schwenkbares Bedienpult 13, durch das sowohl der manuelle als auch der automatische Betrieb gesteuert wird, kann zur jeweiligen Bearbeitungsstelle bewegt werden. Bohrspindelinnenkegel: ISO 50, Frässpindelaußenzentrierung: ISO 60, Verfahrwege: Y-Achse 1600 mm, Z-Achse 800 mm, W-Achse 1250 mm, Vorschubgeschwindigkeit (X, Y, Z, W): 1-5000 mm/min, Eilgang (X, Y, Z, W): 10.000 mm/min, Tischaufspannfläche: 1600x2000 mm, Maschinenleistung: 56 kW.

Abbildung 1.106 zeigt ein Bearbeitungszentrum mit festem Tisch. Während der Bearbeitung ist Tisch 5 fest mit Gestell 1 verbunden. Zur gleichen Zeit wird auf dem zweiten Tisch ein Werkstück aufgespannt. Die Bewegungen in der Y-, Y- und Z-Achse führt Bohrkopf 3 über dem Bett 2 durch die Kugelrollspindeln 9, 10 und 13 aus. Auf beiden Seiten des Gestells befinden sich Doppelgreifer 7, die den Werkzeugaustausch zwischen Bohrspindel und Werkzeugmagazin 8 durchführen. Das Magazin kann bis zu 58 Werkzeuge aufnehmen. Das auf Rollen geführte Werkzeugmagazin kann während der Bearbeitung ausgetauscht werden. An der Frontseite der Maschine ist ein Späneförderer 15 angebracht. Der Bohrspindelmotor 12 und die Vorschubantriebsmotoren 11 sind als Drehstrommotoren mit elektrischer Drehzahleinstellung ausgeführt. Die Maschine wird über Kommandotafel 6 gesteuert und programmiert und ist mit einer werkstattprogrammierbaren Bahnsteuerung (Heidenhain) mit Bildschirmgrafik 14 ausgestattet. Verfahrwege: X-Achse 1710 mm, Y-Achse 400 mm, Z-Achse 500 mm, Tisch-Aufspannfläche: 630 x 500 mm, Leistung des Hauptspindelantriebes: 7,3 kW, Drehzahlen der Hauptspindel: stufenlos 20-6000 min^{-1}, Positioniergenauigkeit: 0,01 mm.

In Abbildung 1.107 ist ein modular aufgebautes Bearbeitungszentrum dargestellt. Der Spindelstock bewegt sich am Fahrständer in Y-Richtung, die Bewegung in Z-Richtung auf dem Maschinenbett übernimmt der Fahrständer, der Tisch bewegt sich in X-Richtung. Die Maschine ist mit einer Werkzeugwechseleinrichtung, einem Werkzeugmagazin mit 48 Werkzeugplätzen und einem Späneförderer ausgerüstet. Der modulare Aufbau der Maschine ermöglicht den Einbau von NC-Palettenwagen und von Winkelköpfen. Verfahrwege: X-Achse 2500 mm, Y-Achse 1000-2500 mm, Z-Achse 750/1250 mm, Tischbreite: 1000/1500/2000 mm, Tischlänge: 1500-5000 mm, Antriebsleistung: 30/40/50 kW, Drehzahlen: 40-4000 min^{-1}, Vorschübe: 1-15000 mm/min.

Abbildung 1.108 zeigt ein horizontales Präzisions-Bearbeitungszentrum. Der Spindelstock bewegt sich an feststehendem Maschinenständer in Y-Richtung, ein auf dem Maschinenbett angebrachter Kreuzschlitten verfährt in X- und Z-Richtung. Es handelt sich hier um eine Präzisionsmaschine, die durch den Einbau einer Werkzeugwechseleinrichtung und durch die CNC-Steuerung zu einem Bearbeitungszentrum geworden ist.

In Abbildung 1.109 ist ein Universal-Fräs-, Bohr- und Drehzentrum dargestellt. Das Gestell der Maschine besteht aus dem feststehenden Ständer 1 und einem daran verschraubten Schrägbett. Der Kreuzschlitten hat 2 Bewegungsachsen:

- am Ständer geführte Y-Achse,
- die Bewegung der Frässchlitteneinheit 2 durch Hauptantrieb 3 in der Z-Achse.

Der Schwenkfräskopf 4 läßt sich automatisch über einer um 45° geneigten Ebene um die D-Achse drehen und in einer Hirth-Planverzahnung indexieren. Somit ist eine Bearbeitung der Werkstücke in waagerechter und senkrechter Ebene möglich. Der in der X-Achse am Schrägbett geführte Rundtisch 5 wird in B-Richtung durch Antriebe 6 und

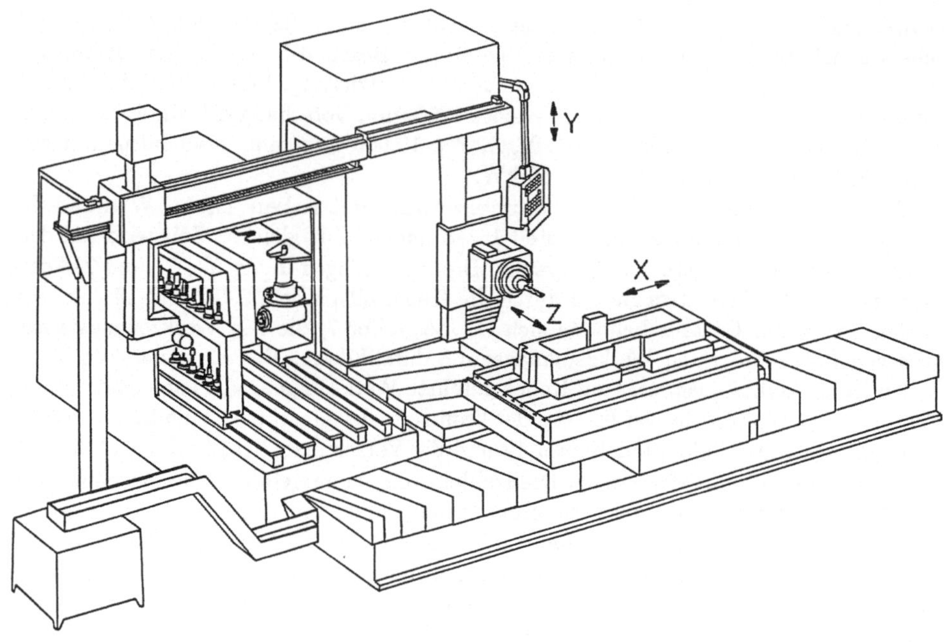

Abb. 1.107: Horizontales Bearbeitungszentrum CUBIMAT HP (Kolb)

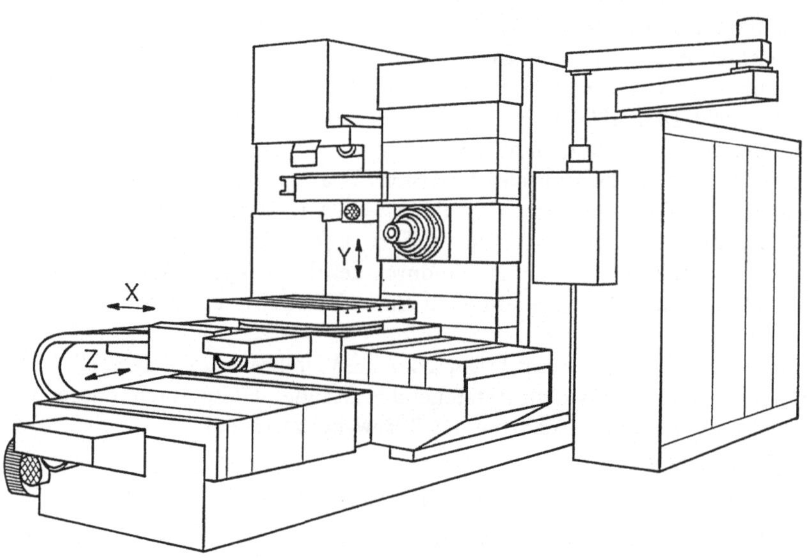

Abb. 1.108: Horizontales Präzisions-Bearbeitungszentrum DIXI 350 TCA (Dixi)

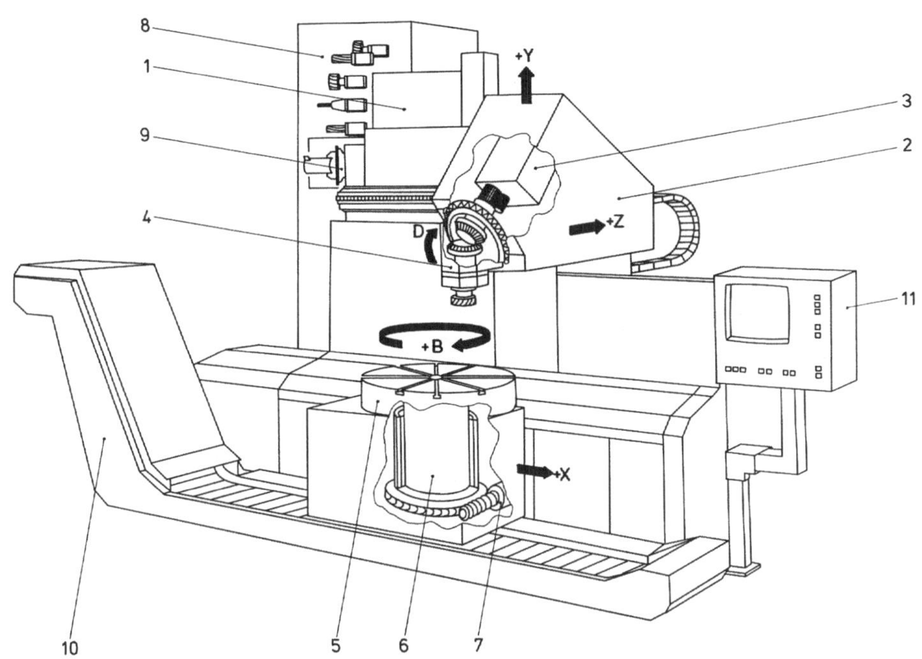

Abb. 1.109: Universal-Fräs-, Bohr- und Drehzentrum UFDZ 1200 (SHW)

7 NC-gesteuert bewegt. Somit wird auch die Drehbearbeitung der Werkstücke möglich. Das durch Drehstrommotoren angetriebene Kettenmagazin 8 kann links- und rechtslaufend arbeiten. Das benötigte Werkzeug wird vom Doppelgreifer 9 erfaßt, durch einen hydraulischem Hub aus dem Magazin entnommen und über eine Kette um den Maschinenständer herumgeführt. Zum Werkzeugwechsel muß der Fräskopf die waagerechte Stellung einnehmen und der Kreuzschlitten in die Endstellungen der positiven Y- und Z-Achse verfahren. In dieser Position kann der Doppelgreifer das gebrauchte Werkzeug durch eine über einem Hydraulikzylinder ausgeführte Hubbewegung der Hauptspindel entnehmen und nach Schwenken um 180° das neue Werkzeug in die Steilkegelaufnahme der Hauptspindel einsetzen. Anschließend wird das gebrauchte Werkzeug ins Magazin zurückbefördert. Verfahrwege: X-Achse 1200 mm, Y-Achse 900 mm, Y-Achse 1070 mm, Vorschubgeschwindigkeit (X, Y, Z-Achse): bis 2000 mm/min, Eilgänge (X, Y, Z-Achse): 12000 mm/min, Hauptantrieb: 18/25 kW, 36-4000 min^{-1}, Werkzeugaufnahme: SK 50.

Abbildung 1.110 zeigt ein horizontales und vertikales Bearbeitungszentrum mit dem in Z-Richtung verfahrbaren Fahrständer 1. Die Frässchlitteneinheit mit dem H-V-Fräskopf 2 wird in der Y-Achse am Fahrständer geführt. Der Fräskopf wird durch die Schwenkung um 45° um die D-Achse von der waagerechten in die senkrechte Lage gebracht. Auf dem in X-Richtung verfahrbaren Konsolschlitten 3 wird der um die B-Achse drehbare, palettierbare NC-Rundtisch 4 aufgebaut. Zum Werkstückwechsel wird der Konsolschlitten in X-Richtung zum Palettenwechsler 5 in Wechselposition verfahren.

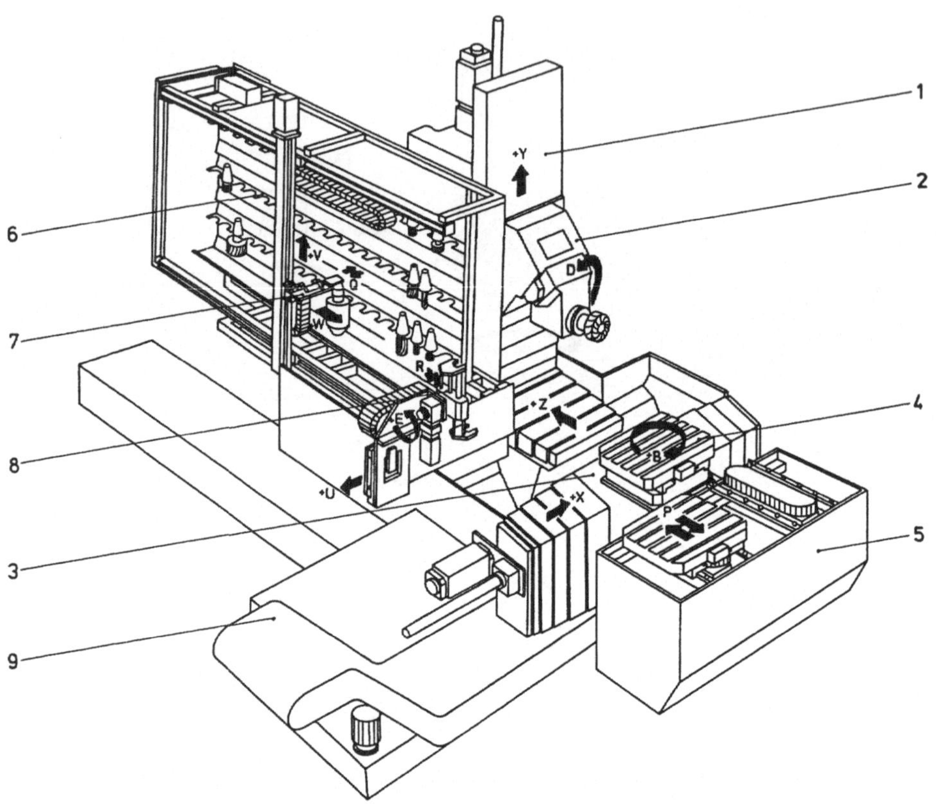

Abb. 1.110: H/V Bearbeitungszentrum Alpha 400 (Wanderer)

Die Palette mit dem bearbeiteten Werkstück bewegt sich vom Rundtisch in P-Richtung
zum Palettenwechsler. Anschließend fährt der Konsolschlitten in X-Richtung zur zweiten Palette mit dem neuen Werkstück, die dem Rundtisch wiederum in P-Richtung
zugeführt wird. Zubringergreifer 7 fährt die programmierte Position des Werkzeuges
durch Bewegungen in W- und V-Richtung an und zieht das Werkzeug in Q-Richtung aus
dem regalartigen Werkzeugmagazin 6 heraus. Über die V- und W-Achse wird das Werkzeug dem Doppelgreifer 8 übergeben, der anschließend in der U-Achse verfährt. Nachdem die Frässpindeleinheit sich innerhalb der Y-Z-Ebene in die Wechselposition bewegt
hat, wird das gebrauchte Werkzeug durch Bewegung des Doppelgreifers in R-Richtung
aus der Hauptspindel herausgenommen. Nach Schwenken des Doppelgreifers um die E-
Achse wird das neue Werkzeug der Hauptspindel übergeben. Anschließend wird das alte
Werkzeug dem Zubringergreifer und durch diesen dem Magazin übergeben. Zur Maschine gehört noch der Späneförderer 9. Verfahrwege: X-Achse 600 mm, Y-Achse 560
mm, Z-Achse 760 mm, Vorschubgeschwindigkeit (X, Y, Z): 1-10000 mm/min, Eilgang
(X, Y, Z): 20 m/min, Hauptantrieb: Leistung: 14/18 kW, Drehzahlen: 32-6300 min^{-1},
Werkzeugaufnahme: SK 40, Werkzeugmagazin: 30 - 90 Plätze, Werkzeugwechselzeit: 6
s, Palettenwechselzeit: 23 s.

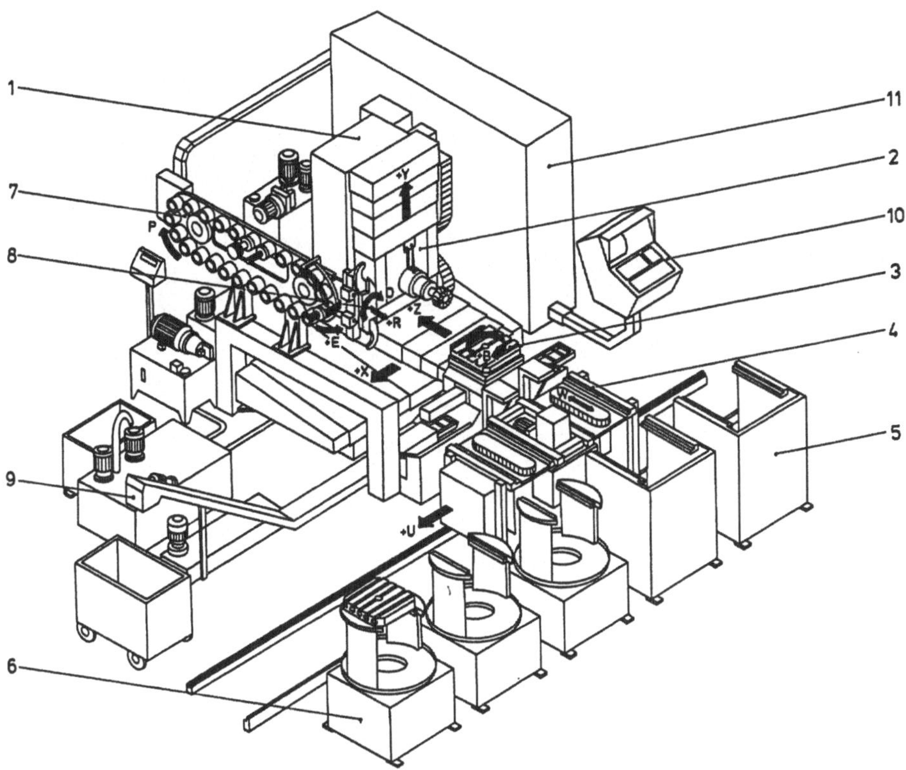

Abb. 1.111: Horizontal-Bearbeitungszentrum MMS 500 (Wanderer)

Abbildung 1.111 zeigt ein in modularer Bauweise konzipiertes Bearbeitungszentrum. Die Bewegungen in der Z- und X-Achse werden durch Fahrständer 1 mittels eines auf dem Maschinenbett aufgebauten Kreuzschlittens durchgeführt. Die Frässchlitteneinheit mit horizontalem Fräskopf 2 bewegt sich am Fahrständer in Y-Richtung. Zum Werkstückwechsler wird der in Z-Richtung verfahrbare Palettenwechsler 4 in Wechselposition zum palettierbaren NC-Rundtisch (B-Achse) gefahren. Die Palette mit dem bearbeiteten Werkstück bewegt sich vom Rundtisch durch einen Kettentrieb in W-Richtung zum Palettenwechsler. Anschließend fährt der Palettenwechsler in U-Richtung und übergibt durch Bewegung in der W-Achse dem Rundtisch das neue Werkstück. Durch eine hydraulische Klemmung wird die Palette mit dem NC-Rundtisch verbunden. Nach dem Wechselvorgang stellt der Palettenwechsler die Palette mit dem bearbeiteten Werkstück auf einem der drehbaren (6) oder starren (5) Speicher- und Rüstplätze ab, wo sie neu bestückt wird. Die Maschine ist mit einem Kettenmagazin 7 und einem Doppelgreifer 8 ausgestattet. Das benötigte Werkzeug wird durch die Bewegung der Kette in P-Richtung in Wechselposition gebracht. Der Doppelgreifer schwenkt um 90° um die E-Achse, faßt den Werkzeughalter und entnimmt ihn in R-Richtung dem Magazin. Nachdem die Frässchlitteneinheit in Wechselposition gefahren ist, entnimmt der Doppelgreifer das gebrauchte Werkzeug aus der Hauptspindel, schwenkt 180° um die D-Achse

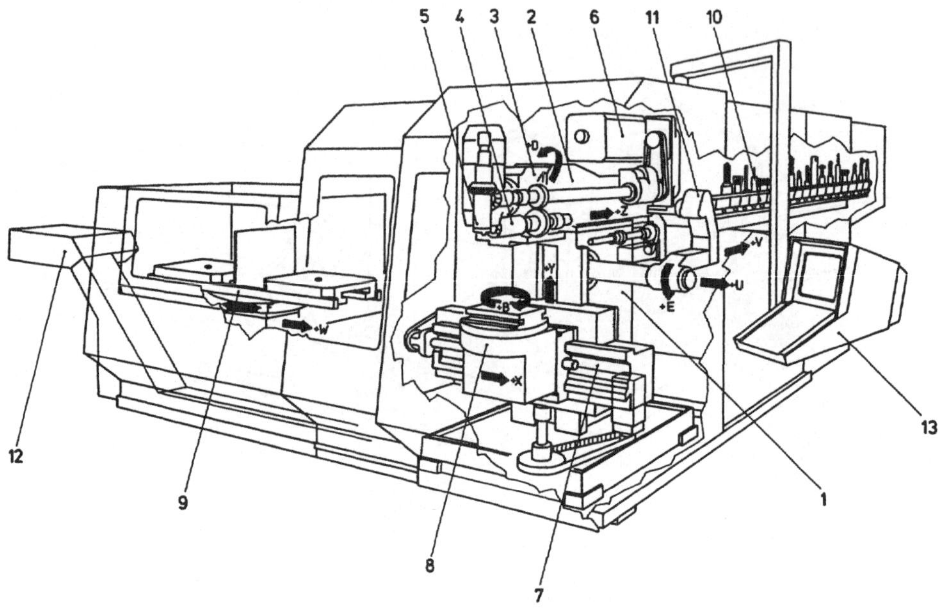

Abb. 1.112: H/V Bearbeitungszentrum MH 700 S (Maho)

und übergibt das neue Werkzeug der Hauptspindel. Anschließend wird das gebrauchte
Werkzeug dem Werkzeugmagazin übergeben. Zur Maschine gehören noch Späneförderer 9, Bedienpult 10 und Schaltschrank 11. Verfahrwege: X-Achse 600 mm, Y-Achse
500 mm, Z-Achse 650 mm, Vorschubgeschwindigkeit (X, Y, Z): 1-10000 mm/min, Eilganggeschwindigkeit (X, Y, Z): 15000 mm/min, Hauptantrieb: Leistung 14 kW, Drehzahlen 25-4800 min^{-1}, Positionsunsicherheit: + 0,002 mm/m, Werkzeugaufnahme der
Hauptspindel: SK 50.

In Abbildung 1.112 ist ein in Konsolständerbauweise aufgebautes Bearbeitungszentrum mit einem automatischen Schwenkfräskopf dargestellt. Der NC-Rundtisch 8 (B-
Achse) wird in der X-Achse an dem Kreuzschlitten 7 geführt, der wiederum am feststste-
henden Ständer 1 in Y-Richtung geführt wird. Die Bewegungen in Z-Richtung werden
vom Spindelstock 2 durchgeführt. Durch eine Drehbewegung um die D-Achse wird der
Schwenkfräskopf 3 über eine um 45° geneigte Fläche vom Spindelstock weggeschwenkt
und gibt die darunterliegende Horizontal-Spindel 4 frei. Somit ist die Maschine für Bearbeitungen mit der Horizontal-Spindel 4 ebenso wie für Bearbeitungen mit der in der
vertikalen Ebene liegenden Spindel 5 ausgelegt. Nach der Bearbeitung des Werkstücks
wird die Tür zwischen Arbeitsraum und Palettenwechselstation automatisch geöffnet.
Das auf einer Palette aufgespannte Werkstück wird durch Bewegung des Kreuzschlittens
in Y-Richtung auf die Höhe des Palettenwechslers 9 gebracht. Anschließend bewegen
sich der auf Schienen verfahrbare Palettenwechsler in W-Richtung und der Rundtisch in
X-Richtung aufeinander zu. Nach dem Erreichen der Wechselposition wird die Palette
auf dem Palettenwechsler aufgesetzt und über die W-Achse vom Rundtisch gezogen.

Abbildung 1.113 zeigt den NC-Schwenkrundtisch für das Bearbeitungszentrum aus

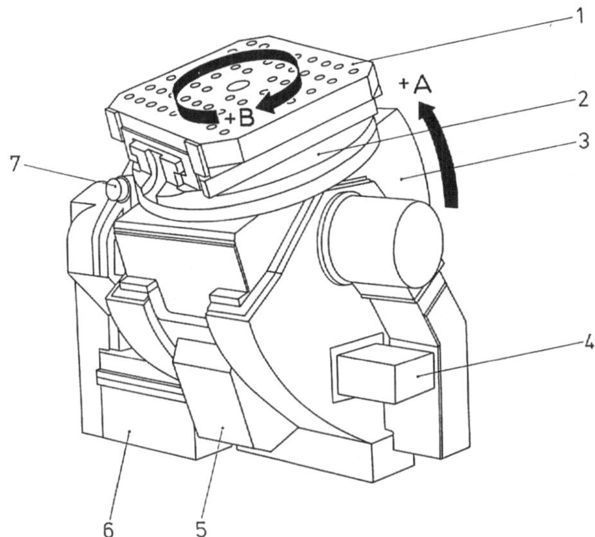

Abb. 1.113: NC-Schwenkrundtisch für Bearbeitungszentrum MH 700 S (Maho)

Abb. 1.112. Palette 1 ist auf dem um die B-Achse drehbaren Rundtisch 2 aufgebaut. Die Schwenkeinheit 3 mit der Achse A wird durch die Klemmeinrichtung 4 geklemmt. Drehstrommotor 5 treibt den Rundtisch an, die Schwenkeinheit wird durch Drehstrommotor 6 angetrieben. Die B-Achse wird durch Drehgeber 7 kontrolliert.

In Abbildung 1.114 ist ein Bearbeitungszentrum mit einem in Z-Richtung verfahrbaren Fahrständer dargestellt. Der Spindelstock mit waagerechter Hauptspindel bewegt sich am Fahrständer in Y-Richtung. Ein Tisch mit Werkstückpalette, der auf einem Rundtisch aufgebaut wird, übernimmt die Bewegung in der X-Achse. Ein Werkzeugwechsler mit Doppelgreifersystem ist ortsfest, ein Werkzeugkettenmagazin mit 60 oder 72 Werkzeugplätzen, das auf separatem Ständer aufgebaut wird, ist auf bis zu 180 Werkzeugplätze ausbaubar. Die Maschine ist mit einer Palettenwechseleinrichtung ausgestattet. Verfahrwege: X-Achse 1000 mm, Y-Achse 800 mm, Z-Achse 800 mm, Spindelantrieb durch Drehstrommotor und 2-stufiges Getriebe: 32 kW, 20-5000 min^{-1}, Palettengrößen: 630x630 mm oder 630x800 mm.

Abbildung 1.115 zeigt ein vertikales Bearbeitungszentrum mit einem in X- und Y-Richtung verfahrbaren Fahrständer. Der Spindelstock mit senkrechter Spindel verfährt am Fahrständer in Z-Richtung. Die Maschine ist mit einer Werkzeugwechseleinrichtung und einem Kettenmagazin mit 24 Werkzeugplätzen ausgestattet. Ein rascher Werkstückwechsel ist durch eine Schwenkeinrichtung möglich. Gute Späneabfuhr ist durch steile Spänerutschen zum Späneförderer gewährleistet. Verfahrwege: X-Achse 630 mm, Y-Achse 560 mm, Z-Achse 500 mm, Eilganggeschwindigkeit (X, Y, Z): 20000 mm/min, Werkzeugaufnahme: SK 40, Drehstrom-Spindelmotor: 30 kW, Spindeldrehzahlen: 45-6000 min^{-1}, Aufspannfläche: 400 x 500.

Abbildung 1.116 zeigt ein Zweispindel-Horizontal-Bearbeitungszentrum, das in Bohrwerkbauweise aufgebaut ist. Fahrständer 1 bewegt sich mit dem in Y-Richtung am Ständer geführten Kreuzschlitten in der X-Achse. Die zweispindelige Bearbeitungseinheit

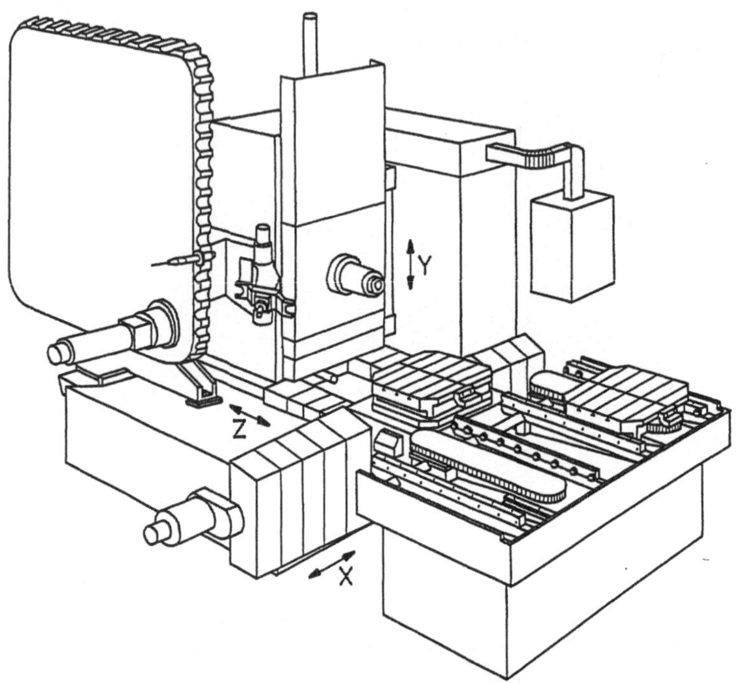

Abb. 1.114: Bearbeitungszentrum TC 630 (Fritz Werner)

2 wird am Kreuzschlitten in der Z-Achse geführt. Die 2 horizontal liegenden Arbeitsspindeln bearbeiten 2 Werkstücke gleichzeitig. Die beiden Werkstücke werden mittels
Aufspannplatten, auf denen sich für verschiedene Werkstücke verschiedene Spannvorrichtungen befinden, auf die vier Seiten des Aufspannturmes 6 geklemmt, so daß sich pro
Aufspannturm acht Werkstücke aufnehmen lassen. In einer Spannlage des Werkstückes
können 3 Seiten bearbeitet werden, d.h. in einer Stellung des Aufspannturmes werden sechs Werkstücke an den der Arbeitsspindel zugewandten Seiten bearbeitet. Der
in Bearbeitungsposition stehende Aufspannturm wird durch Planetenrundtisch 5 mit
4 x 90° oder 360 x 1° um die E-Achse gedreht. Erst nach der Bearbeitung aller acht
Werkstücke eines Aufspannturmes wird ein Werkzeugwechsel eingeleitet. Das Werkzeugmagazin 7 besteht aus einem Rad, welches um eine zur Z-Achse parallele Achse
gedreht wird. Der Werkzeugwechsel findet nach dem Pick-up-Verfahren statt, d.h. die
Arbeitsspindeln werden über·die 3 NC-Achsen zum Magazin geführt, legen die gebrauchten Werkzeuge in das Magazin ab und nehmen daraufhin die neuen Werkzeuge
aus dem Magazin auf. Das Werkzeugmagazin führt dabei nur die rotatorische Bewegung aus. Die Werkzeugorganisation erfolgt über eine feste Platzcodierung durch NC-
Steuerung 9. Nach der Bearbeitung aller 8 Werkstücke in einer Spannlage wird durch
eine 180°-Drehung des Schwenktisches 4 um die D-Achse die Bearbeitungsposition des
einen Aufspannturmes mit der Werkstückwechselposition des anderen Aufspannturmes
vertauscht. Während der Bearbeitung der Werkstücke auf dem zweiten Aufspannturm
werden die Aufspannplatten des ersten mit neuen Werkstücken manuell bestückt. Der

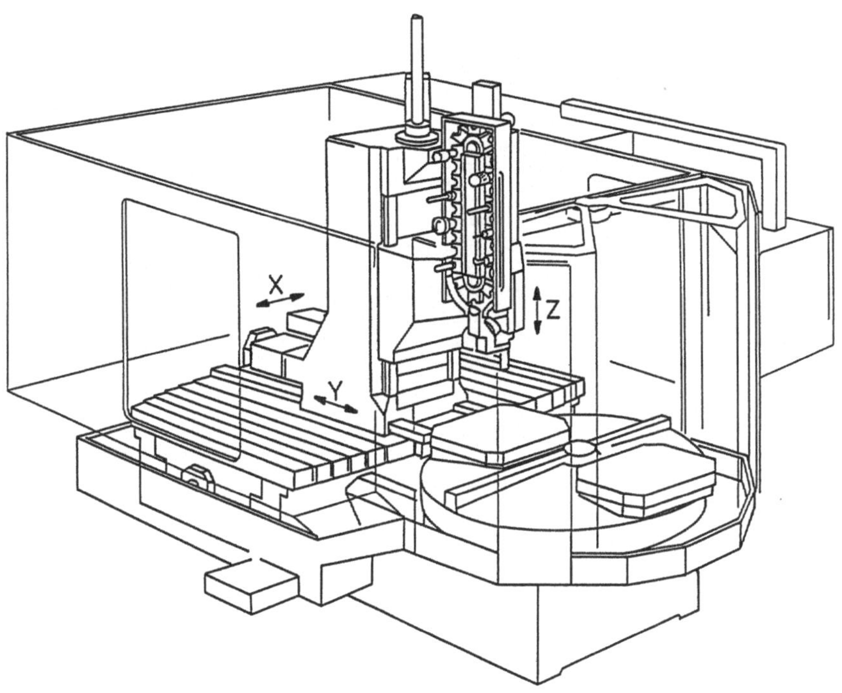

Abb. 1.115: Bearbeitungszentrum BZV 07 (Heller)

Bediener ist durch eine Trennwand zwischen den beiden Aufspanntürmen vor Spänen geschützt, die über den Späneförderer 8 entsorgt werden. Arbeitsbereich: X-Achse 600 mm, Y-Achse 200 mm, Z-Achse 400 mm, Werkzeugaufnahme: SK 40, Hauptantrieb 15 kW, Vorschübe (X, Y, Z): 1-20000 mm/min.

1.14.2 Bearbeitungsbeispiele

Die große Universalität von Bearbeitungszentren erlaubt es, mit ihnen vielfältige Bearbeitungsaufgaben rationell zu lösen.

Einige Bearbeitungsbeispiele sind in Abb. 1.117 dargestellt. Abbildung 1.117 a, b demonstrieren Fräsarbeiten auf dem H/V Bearbeitungszentrum (Maho, in Abb. 1.117 c, d wird die komplette Dreh- und Fräsbearbeitung auf dem UFDZ 1200 Drehzentrum (SHW) gezeigt.

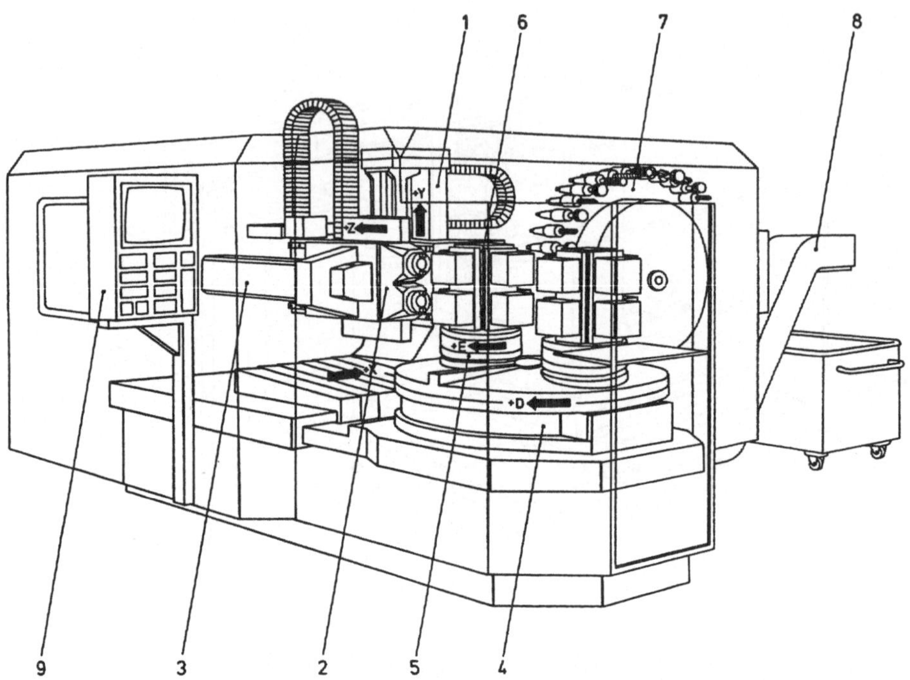

Abb. 1.116: Zweispindel-Horizontal-Bearbeitungszentrum DUO MILL 200 CNC (Heckler & Koch)

1.15   Flexible Fertigungssysteme

1.15.1   Maschinenbeschreibung

Flexible Fertigungssysteme (FFS) haben zum Ziel, die Lücke zwischen hoher Flexibilität mit geringer Produktivität bei NC-Universalmaschinen und hoher Produktivität auf Kosten der Flexibilität bei Transferstraßen durch neue Systeme zu schließen. Dieses Problem wurde durch die Verkettung mehrerer NC-Werkzeugmaschinen und Bearbeitungszentren mit Hilfe von Werkstück- und Werkzeughandhabungseinrichtungen gelöst.

Der Unterschied zur flexiblen Transferstraße besteht in der freien Wahl der Bearbeitungsreihenfolge, die ja bei der flexiblen Transferstraße durch die räumliche Anordnung der Bearbeitungsstationen fest vorgegeben ist. In Abbildung 1.118 ist ein flexibles Fertigungssystem dargestellt, das aus vier Bearbeitungszentren 2, Werkstück- und Werkzeugwechseleinrichtungen besteht.

Der Werkzeugwechsel findet durch den Einsatz des Doppelgreifers 1 statt, der die Werkzeuge in der Hauptspindel durch Werkzeuge aus dem Kettenmagazin 4 austauscht. Da das Kettenmagazin von den beweglichen Teilen der Bearbeitungsmaschine getrennt ist, muß das Bearbeitungszentrum in eine Werkzeugwechselposition fahren.

Der schienengebundene Werkzeugtransportwagen 5 versorgt alle Bearbeitungszentren mit Werkzeugen aus dem gemeinsamen Werkzeugregal 3. Die zu wechselnden

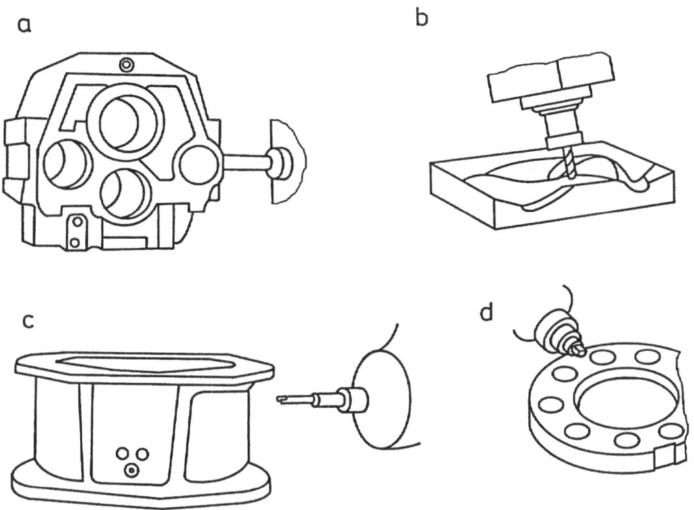

Abb. 1.117: Bearbeitungsbeispiele an Bearbeitungszentren
(a) Fräsarbeiten an einem Motorblock an H/V Bearbeitungszentrum (Maho) (b) Raumfräsen mit NC-
Schwenkrundtisch und Schwenkfräskopf am H/V Bearbeitungszentrum (Maho) (c) Komplette Dreh-
und Fräsbearbeitung eines gasdichten Ventilgehäuses auf Drehzentrum UF DZ 1200 (SHW) (d) Komplette Dreh- und Fräsbearbeitung eines Kugellagergrundkörpers auf Drehzentrum UF DZ 1200 (SHW)

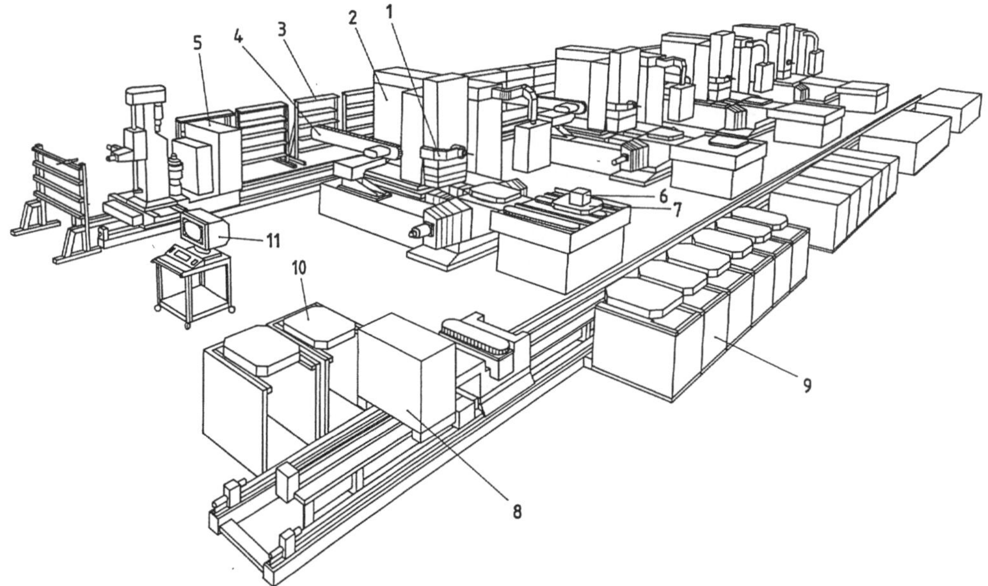

Abb. 1.118: Flexibles Fertigungssystem FFS 500-4 (Fritz Werner)

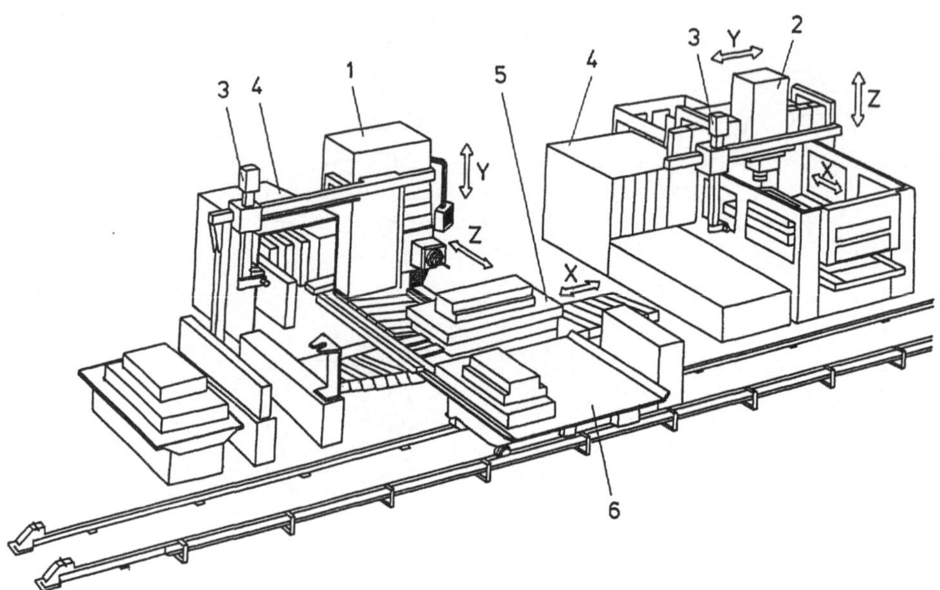

Abb. 1.119: Kombiniertes vertikales und horizontales flexibles Fertigungssystem FFS VH (Kolb)

Werkzeuge werden zum Kettenende des Kettenmagazins gebracht, damit der Greifer des
Transportwagens die gebrauchten Werkzeuge in das Werkzeugregal ablegt und die neuen
Werkzeuge aus dem Werkzeugregal in das Kettenmagazin legt. Das Werkzeugregal besteht aus mehreren Regalelementen und läßt sich entlang der Fahrschiene beliebig erweitern. So können verschlissene Werkzeuge bewußt in einem Regalelement gesammelt
werden. Zum Auf- und Abspannen der Werkstücke stehen am Rüstplatz 10 zwei Plätze
für Werkstückpaletten zur Verfügung. Die Palettengröße beträgt meistens 800x800 mm.
Der Schieber des Werkstücktransportwagens 8 nimmt die Palette auf und bringt sie zu
dem Palettenspeicherplatz 9. Der Werkstückwechsel erfolgt dann mit Hilfe eines Dop-
pelpalettenwechslers, der aus Zeiteinsparungsgründen schon mit einer Palette bestückt
ist. Der Tisch der Bearbeitungsmaschine nimmt eine Werkstückwechselposition ein und
übergibt dem leeren Schieber die Palette. Anschließend fährt der Maschinentisch nach
rechts und nimmt die EURO-Palette 7 mit dem Werkstück 6 auf. Fertigungsleitrechner
11 steuert und kontrolliert die ganze Fertigungsanlage.

Das beschriebene flexible Fertigungssystem kann aus verschiedenen Bearbeitungs-
zentren zusammengesetzt werden, wie TC500 (s. Abb. 1.118), TC630, TC800 und
TC1000. In Abbildung 1.119 ist ein kombiniertes vertikales und horizontales flexibles
Fertigungssystem dargestellt, das aus einem horizontalen Palettenzentrum CUBIMAT
HC (Pos.1) und einem vertikalen Palettenzentrum CUBIMAT VC (Pos.2) besteht.

Für die horizontale und die vertikale Hauptspindel wird der Werkzeugwechsel mittels
NC-gesteuerten Handhabungsgeräten 3 aus den großen Werkzeugmagazinen 4 durchgeführt. Die Maschinen sind mit automatischem Vorsatzkopfwechsel aus separatem Magazin für Winkelfräs- und Bohrkopf, Schleifkopf, NC-Drehkonturkopf, 2-Achsen-NC-
Winkelkopf, Mehrspindelbohrkopf ausgerüstet. Für den Werkstücktransport werden

Doppelpalettenwagen 5, die als Schienenfahrzeuge ausgeführt sind, verwendet. Das Auf- und Abspannen der Werkstücke findet auf der Spann- und Ablagestation 6 statt. Ein Fertigungsleitrechner steuert alle Funktionen des Fertigungssystems.

1.15.2 Bearbeitungsbeispiele

Die große Universalität der Bearbeitungszentren ermöglicht, auf flexiblen Fertigungssystemen vielfältige Bearbeitungsaufgaben durchzuführen. Daher werden sie insbesondere zur Herstellung ganzer Teilefamilien und für Varianten-Ausführungen vorteilhaft verwendet.

Durch feste Zuordnung der Bearbeitungsfolgen kann die Produktivität gesteigert werden, so daß diese Fertigungssysteme auch bei der Großserienfertigung Anwendung finden können. Sie verdrängen deshalb zunehmend die starre Transferstraße, die eine sehr geringe Flexibilität aufweist und deshalb für Teilefamilien und Varianten-Ausführungen ungeeignet ist. Abbildung 1.120 zeigt Bearbeitungsbeispiele auf flexiblen Fertigungssystemen.

In Abbildung 1.120 a sind zu bearbeitende Gehäuse und Deckel eines neuen PKW-Schaltgetriebes dargestellt, deren Komplettbearbeitung auf einem flexiblen Fertigungssystem (Fritz Werner) durchgeführt wird [2]. Das flexible Fertigungssystem besteht aus 20 gleichartigen Maschinen, die in drei Zellen (eine mit sechs und zwei mit sieben Maschinen) zusammengefaßt sind.

Abbildung 1.120 b zeigt ein Flugzeugteil, Abb. 1.120 c ein Vergasergehäuse, die auf flexiblen Fertigungssystemen (Wahli Frères) bearbeitet werden [1]. Das Flugzeugteil aus Stahl wird in vier Aufspannungen aus dem vollen Material in 60 min. komplett herausgearbeitet. Das Vergasergehäuse aus Aluminium wird in zwei Aufspannungen in 22 min komplett bearbeitet.

1.15.3 Materialflußsysteme für Werkzeuge

Materialflußsysteme für Werkzeuge sind die Versorgungsleitungen der Bearbeitungssysteme, die die Verkettung der einzelnen, im flexiblen Fertigungssystem vorhandenen Maschinen darstellen. Die Aufgaben, die Materialflußsysteme für Werkzeuge innerhalb des flexiblen Fertigungssystems zu erfüllen haben, sind:

- Transport der Werkzeuge,
- Speicherung der Werkzeuge und
- Voreinstellung der Werkzeuge.

Die Ansprüche, die an Materialflußsysteme gestellt werden, werden immer größer, da sie in der Lage sein müssen, alle Fertigungsschritte ein und derselben Hard- und Software zu steuern.

Bei den flexiblen Fertigungssystemen hoher Ausbaustufen müssen neben dem automatischen Werkzeugtransport zwischen Werkzeugmagazin und Bearbeitungsspindel auch der Transport der Werkzeuge vom Werkzeugzentrallager zu den einzelnen Werkzeugmagazinen integriert werden.

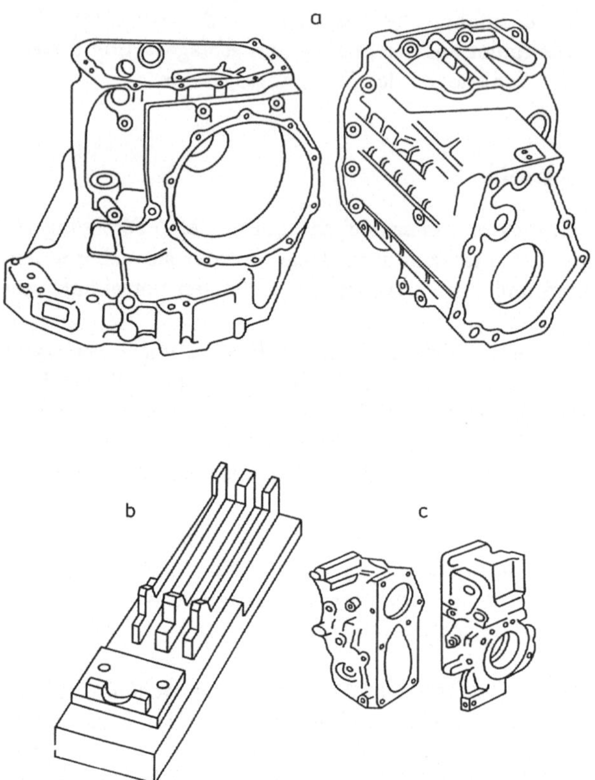

Abb. 1.120: Bearbeitungsbeispiele auf flexiblen Fertigungssystemen (a) Komplettbearbeitung des Gehäuses und Deckels eines neuen PKW-Schaltgetriebes (FFS - Fritz Werner) (b) Bearbeitung eines Flugzeugteiles (FFS - Wahli Frères) (c) Bearbeitung eines Vergasergehäuses (FFS - Wahli Frères)

Die Werkzeugmagazine, in welcher die Werkzeuge gespeichert werden, müssen in der Lage sein, sich der geänderten Auftragslage anzupassen. So sollen die Magazine in der Lage sein, defekte Werkzeuge oder Werkzeuge mit abgelaufener Standzeit auszumustern und durch neues Werkzeug zu ersetzen.

Abbildung 1.121 zeigt eine Werkzeugwechseleinrichtung der Firma Deckel. Bei dem zugehörigen Bearbeitungszentrum bewegt sich der NC-Rundtisch 1 in X-Richtung in den Führungen 15 des Maschinengestelles 8, der Spindelstock mit Hauptspindel 7 bewegt sich in Y-Richtung in den Führungen 12 des Maschinenständers. Der Maschinenständer wird in den Führungen 3 des Maschinenbettes in der Z-Achse geführt. Die Werkzeugwechseleinrichtung besteht aus dem Hauptkettenmagazin 10 mit 60 oder 80 Werkzeugen, dem Zusatzmagazin 9, dem Doppelgreifer 11 und dem Zusatzdoppelgreifer 4. Doppelgreifer 11 übernimmt den Werkzeugaustausch zwischen Hauptspindel 7 und dem Hauptmagazin 10. Ein Zusatzdoppelgreifer 4, der sich auf der Rückseite der Kettenmagazine befindet, übernimmt den internen Werkzeugaustausch zwischen beiden Magazinen. Dieser Wechsel findet während der Bearbeitung statt. Das Hauptmagazin

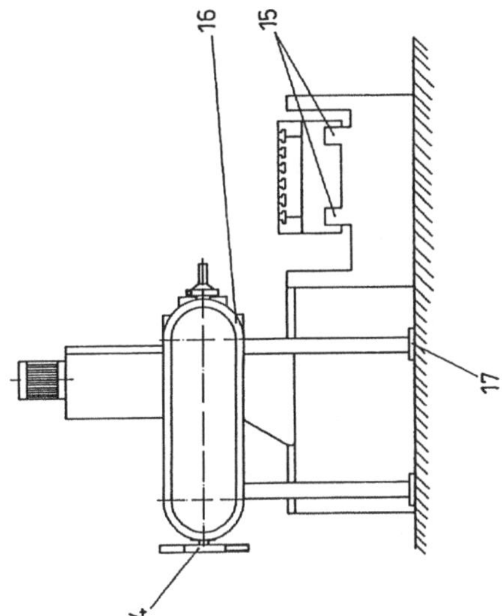

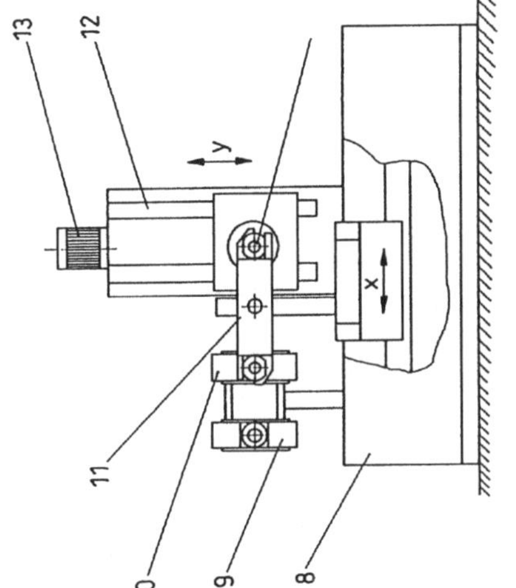

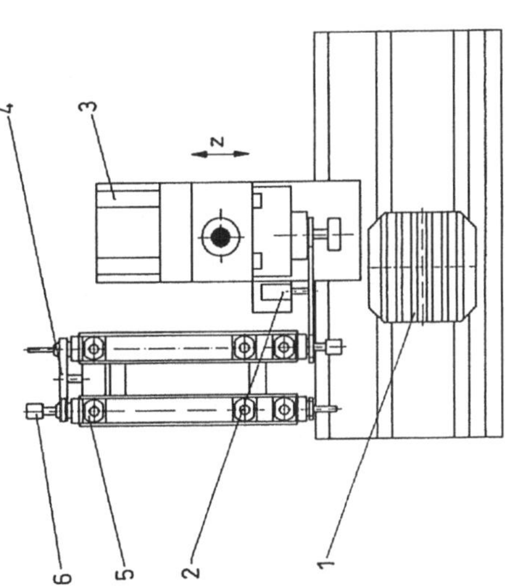

Abb. 1.121: Werkzeugwechseleinrichtung durch Doppelgreifer, Hauptkettenmagazin, Zusatzdoppelgreifer und Zusatzmagazin (Deckel)

bringt das einzuwechselnde Werkzeug in eine horizontale Wechselstellung. Die Werkzeugmaschine fährt in ihren NC-Achsen in die Werkzeugwechselposition. Der Doppelgreifer schwenkt aus seiner Ruhestellung um 90°, faßt die Werkzeuge in der Hauptspindel und im Hauptmagazin und zieht sie heraus. Anschließend schwenkt er um 180° und setzt das neue Werkzeug in die Hauptspindel und das gebrauchte in das Hauptmagazin ein. Der Doppelgreifer schwenkt dann um 90° in seine Ruhestellung.

Das Zusatzmagazin kann für folgende Fälle verwendet werden:

- Werkzeugintensive Bearbeitungen aus beiden Magazinen. Die CNC-Steuerung mit Werkzeugverwaltung sorgt für die Bereitstellung der Werkzeuge.
- Bearbeitungsvorgänge mit hohem Werkzeugverschleiß. Sobald die Standzeit eines Werkzeuges abgelaufen ist, wird das Werkzeug über das Hauptmagazin in das Zusatzmagazin abgelegt. Das Schwesterwerkzeug 6 wird zur gleichen Zeit mit dem Zusatzdoppelgreifer aus dem Zusatzmagazin in das Hauptmagazin eingesetzt. Das verschlissene Werkzeug wird durch einen Computer auf dem Bildschirm als gesperrt gekennzeichnet. Verschlissene Werkzeuge können durch Industrieroboter oder durch Portalladeeinheiten zum Werkzeugzentrallager zurückgebracht und durch neues Werkzeug ausgetauscht werden, so daß ein ständiger Werkzeugkreislauf entsteht.

In Abbildung 1.122 ist eine Werkzeugwechseleinrichtung der Firma Burkhardt & Weber dargestellt. Das Werkzeugmagazin in Regalbauweise 10 wird neben der Maschine aufgestellt. Es wird in zwei Versionen angeboten, einer kleineren mit 40 und einer großen mit 168 Werkzeugplätzen 5; es ist für Werkzeuge bis zu 25 kg Eigengewicht geeignet. Das Bearbeitungszentrum besteht aus einem sich in X-Richtung bewegenden NC-Rundtisch 1, einem in Y-Richtung bewegbaren Spindelstock mit Hauptspindel 3 und einem in der Z-Achse verfahrbaren Fahrständer. Das Werkzeughandhabungsgerät 8 ist auf Führungsschiene 9 in A-Richtung und auf Führungsschiene 6 in B-Richtung verfahrbar. Durch die Bewegungen in der A- und B-Achse wird der Werkzeuggreifer aus Warteposition 7 in Greifstellung hinter das gewünschte Werkzeug gebracht. In C-Richtung wird der Greifer über den Steilkegel des Werkzeughalters geschoben, das Werkzeug wird gefaßt und in A-Richtung aus dem Regal gezogen. Der Werkzeuggreifer fährt anschließend in Wechselstellung 4. Dort angekommen, schwenkt der Greifer um 90° um die D-Achse, so daß sich Greiferachse und Hauptspindelachse in einer Linie befinden. Doppelgreifer 2 tauscht die Werkzeuge zwischen Hauptspindel und Greifer aus, das gebrauchte Werkzeug wird mit dem Greifer in das Regal abgelegt.

Abbildung 1.123 zeigt eine Werkzeugwechseleinrichtung der Firma Hüller-Hille. Das Bearbeitungszentrum hat die Bewegungsachsen X, Y, Z, das Werkzeughandhabungsgerät verfügt über die Bewegungsachsen A, B, C, D. Werkzeugmagazin 9 besteht aus mehreren Magazinkassetten 8, die auf der Rückseite des Bearbeitungszentrums in dafür vorgesehene Führungen eingeschoben werden. Werkzeugmagazine nehmen 3 - 5 Magazinkassetten auf. Die Kassetten werden entweder von Hand mit Hilfe eines Hubwagens oder automatisch durch einen induktiv gesteuerten Transportwagen in den Magazinraum eingeschoben. Der Magazinraum ist gekapselt, um die Werkzeuge vor Verschmutzung zu schützen. Beim Werkzeugwechsel wird Greifer 5 des Werkzeughandhabungsgerätes 4 durch Bewegung A in den Führungen 6 und durch Bewegung B in den Führungen 7 über dem Werkzeug in Stellung gebracht. Anschließend fährt der Greifer in C-Richtung nach unten und greift den Werkzeughalter. Durch Bewegung in der A-

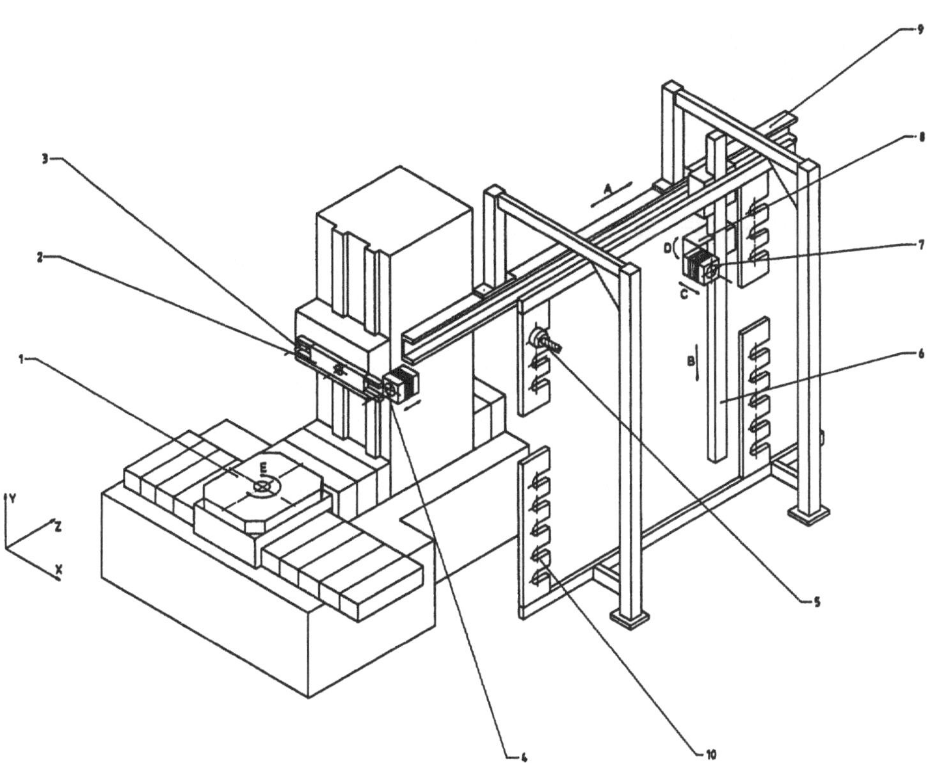

Abb. 1.122: Werkzeugwechseleinrichtung durch Doppelgreifer, Werkzeugmagazin in Regalbauweise, Werkzeughandhabungsgerät und Werkzeuggreifer (Burkhardt & Weber)

oder B-Achse wird der Werkzeughalter aus der Kassette gezogen, der Greifer schwenkt um 90° um die D-Achse, so daß das Werkzeug eine horizontale Lage einnimmt. Der Greifer wird anschließend durch Bewegungen in den A-, B- und C-Achsen in die Werkzeugwechselstellung gebracht. Doppelgreifer 2 schwenkt aus der Ruhestellung um 90°, faßt die Werkzeuge aus der Bearbeitungsspindel 1 und aus dem Werkzeughandhabungsgerät und zieht sie heraus, schwenkt um 180° und setzt die vertauschten Werkzeuge wieder ein. Nachdem in dieser Weise das Werkzeug ersetzt worden ist, fährt das Werkzeughandhabungsgerät das gebrauchte Werkzeugteil zurück zur Magazinkassette. Zum Schluß schwenkt schließlich der Doppelgreifer um 90° zurück in seine Ruhelage. Die Werkzeughalter 10 sind mit Steilkegel nach DIN 69871/72 A50 versehen. Das Kassettensystem zeichnet sich durch besondere Flexibilität aus; es ermöglicht bei geänderter Bedarfslage eine einfache und zeitsparende Umstellung des Werkzeugmagazins. Die defekten und verschlissenen Werkzeuge können in einem „Input-Output"-Magazin gesondert gesammelt werden.

In Abbildung 1.124 sind die verschiedenen Möglichkeiten zur Befüllung des Kettenmagazins 2 dargestellt:

1. Industrieroboter 3 übernimmt den Werkzeugaustausch zwischen EURO-Palette 4 und Kettenmagazin 2 (Abb. 1.124 a).

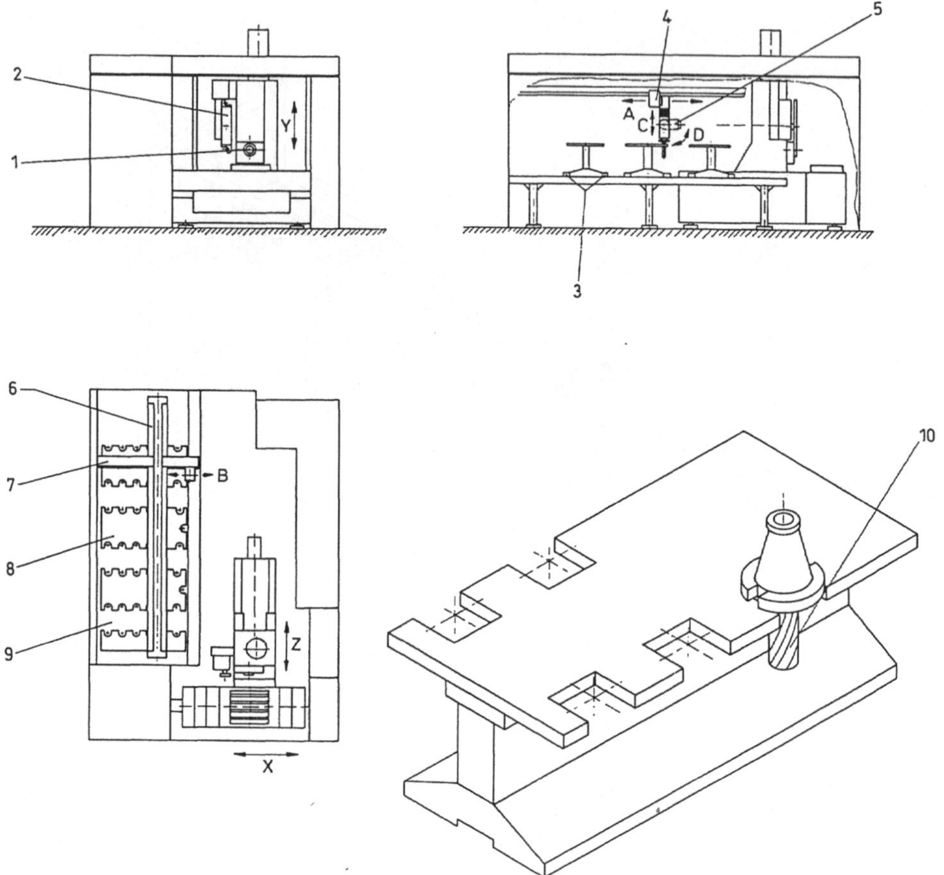

Abb. 1.123: Werkzeugwechseleinrichtung durch Werkzeughandhabungsgerät mit Greifer, Doppelgreifer und Werkzeugmagazin mit Kassetten (Hüller-Hille)

2. Portalladeeinheit 7 tauscht mit Greifer 6 die Werkzeuge aus EURO-Palette 4 und Kettenmagazin 2 aus (Abb. 1.124b). Die Palette wird vorher durch das Transportsystem 8 zur Be- und Entladestation transportiert. Diese Befüllungsart wird angewendet, wenn mehrere werkzeugbestückte Paletten hinter dem Bearbeitungszentrum 1 in Wartestellung gebracht werden sollen. Der Industrieroboter wäre in diesem Falle nicht imstande, alle Paletten zu bedienen.
3. Ist für die Werkzeuge kein Transportsystem zur Be- und Entladestation vorhanden, werden die Werkzeuge im Werkzeugregal 9 untergebracht. Werkzeughandhabungseinheit 7 übernimmt dann mit Greifer 6 den Werkzeugaustausch zwischen Werkzeugregal und Kettenmagazin 2.

Abbildung 1.125 zeigt zwei benachbarte Bearbeitungszentren 1 und 2, die durch ein gemeinsames Zwischenregal 4 miteinander verbunden sind. Da beide Bearbeitungs-

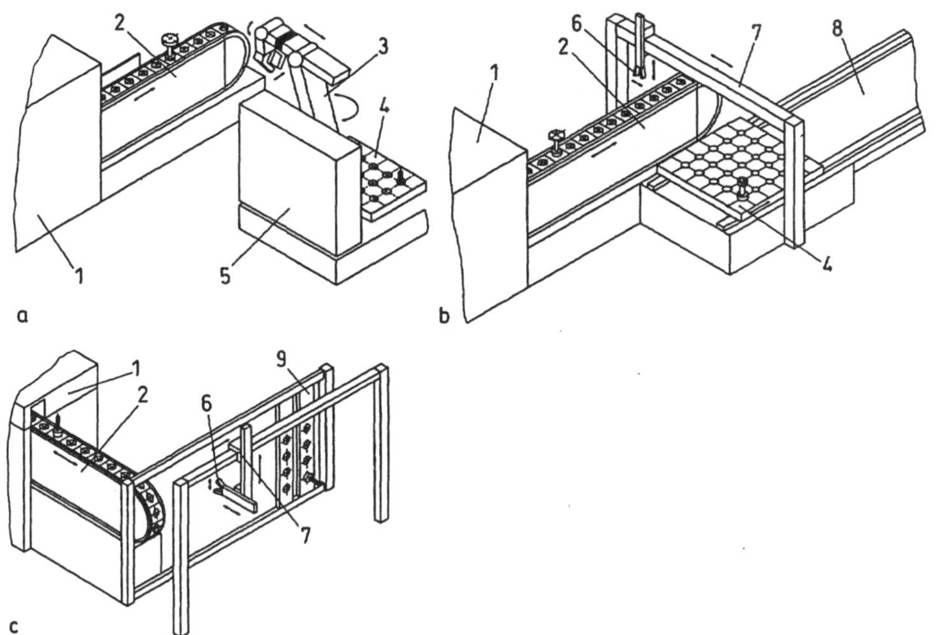

Abb. 1.124: Arten der Befüllung des Kettenmagazins (Steinel):
(a) Industrieroboter übernimmt den Werkzeugaustausch zwischen der EURO-Palette und dem Kettenmagazin (b) Portalladeeinheit tauscht die Werkzeuge aus EURO-Palette und Kettenmagazin aus (c) Werkzeughandhabungseinrichtung übernimmt den Werkzeugaustausch zwischen Werkzeugregal und Kettenmagazin

zentren über eigene Werkzeugregale 3 verfügen, stehen jedem einzelnen Bearbeitungszentrum die Werkzeuge aus drei Regalen zur Verfügung, das sind insgesamt bis zu 500 Werkzeuge. Die Werkzeugzufuhrgeräte übernehmen über Laufschienen 6 den Werkzeugtransport von den Maschinenregalen zum gemeinsamen Zwischenregal. Die Maschinen sind mit dem schienengebundenen Palettentransportsystem 8 an ein Werkstückmagazin angeschlossen. Die Maschinenregale sind mit Steuerung 7, das gemeinsame Zwischenregal mit Steuerung 5 ausgerüstet.

In Abbildung 1.126 ist ein vierspindliges Bearbeitungszentrum mit Trommelmagazin und schwertförmigem Wechselarm dargestellt. Auf dem Umfang des Trommelmagazins 7 befinden sich die einzelnen Aufnahmekassetten mit oder ohne Werkzeugsatz (Pos. 8 und 5). Jede Aufnahmekassette kann bis zu acht, das Trommelmagazin bis zu 288 Werkzeuge aufnehmen. Vor dem Werkzeugwechsel wird die benötigte Aufnahmekassette in waagerechte Wechselstellung gebracht. Der in der Trommel eingebaute Schieber 6 drückt die Kassette in C-Richtung aus der Trommel. Nach Erreichen der endgültigen Position befindet sich die Kassette über dem schwertförmigen Wechselarm 4, der auf Ober- und Unterseite mit jeweils vier Greifern ausgerüstet ist. Die vier Greifer einer Seite fassen jedes zweite Werkzeug einer Kassette am Flansch, während der Schieber die Kassette in die Trommel hineinschiebt. Der CNC-gesteuerte, über Kugelrollspindel 3 angetriebene Wechselarm fährt in den Führungen des Antriebskastens 2 in A-Richtung

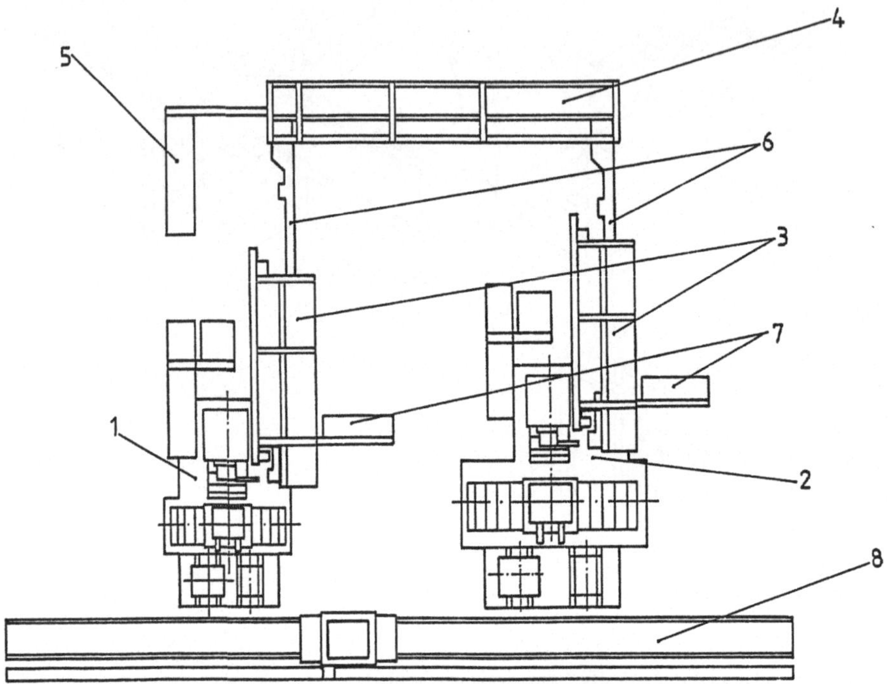

Abb. 1.125: Verkettung von zwei Bearbeitungszentren mit eigenen Werkzeugregalen durch ein gemeinsames Zwischenregal (Burkhardt & Weber)

und anschließend nach oben (Bewegung B). Das Bearbeitungszentrum 1 nimmt durch
Bewegungen in X-, Y- und Z-Richtung eine Werkzeugwechselposition ein. Die unteren
Greifer des Wechselarmes fassen die Werkzeuge, die sich in den Spindeln der Maschinen befinden. Durch Bewegung des Bearbeitungszentrums in Z-Richtung werden die
Werkzeuge aus den Hauptspindeln herausgezogen. Der Wechselarm fährt anschließend
in B-Richtung nach unten, die Maschine fährt erneut in die Werkzeugwechselstellung
und nimmt die neuen Werkzeuge auf. Der Wechselarm fährt in den Magazinraum
zurück und legt die nicht mehr benötigten Werkzeuge in das Trommelmagazin ab. Die
Werkzeugwechselzeit beträgt 2,5 Sekunden pro Spindel.

1.15.4   Materialflußsysteme für Werkstücke

Materialflußsysteme für Werkstücke sind innerhalb eines flexiblen Fertigungssystems
zuständig für

- den Transport der Werkstücke und
- die Speicherung der Werkstücke.

Besteht ein flexibles Fertigungssystem nur aus wenigen Maschinen, die im einstufigen Bearbeitungssystem arbeiten, und sind dazu die Werkstückmaße klein, wird ein
Werkstücktransport von Hand angewandt.

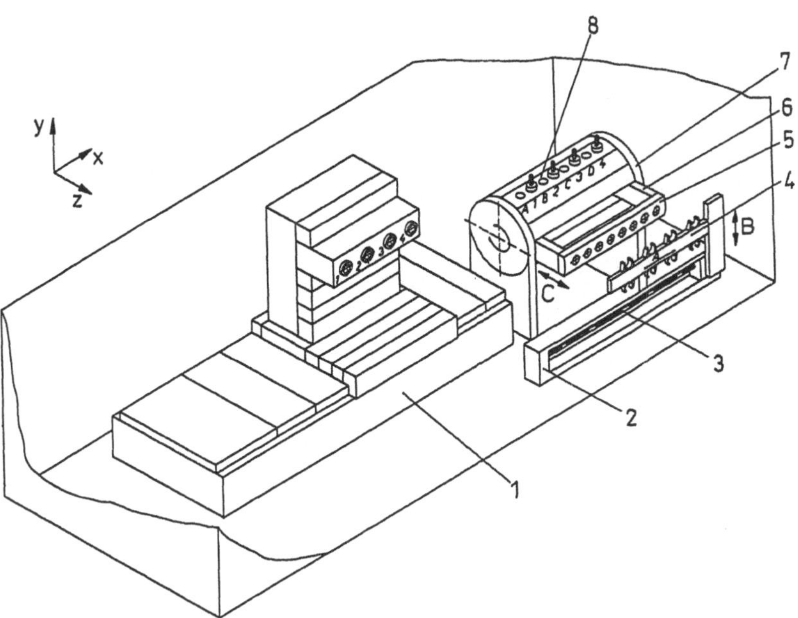

Abb. 1.126: Werkzeugwechseleinrichtung beim vierspindligen Bearbeitungszentrum TETRA-MILL durch Trommelmagazin, Aufnahmekassetten und schwertförmigem Wechselarm mit acht Greifern (Heckler & Koch)

Da beim einstufigen System alle Bearbeitungsvorgänge auf einer Maschine durchgeführt werden, sind die Bearbeitungszeiten länger und die Werkstückwechsel finden seltener statt. Die Werkstücke werden von Hand zur Maschine gebracht, auf einer Palette oder einem Spannbalken fixiert und der Maschine zur Bearbeitung übergeben.

Abbildung 1.127 zeigt ein Werkstücktransportsystem mit zwei umlaufenden Kunststoffbändern 9, auf denen die Stahlpaletten 3 mit Spanneinheit 2 und Werkstück 1 aufgebaut werden. Die Kunststoffbänder werden in den Hohlräumen der Führungsprofile 11 zurückgeführt. Stahlpalette 3 wird nicht direkt auf die Kunststoffbänder 9, sondern auf einen aus vier Kunststoffeinzelteilen zusammengesetzten Palettenträger 4 gelegt. Die Fixierung der Stahlpaletten auf dem Palettenträger übernehmen vier Stifte 12. Auf Palette 3 werden die Spanneinheit 2 mit Werkstück 1 sowie die Kodespeicher 5 und der Palettenvereinzelner 6 befestigt. Kodeleser 8 und Kodesetzer 7 sind am Führungsprofil 10 angeschraubt. Der Kode wird vom Kodesetzer pneumatisch mit Stiften gesetzt und vom Kodeleser induktiv gelesen. Mit Hilfe der Kodespeicher werden die Paletten, die je nach Einsatzzweck eine Größe von 160x160 mm bis zu 480x480 mm haben, zu einer Maschine zielkodiert. Damit die Paletten zu den einzelnen Bearbeitungsmaschinen gelangen können, müssen sie durch Querhubeinheiten aus- und eingeschleust werden.

Abbildung 1.128 zeigt ein flexibles Fertigungssystem, das mit dem Werkstücktransportsystem aus Abb. 1.127 ausgerüstet ist. Vier Bearbeitungszentren mit integrierter Waschanlage 11 sind mit Kettenmagazin 12 und Späneförderer 13 dargestellt. Auf dem Maschinentisch befinden sich Schnellspannplätze für zwei Paletten 14. Auf der Be- und Entladestation 9 werden die Stahlpaletten in die Palettenträger eingesetzt.

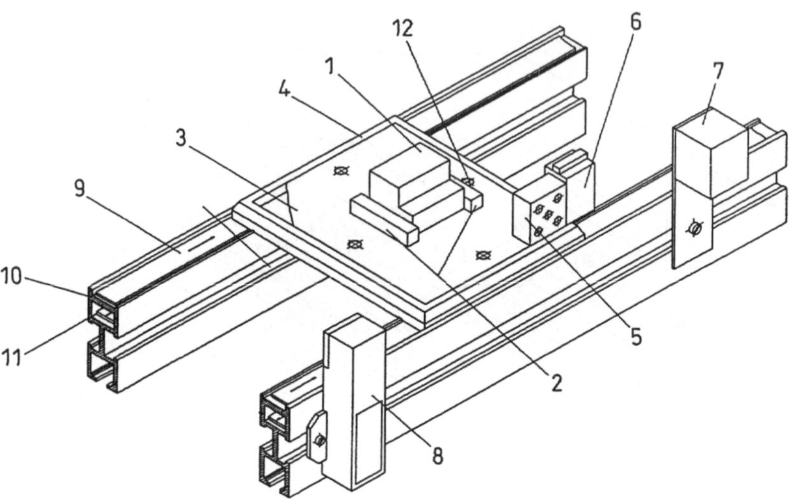

Abb. 1.127: Werkstücktransportsystem BOSCH-FMS mit umlaufenden Kunststoffbändern (Bosch)

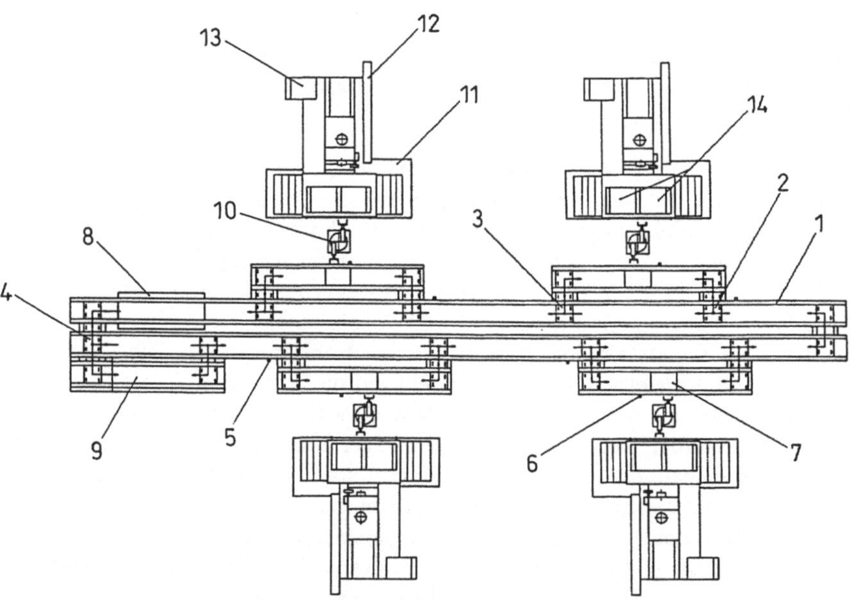

Abb. 1.128: Anwendung des Werkstücktransportsystems BOSCH-FMS an einem flexiblen Fertigungssystem

Die Paletteneinheit wird durch die Querhub-Einheit 4 in das Bosch-FMS-Bandkarree 1 eingeschleust und pneumatisch kodiert. Wenn die erste Bearbeitungsmaschine angesteuert werden soll, wird die Paletteneinheit erneut ausgeschleust. An der Hubstation für den Palettenwechsel 7 sind Hübe zwischen 1,5 mm und 200 mm einstellbar. Bei

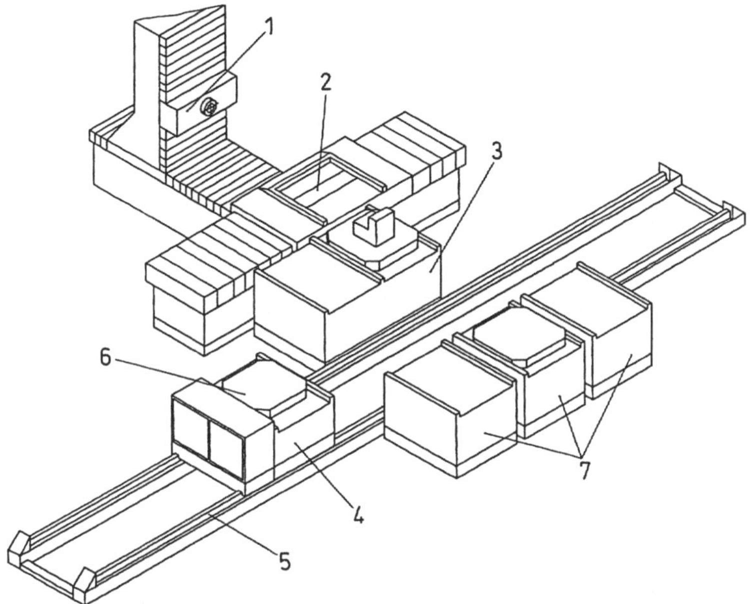

Abb. 1.129: Schienengebundenes Werkstücktransportsystem (Fritz Werner)

einem neuen Arbeitsdruck von 6 bar beträgt die maximale Hubkraft 1550 N. Auf dieser
Station werden die Paletten auf die Greifhöhe der Handhabungsgeräte befördert. Damit eine eindeutige Programmzuordnung zum Werkstück erfolgt, befindet sich auf der
Werkstückpalette ein Palettenvereinzelner, der in der Lage ist, ca. 500 Werkstücke zu
kodieren. Ein induktiver Lesekopf (Pos. 5), der sich oberhalb der Bearbeitungsspindel
befindet, liest den Werkstückkode und ruft in der Bearbeitungsmaschine das richtige
CNC-Bearbeitungsprogramm auf. Nach der Bearbeitung wird die Palette entweder um-
kodiert und läuft dann eine neue Station an, oder sie wird endgültig ausgeschleust. Die
Querhub-Einheit zum Einschleusen ist auf diesem Bild mit Pos. 3 und die Querhub-
Einheit zum Ausschleusen mit Pos. 2 bezeichnet. Palettenwechsler 10 dienen als Ver-
bindung zwischen den Bearbeitungszentren und dem Materialflußsystem Bosch-FMS.
Der Kodesetzer 6 ist am Führungsprofil angeschraubt.

Schienengebundene Werkstücktransportsysteme werden häufig angewandt und von
vielen Firmen angeboten. Abbildung 1.129 zeigt ein schienengebundenes Werkstücktransportsystem der Firma Fritz Werner. Das Bearbeitungszentrum 1 hat den Maschinentisch 2, der mit Palettenaufnahme und integriertem Schieber ausgestattet ist.
Es werden meistens EURO-Paletten 800 mm x 800 mm (Pos. 6) angewandt, die mit
dem schienengebundenen Werkstücktransportsystem 4 auf den Fahrschienen 5 transportiert werden. Die Geschwindigkeit des Transportwagens liegt im Durchschnitt bei
30 m/min. Der Transportwagen ist wie auch der Doppelpalettenwechsler 3 mit einem
Schieber ausgestattet, der die Paletten um 90° zur Bewegungsrichtung in die Maschine
oder auf einen der Speicherplätze schiebt. Die Spann- und Entladeplätze sowie die
Speicherplätze werden entlang der Schiene aufgebaut (Pos. 7). Auf diesen Plätzen
werden die Werkstücke nach dem Aufspannen abgelegt. Die Palettendaten erhält

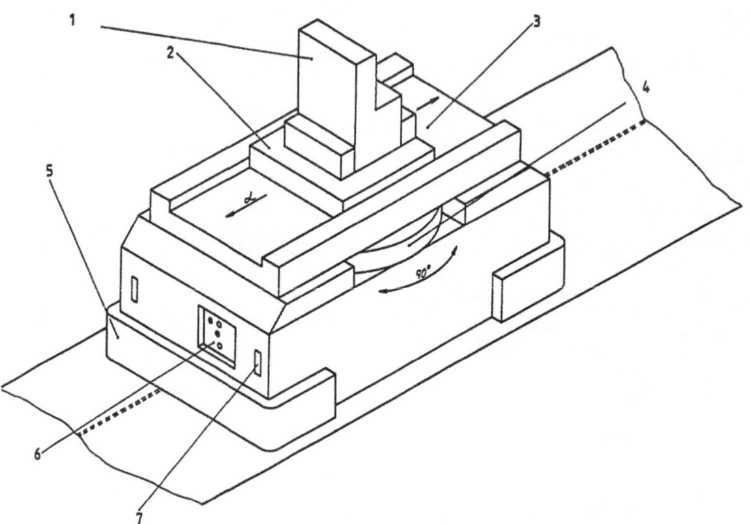

Abb. 1.130: Induktivgesteuertes Werkstücktransportsystem FTS (Hüller Hille)

der Computer, der dann die Auftragslage systematisch erfaßt. Der Werkstücktransportvorgang wird wie folgt durchgeführt. Das Werkstück wird am Rüstplatz auf die Palette gespannt. Der Werkstücktransportwagen holt die Palette ab und legt sie, wenn die Bearbeitungsmaschine besetzt ist, auf einem der Speicherplätze ab. Ist die Bearbeitungsmaschine frei, wird die Palette mit dem Werkstück durch den Werkstücktransportwagen zum Doppelpalettenwechsler transportiert, der die Palette aufnimmt. Der Tisch der Bearbeitungsmaschine fährt in eine Werkstückwechselstellung und übergibt dem Palettenwechsler die Palette mit dem fertigen Werkstück. Anschließend fährt der Maschinentisch zu der Palette mit dem unbearbeiteten Werkstück und nimmt sie auf. In der Bearbeitungsmaschine wird die Palette identifiziert und das entsprechende Bearbeitungsprogramm aufgerufen. Die Steuerung, die die Paletten verwaltet, gibt zu jeder Zeit Auskunft, wo sich die Paletten befinden. Steuerungstechnisch ist es möglich, gewisse Fertigungsprioritäten in den Rechner einzugeben. So lassen sich Werkstücke, die zur gleichen Baugruppe gehören, gleichzeitig bearbeiten, damit keine Zwischenlagerung notwendig wird.

Eine völlig neue Lösungsvariante bieten induktiv gesteuerte Werkstücktransportsysteme. Der mechanische Aufwand dieses Transportsystems ist geringer als der schienengebundener Systeme, da weder Schienen noch Befestigungsfüße erforderlich sind. Ein weiterer Vorteil induktiv gesteuerter Transportsysteme ist, daß sie alle Stationen eines flexiblen Fertigungssystems bedienen können und damit gleichzeitig als Werkzeugtransportsystem eingesetzt werden können. Ferner läßt sich bei Umstellung eines flexiblen Fertigungssystems auf einen neuen Arbeitsablauf die erforderliche Anpassung des Transportsystems mit induktiv gesteuerten Systemen sehr einfach bewerkstelligen; da gerade in Hinsicht auf Flexibilität immer höhere Anforderungen gestellt werden, ist eine zunehmende Verbreitung dieser Transportsysteme zu erwarten.

In Abbildung 1.130 ist das induktivgesteuerte Werkstücktransportsystem FTS dar-

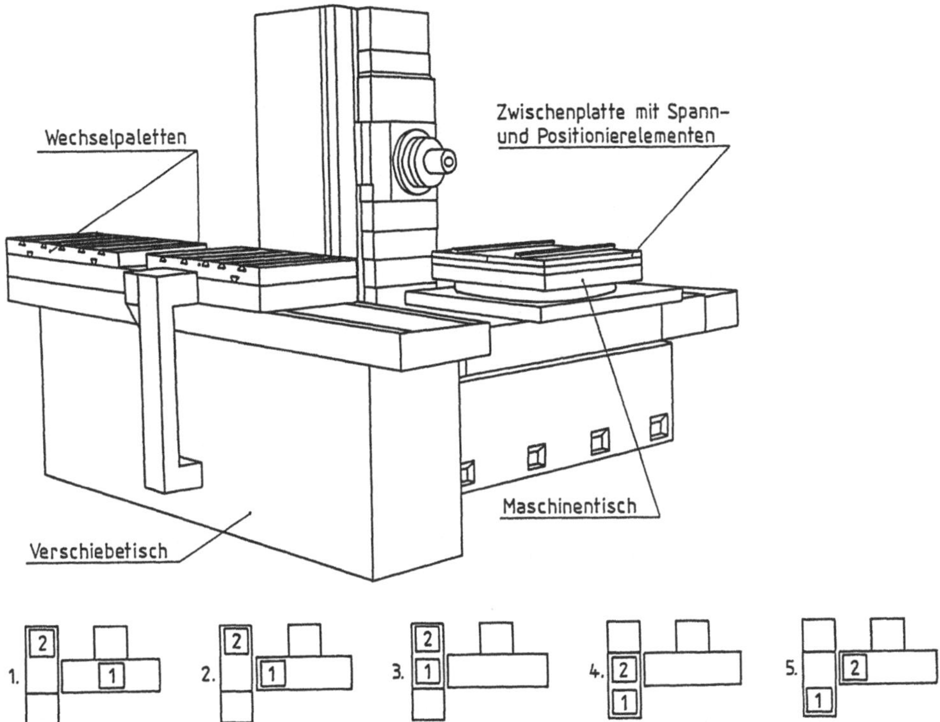

Abb. 1.131: Palettenwechseleinrichtung mit Verschiebetisch (A. Römheld)

gestellt. Auf dem Rammschutz 5 wird der Transportwagen mit Rundtisch 4, Paletten-
antrieb 3 und der Palette mit Spanneinheit 2 aufgebaut. In der Spanneinheit werden
die Werkstücke 1 aufgenommen und gespannt. An der Frontseite des Transportwagens
werden Schalterfeld 6 und Fahrtrichtungsanzeiger 7 untergebracht. Der entlang der
Achse α linear bewegbare Transportwagen, ist mit einem Schieber ausgestattet und
verfügt über eine Drehvorrichtung, die die Palette um 90° schwenkt. Auf diese Art
lassen sich die Paletten auch dann absetzen, wenn der Transportwagen die Stationen
nicht stirnseitig anfahren kann. Der Transportwagen wird durch eine frei programmierbare Steuerung gesteuert, die die Koordination der Transporte mit den Be- und
Entladestationen und den Bearbeitungsmaschinen übernimmt.

Bei manchen Ausführungen fahren die Transportwagen eine Induktionsschleife im
Boden ab, andere Ausführungen orientieren sich an Fahrbahnmarkierungen.

In den Abbildungen 1.131–1.134 sind verschiedene Funktionsabläufe des Paletten-
wechsels dargestellt. Die Palettenwechselzeit wird von der Reihenfolge der Palettenbe-
wegungen entscheidend beeinflußt.

Bei der in Abbildung 1.131 dargestellten Palettenwechseleinrichtung mit Verschiebetisch ergibt sich folgender Funktionsablauf:

1. Während der Bearbeitungszeit auf Palette 1 wird ein Werkstück auf Palette 2 gespannt.

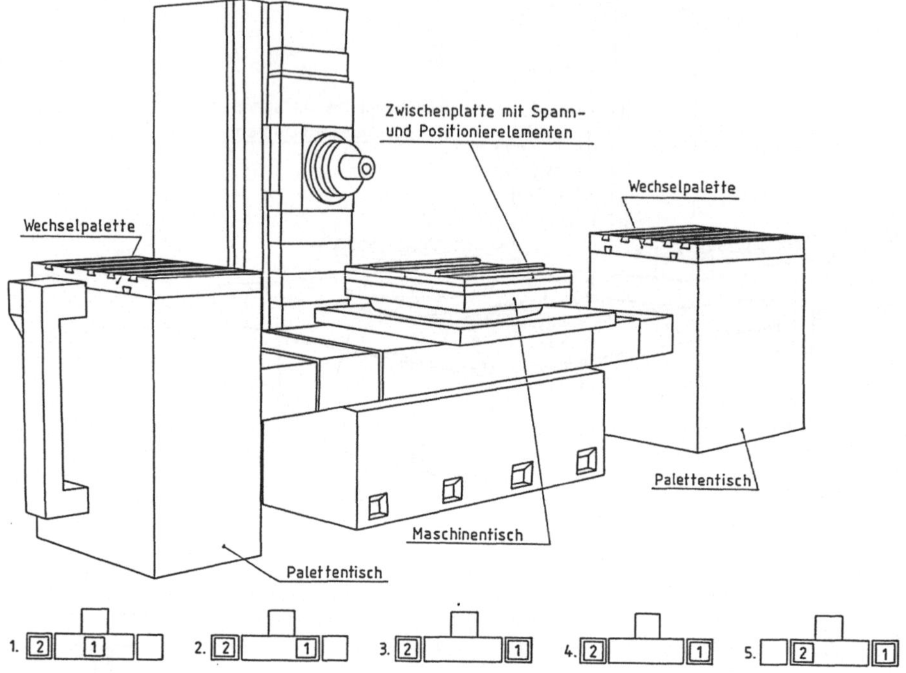

Abb. 1.132: Palettenwechseleinrichtung mit zwei Palettentischen (A. Römheld)

2. Der Maschinentisch fährt in Übergabeposition.
3. Palette 1 wird auf den Verschiebetisch gezogen.
4. Der Verschiebetisch bewegt sich mit beiden Paletten in dargestellter Richtung.
5. Palette 2 wird auf den Maschinentisch gezogen.

Die in Abbildung 1.132 abgebildete Palettenwechseleinrichtung hat folgenden Funktionsablauf:

1. Während der Bearbeitungszeit auf Palette 1 wird ein Werkstück auf Palette 2 gespannt.
2. Der Maschinentisch fährt in Übergabeposition.
3. Palette 1 wird auf den rechten Palettentisch gezogen.
4. Der Maschinentisch fährt in die linke Endstellung.
5. Palette 2 wird auf den Maschinentisch geschoben.

Für den Funktionsablauf der in Abb. 1.133 dargestellten Palettenwechseleinrichtung gilt:

1. Während der Bearbeitungszeit auf Palette B wird ein Werkstück auf Palette A gespannt.
2. Der Maschinentisch fährt in Übergabeposition.
3. Palette B wird auf den Palettenwechseltisch gezogen.
4. Der Palettenwechseltisch schwenkt um 180°.
5. Palette A wird auf den Maschinentisch gezogen.

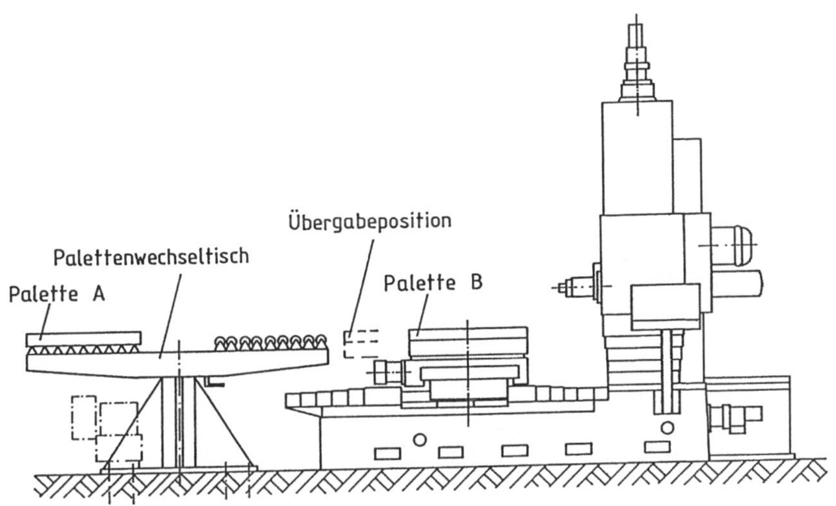

Funktionsablauf beim Plattenwechseln

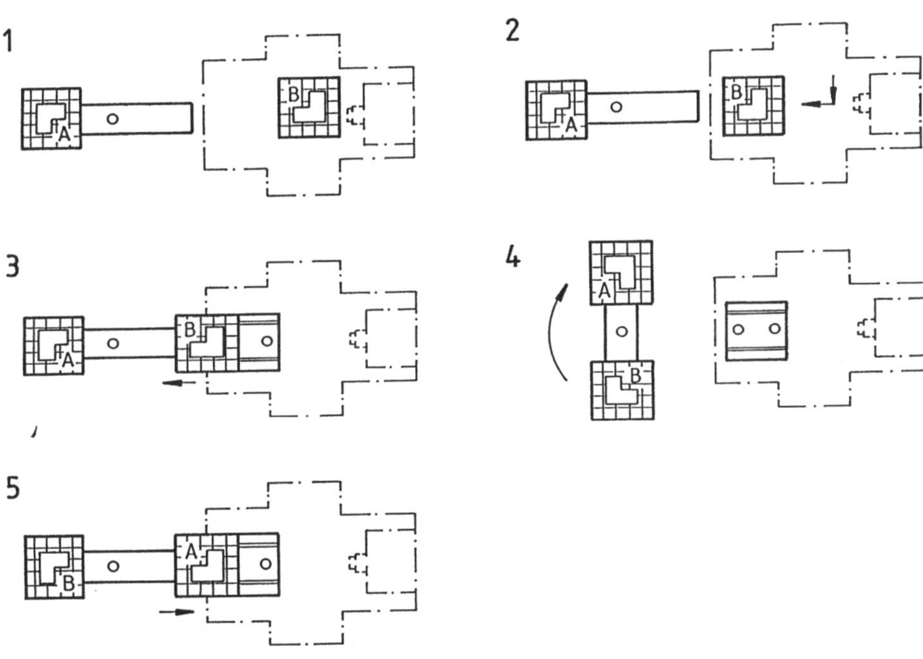

Abb. 1.133: Palettenwechseleinrichtung mit schwenkbarem Palettenwechseltisch (A. Römheld)

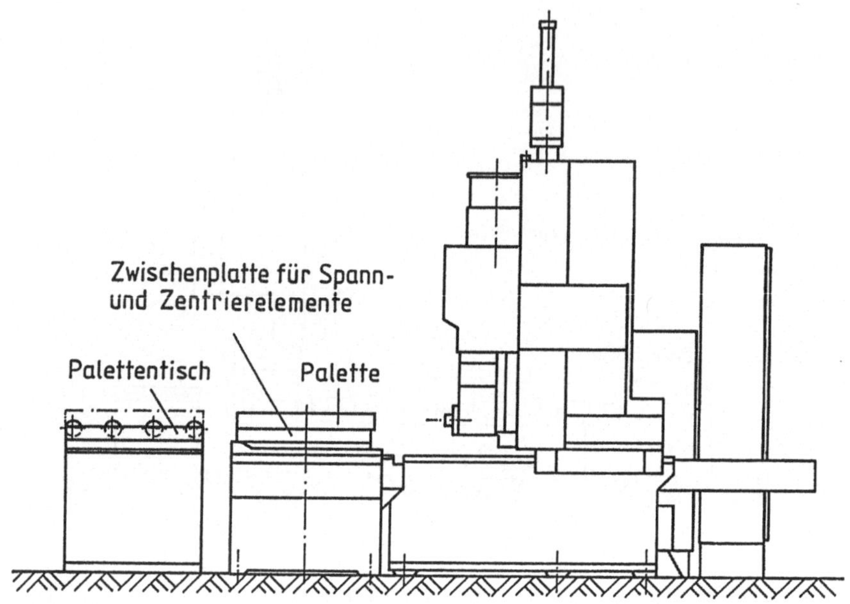

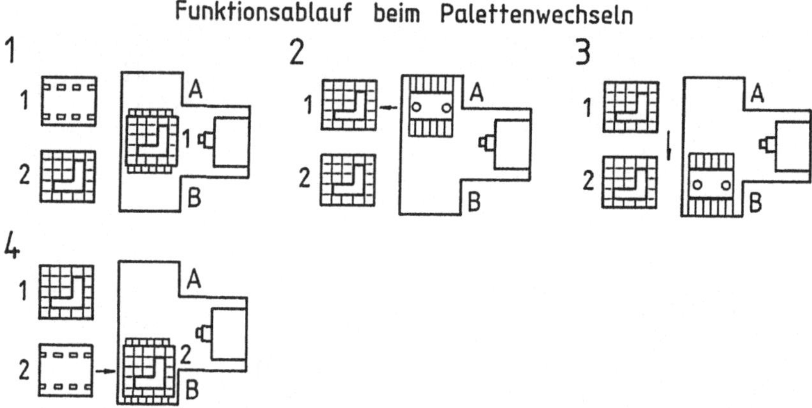

Abb. 1.134: Palettenwechseleinrichtung mit festem Palettentisch (A. Römheld)

Die in Abbildung 1.134 abgebildete Palettenwechseleinrichtung hat folgenden Funktionsablauf:

1. Während der Bearbeitungszeit auf Palette 1 wird ein Werkstück auf Palette 2 gespannt.
2. Der Maschinentisch fährt in Übergabeposition A. Palette 1 wird auf den Palettentisch 1 gezogen.
3. Der Maschinentisch fährt in Übergabeposition B.
4. Palette 2 wird auf den Maschinentisch geschoben.

141

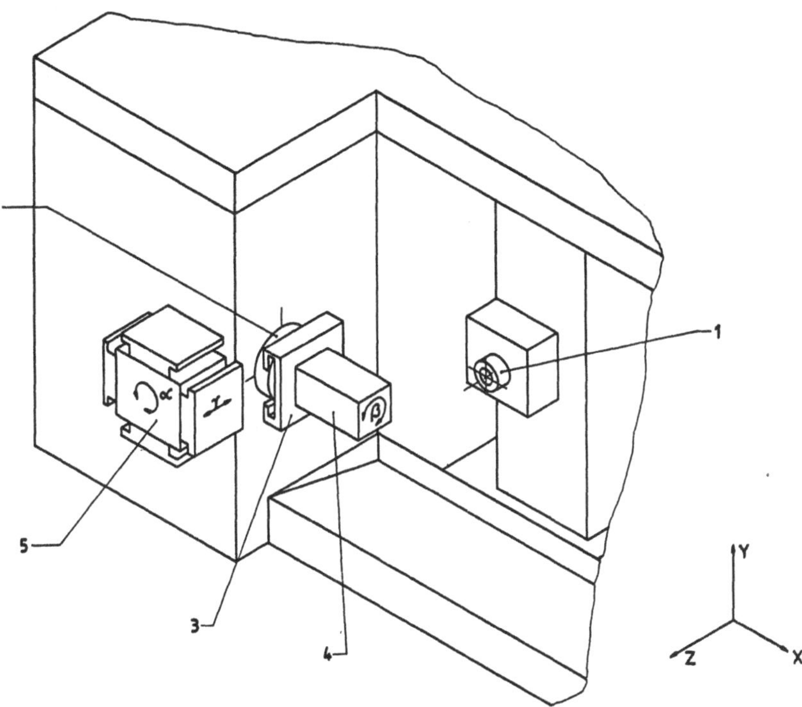

Abb. 1.135: Werkstückwechselsystem mit dem Rotationspalettenspeicher MPS (Steinel)

In den Abbildungen 1.135–1.137 wird der Werkstückwechsel verschiedener Systeme dargestellt.

In Abbildung 1.135 ist ein Werkstückwechselsystem mit Rotationspalettenspeicher MPS der Firma Steinel dargestellt. Der (an der Bearbeitungsmaschine befestigte) Rotationskörper mit integriertem Schieber kann vier Paletten aufnehmen.

Für den Werkstückwechsel wird Palette 3 in die waagerechte Palettenwechselstellung gebracht. Der Schieber des Rotationskörpers 5 schiebt die Palette in der γ-Achse über die Umgriffe des NC-Rundtisches 2, die Palette wird anschließend geklemmt. Die Palette besitzt eine Kodierleiste, die die Werkstückinformationen enthält. Ein Lesekopf liest die Informationen und ruft das entsprechende Bearbeitungsprogramm in der Maschine auf. Die erste Seite der auf Spannwürfel 4 befestigten Werkstücke wird durch Bearbeitungsspindel 1 bearbeitet. Der Rundtisch schwenkt um 90° um die β-Achse und wechselt auf diese Weise die Werkstücke innerhalb kürzester Zeit. Sind alle der sich auf den vier Seiten des Spannwürfels befindenden Werkstücke bearbeitet, wird die Palette in γ-Richtung auf den Rotationskörper zurückgeschoben. Der Rotationskörper schwenkt um die α-Achse zur nächsten Palette, und der beschriebene Vorgang beginnt von neuem. Da auf die vier Seiten des Spannwürfels je acht Werkstücke aufgenommen werden können, lassen sich beim Einsatz von vier Paletten insgesamt 32 Werkstücke bevorraten.

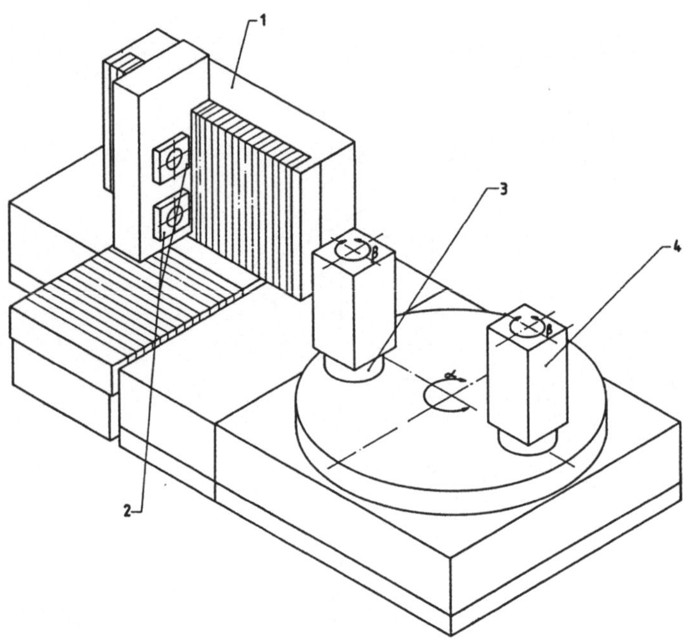

Abb. 1.136: Werkstückwechselsystem mit zwei auf einem Rundtisch aufgebauten Spanntürmen (Heckler & Koch)

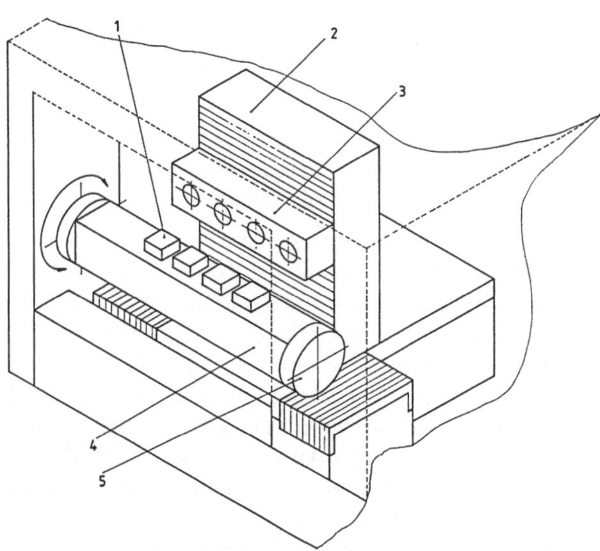

Abb. 1.137: Werkstückwechselsystem mit Spannbalken (Heckler & Koch) Pos. 2: Maschine Pos. 3: Spindelkasten

Abbildung 1.136 zeigt das Werkstückwechselsystem des zweispindligen Bearbeitungszentrums DUO-Mill der Firma Heckler & Koch.

Bei diesem System werden zwei Spanntürme 4, die je vier Spannflächen von jeweils 430x200 mm besitzen, auf eigenen Planetenrundtischen 3 mit Durchmesser 320 mm befestigt. Die Planetenrundtische befinden sich selbst auf einem großen Rundtisch, der mit dem Bett der Bearbeitungsmaschine 1 fest verbunden ist. Nachdem alle Stirnseiten der Spanntürme mit Werkstücken bestückt sind, werden die Werkstücke der ersten Stirnseite durch zwei Bearbeitungsspindeln 2 bearbeitet. Danach schwenkt der Spannturm um 90° um Achse β und bringt so die zweite Stirnseite in Bearbeitungsposition. Die Schwenkzeit, die für Abheben aus der Hirth-Verzahnung, Schwenken und Wiedereinrasten in die Hirth-Verzahnung erforderlich ist, beträgt ca. 2 Sekunden. Sind alle Werkstücke des ersten Spannturmes fertig bearbeitet, so wird der große Rundtisch um 180° um die α-Achse geschwenkt; die Taktzeit hierfür beträgt ca. 4 Sekunden. Nach der Bearbeitung aller Werkstücke wird der Werkzeugsatz der Bearbeitungsmaschine gewechselt.

Abbildung 1.137 zeigt das Werkstückwechselsystem des vierspindligen Bearbeitungszentrums TETRA-MILL der Firma Heckler & Koch. Bei diesem System wird für Werkstückaufnahme und Werkstückwechsel ein Spannbalken der Spannfläche 1100 mm x 250 mm verwendet. Auf jede Spannfläche des Spannbalkens 4 werden normalerweise vier Werkstücke aufgenommen. Der Spannbalken wird mit Hilfe eines NC-Rundtisches 5 um jeweils 90° geschwenkt. So lassen sich die Werkstücke in jeder Spannlage von drei Seiten bearbeiten. Zum Bestücken des Spannbalkens kann zum Beispiel eine Portalladeeinheit verwendet werden. Nach der Bearbeitung legt der Greifer der Portalladeeinheit die Werkstücke 1 wieder in den Werkstückkasten ab. Sind alle Werkstücke bearbeitet, so wird der Werkstückkasten zur nächsten Station weiterbefördert.

2 Umformende Maschinen

2.1 Übersicht der Umformverfahren und Umform-maschinen

Als Umformen bezeichnet man die plastische Verformung eines Werkstoffs im festen
Aggregatzustand. Bei diesem spanlosen Fertigungsverfahren mit geringem Materialab-
fall bleibt der Faserverlauf im Werkstück ununterbrochen, die Werkstoffestigkeit wird
im allgemeinen sogar erhöht.

Nach DIN 8582 wird das Umformen in folgende Fertigungsverfahren unterteilt
(Abb. 2.1):

- Druckumformen,
- Zugdruckumformen,
- Zugumformen,
- Biegeumformen,
- Schubumformen.

Umformmaschinen werden nicht nach diesen Fertigungsverfahren eingeteilt, da mit
derselben Maschine mit Hilfe verschiedener Werkzeuge nach verschiedenen Umformverfahren gefertigt werden kann.

Nach Maschinenart und Maschinenfunktion unterteilt man Umformmaschinen in:

- Hämmer (Schabottehammer, Gegenschlaghammer)
- Pressen (mechanische, hydraulische, pneumatische Pressen)
- Biegemaschinen (Rollbiege-, Wälzbiege-, Schwenkbiege-, Umlaufbiegerichtmaschinen),
- Ziehmaschinen (Gleitzieh-, Walzzieh-, Streckrichtmaschinen),
- Wälzmaschinen (Längswalz-, Querwalz-, Schrägwalzmaschinen).

Zusätzlich unterscheidet man Umformmaschinen noch nach dem zugrundegelegten
Funktionsprinzip:

- Energiegebunden (Hämmer, Spindelpressen)
- Kraftgebunden (hydraulische Pressen, schwungradlose Spindelpressen),
- Weggebunden (Kurbelpressen, Exzenterpressen, Kniehebelpressen).

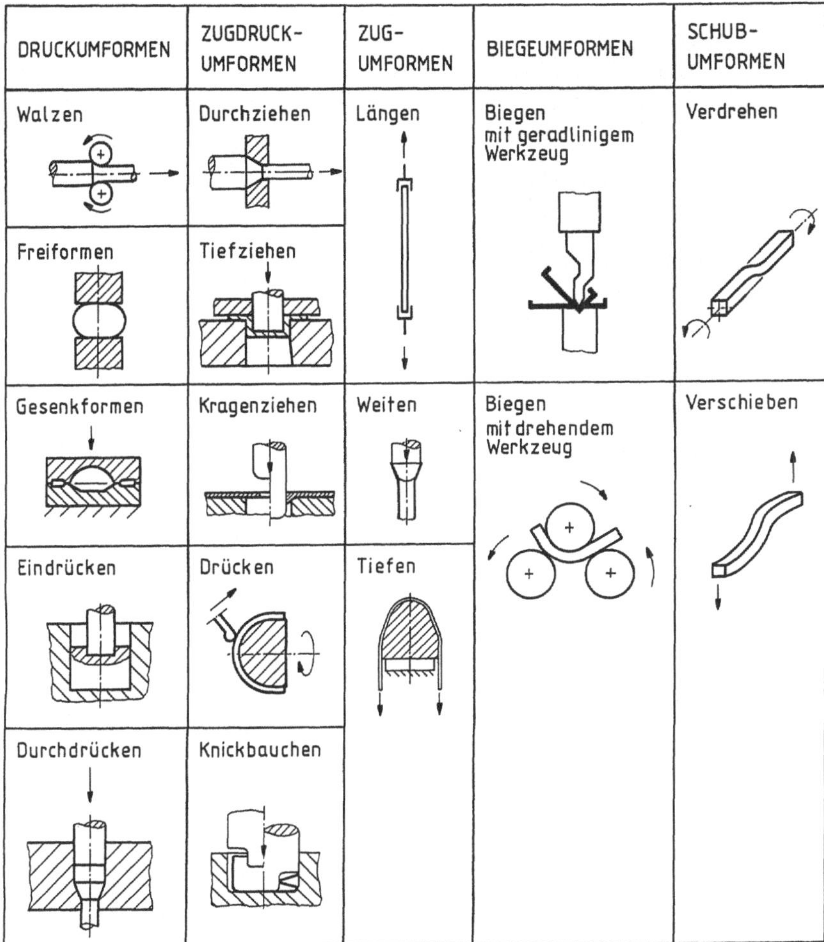

Abb. 2.1: Einteilung des Umformverfahrens

2.2 Hämmer

Hämmer sind energiegebundene Umformmaschinen, die zum Erzeugen großer Kräfte geeignet sind. Da das Hammergestell und der Hammerantrieb beim Arbeitsvorgang nicht im Kraftfluß liegen, können diese Umformmaschinen nicht überlastet werden.

Hämmer werden nach der Art der bewegten Massen in

- Schabottehammer und
- Gegenschlaghammer

unterteilt.

Beim Schabottehammer werden die Kräfte von dem beschleunigten Bär über die feststehende Schabotte auf das Maschinenfundament übertragen.

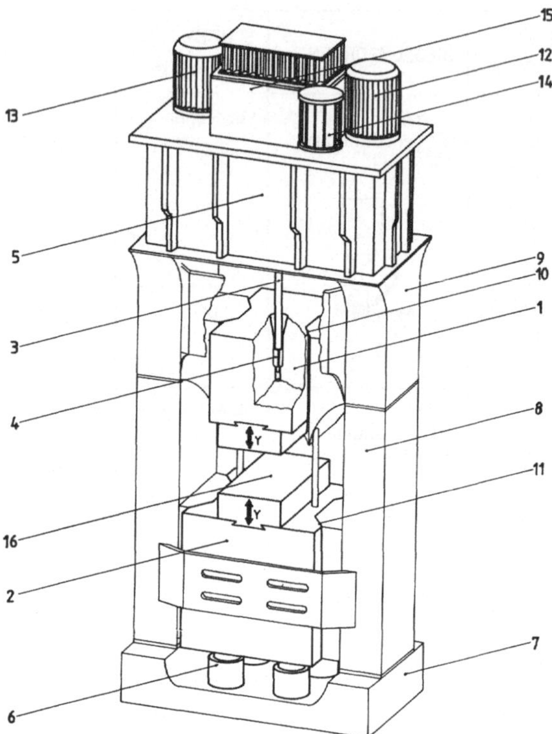

Abb. 2.2: Vollhydraulischer Gegenschlaghammer GH (Lasco)

Gegenschlaghämmer zeichnen sich dadurch aus, daß der Ober- und Unterbär mit gleicher Geschwindigkeit gegeneinanderschlagen. Die beim Aufprall der Bären entstehenden Kräfte heben sich theoretisch auf, so daß nur kleine Maschinenfundamente erforderlich sind.

In Abbildung 2.2 ist ein vollhydraulischer Gegenschlaghammer dargestellt. In dem als Ölbehälter ausgebildeten Hammerkopf 5 werden alle hydraulischen und elektrischen Antriebsgeräte wie Hydraulikzylinder, Behälter 15, Ölfilter 14, Ventile, Axialkolbenpumpe und Drehstrommotoren 12 und 13 untergebracht. Der Hammerkopf ist auf dem Maschinengestell, das aus der Grundplatte 7, dem Ständer 8 und der Traverse 9 besteht, befestigt. Der Oberbär 1 und der Unterbär 2 werden in der Y-Achse in den Führungen 10 und 11 geführt. In dem elastischen Bärschloß 4 wird die beim Schlag auftretende Massenkraft der biegeelastischen Kolbenstange 3 aufgenommen, um einen Bruch der Kolbenstange auszuschließen. Die resultierende Bärauftreffgeschwindigkeit beträgt ca. 6 m/s, die Endgeschwindigkeit des Unterbäres beträgt ca. 1,1 m/s. Die den Unterbär antreibenden Luftzylinder 6 sind in der Grundplatte untergebracht. Auf diese Art wird der Schlag beim Aufeinanderfahren der Bäre gedämpft und die Fundamentbelastung reduziert.

2.3 Pressen

Je nach Funktionsprinzip werden Pressen als

- energiegebunden
- kraftgebunden oder
- weggebunden

  bezeichnet.

  Nach der Art des Antriebes unterteilt man Pressen in

- mechanische Pressen,
- hydraulische Pressen und
- pneumatische Pressen.

  Mechanische Pressen werden nach DIN 69651 in

- Schwungradspindelpressen,
- Exzenter- und Kurbelpressen,
- Kniehebelpressen und
- Keilpressen

  aufgeteilt.

  In Abbildung 2.3 ist eine Schwungradspindelpresse dargestellt. Ein in einer Richtung ständig umlaufendes Schwungrad 3 wird durch einen Riemenantrieb bewegt. Nach Öffnen der Sicherheits-Scheibenbremse 1 ist der Stößelhub freigegeben. Bei der Hubeinleitung wird die Verbindung mit Antriebsspindel 4 über eine Schnellschaltkupplung 2 hergestellt. Der Pressenhub kann mit geringer Verzögerung eingeleitet werden, da das Schwungrad bereits mit voller Drehzahl umläuft und nur die relativ geringe Masse der Spindel 4, des Stößels 5 und der Kupplungsscheibe zu beschleunigen sind. Nach erfolgter Umformung wird die Spindel vom weiter umlaufenden Schwungrad getrennt. Mehrzweckzylinder 6 bringen den Stößel wieder in seine obere Ausgangsstellung. Der hydraulische Reversiermotor 7, der auf dem Spindelkopf befestigt ist, dreht dabei die Spindel rückwärts. Das Drucklager 8 wird beim Rückdrehen der Spindel entlastet und geschmiert. Der Stößel wird in einer langen und nachstellbaren Führung 12 in der Y-Achse geführt. Schwungrad 3 wird durch die Bremse 10 zum Stillstand gebracht. Der Pressenständer 11 mit einem heruntergezogenen Querhaupt ist vorgespannt, damit die Steifigkeit erhöht wird.

  In Abbildung 2.4 ist eine Exzenterpresse dargestellt. Das Maschinengestell 1 ist als einteiliges Zweiständergestell in Massivbauweise aus Stahlguß ausgeführt. Antriebsmotor 2 treibt über Riemen eine auf der Pressenrückseite gelegene Vorgelegewelle mit Ritzel 3 an. Das Antriebsmoment wird weiter auf das Schwungrad 4 und dann über die druckluftgeschaltete Kupplung 5 auf die Exzenterwelle 6 übertragen. Durch das Schwungrad wird die für den Umformvorgang benötigte Energie gespeichert. Bei Überschreiten des zulässigen Drehmomentes rutscht die Reibungskupplung 5, und die Maschine kommt zum Stillstand. Nach Lösen der Kupplung bringt die druckluftgeschaltete Bremse 7 den Pressenstößel 10 zum Stillstand. Kupplung und Bremse sind so geschaltet, daß bei plötzlichem Luftdruckabfall die Kupplung ausgeschaltet und die Bremse voll wirksam wird. Bei der Drehung der Exzenterwelle 6 wird die Kraft von der auf der Welle sitzenden Doppeldruckstange 8 über den exzentrisch gelagerten Druckbolzen 9 auf Stößel 10

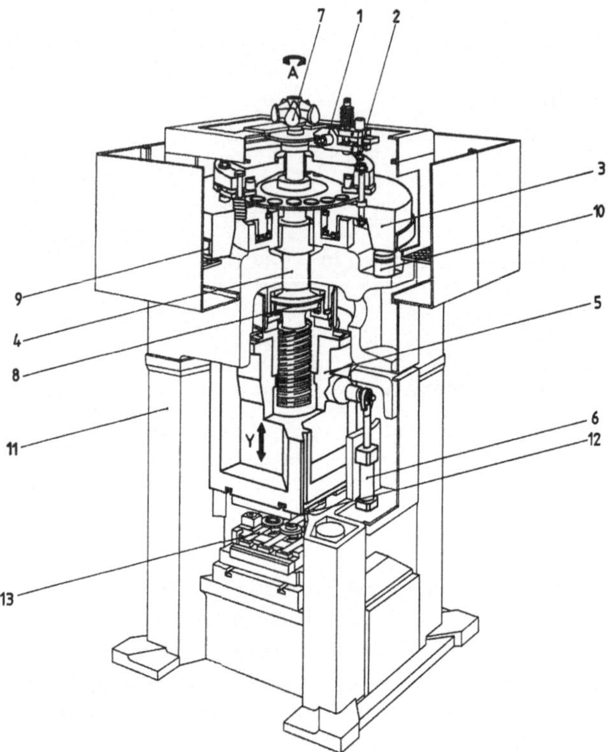

Abb. 2.3: Schwungradspindelpresse (Eumuco)

übertragen. Auf diese Art macht der Stößel in den Führungen des Maschinengestelles Auf- und Abwärtsbewegungen. Die Hublänge des Stößels wird über den exzentrisch gelagerten Druckbolzen 9 eingestellt, der durch einen eigenen Motor über Kardanwelle und Schneckentrieb 11 bewegt wird. Durch zwei Luftzylinder 12 wird der dynamische Gewichtsausgleich erreicht. Nach Einstellen der Hublänge des Stößels wird Druckbolzen 9 durch Klemmbügel 13 mit Hilfe des hinteren Ausgleichszylinders geklemmt. Zum Lösen des Klemmbügels wird der Kolbenseite des hinteren Ausgleichszylinders Luft zugeführt, die den Kolben nach unten drückt. Durch Bewegung der Doppeldruckstange 8 und des Auswerferbalkens 14 werden bei Stößelrückzug die oberen Ausstoßer wirksam, so daß die Schmiedestücke im Untergesenk liegenbleiben und nicht vom Obergesenk abgehoben werden können. Die unteren Ausstoßer werden über Daumenwelle 15 mechanisch angetrieben und haben eine pneumatische Hochhalteeinrichtung. Mit Hilfe des Hubbalkens 16 werden die Schmiedestücke durch verschiedene Umformstufen transportiert. Die Nennkraft dieser Presse beträgt 125 MN bei einer Antriebsleistung von 560 kW.

In Abbildung 2.5 ist eine hydraulische Presse dargestellt. Das Maschinengestell besteht aus Tisch 1, Seitenständer 2 und Kopfstück 3, die durch vier Zuganker 4 zusammengehalten werden. Im Pumpenbehälter 5 sind die durch die Antriebsmotoren 9

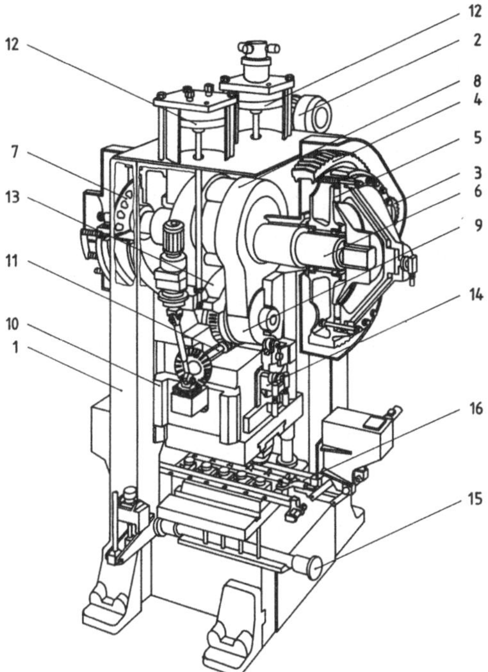

Abb. 2.4: Exzenterpresse MP (Eumuco)

angetriebenen Hochdruckpumpen eingebaut. Der Flüssigkeitsstrom wird dem Hydraulikzylinder 6 und dem Hauptarbeitszylinder 7 zugeführt. Der Differentialkolben des Hauptarbeitszylinders wird zur Erzeugung der Preßkraft und zum Heben des Stößels 8 mit Drucköl beaufschlagt. Die Geschwindigkeit der Stößelbewegung wird durch Verstellung des Pumpenförderstromes geregelt. Es können so Umformkräfte von 8000 - 20000 kN erreicht werden. Je nach der erforderlichen Umformkraft werden nur der mittlere, die zwei äußeren oder alle drei Zylinder geschaltet. Falls mit reduzierter Preßkraft gearbeitet wird, wird die übrige Pumpenleistung zur Erhöhung der Geschwindigkeit der Stößelbewegung genutzt. Der das Oberwerkzeug 10 aufnehmende Werkzeughalter 11 ist mit dem Stößel durch einen hydraulischen Schnellspanner verbunden, damit er schnell ausgetauscht werden kann. Mit Hilfe des Werkzeugwechselarmes 12 können die Hülsen im Werkzeughalter gewechselt werden. Die automatische Beschickung der Rohlinge erfolgt aus einem Bunkersystem (Pos. 13). Die Rohlinge werden auf die erforderliche Länge in der Scherstation 14 gekürzt, die Einzelteile 18 werden anschließend per Greifertransfer in die vier Umformstationen gebracht. Mobile Magazine 15 nehmen die fertigen Teile auf. Die Steuerung der Maschine erfolgt durch Bedienpult 16 oder die mobile Bedienstation 17. Diese Presse zur Kaltmassivumformung ist für eine Nennkraft von 20000 kN bei einer Antriebsleistung von 1400 kW ausgelegt.

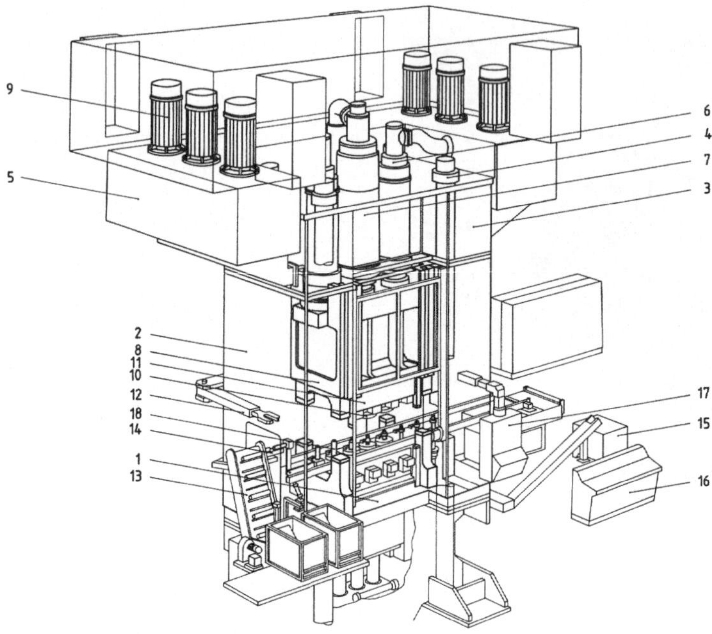

Abb. 2.5: Hydraulische Presse (SMG)

2.4   Biegemaschinen

Das Biegen ist ein Verfahren der Kaltumformung, bei der mittels geradliniger oder
drehender Werkzeugbewegungen Werkstückverbiegungen um gerade Biegeachsen vorgenommen werden.

Beim Biegen mit geradliniger Werkzeugbewegung unterscheidet man:

- Biegen im V-Gesenk,
- Biegen im U-Gesenk,
- Abwärtsbiegen,
- Schwenkbiegen,
- Rollbiegen.

Biegen mit drehender Werkzeugbewegung kann als

- Rundbiegen oder
- Biegen mit Walzen

ausgeführt werden.

Abbildung 2.6 zeigt eine Dreiwalzen-Biegemaschine zum Kaltbiegen von Ringen,
Ringstücken und Mehrfachwindungen aus Flacheisen, Profileisen und Rohren. Die Maschine besitzt drei angetriebene Biegewalzen (Abb. 2.1), die im Maschinenkörper 1
gelagert sind. Mittelwalze 2 ist schwingend gelagert und läßt sich in X-Richtung hydraulisch verstellen. Mit Hilfe eines Schnellanhebemechanismus können die gebogenen
Ringe ohne Änderung der Walzenstellung herausgenommen werden. Die Seitenwalzen

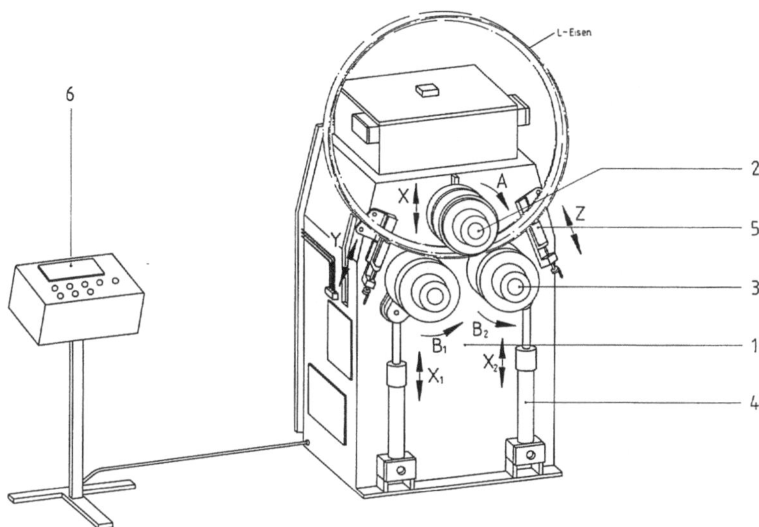

Abb. 2.6: Dreiwalzen-Biegemaschine K 80 Ha (Auerbach)

3 lassen sich durch Hydraulikzylinder 4 in X_1- und X_2-Richtung verstellen. Alle drei Walzen sind in sich verstellbar und horizontal und fliegend gelagert. Die in drei Ebenen verstellbaren Stütz- und Druckrollen 5 zur Führung des Werkstücks sind in der Biegeebene angebracht. Die Walzen lassen sich mit Hilfe digitaler Positionsanzeigen am Bedienerpult 6 steuern, damit exakte Biegeradien erzielt werden. Die Maschine wird durch einen Motor über ein Stirnradgetriebe angetrieben. Für die Mittelwalze ist ein Differenzgeschwindigkeitsausgleich vorgesehen.

2.5 Ziehmaschinen

Ziehmaschinen dienen zum Tiefziehen von Blechen und Durchziehen von Stangenmaterial, Rohren und Drähten.

In Abbildung 2.7 ist eine kombinierte Ziehmaschine für Stahlstangen mit 2 - 55 mm Durchmesser und 2 - 10 m Länge dargestellt. Diese Fertigungslinie verbindet verschiedene Arbeitsvorgänge vom Abwickeln des Vormaterials bis zur Fertigbearbeitung miteinander. Der Anfang des gewalzten und zu Ringen gewickelten Vormaterials wird durch das Rollenkreuz des waagerechten Vorrichters 1 in die Kneifrollen eingeführt und automatisch bis zur Einstoßvorrichtung vor dem Ziehteil transportiert. Vorrichter 1 und 2 richten das Material in waagerechter und senkrechter Ebene vor. Der Materialanfang wird durch Klemmbacken auf den Schlitten der Einstoßvorrichtung 3 geklemmt und in mehreren Hüben in die Ziehmatrize am Ziehbock des Ziehteils 4 eingestoßen. Das Material wird von der Einziehstange des ersten Ziehschlittens gegriffen und um einen Hub in das Ziehteil eingezogen. Nach dem Rücklauf wird das Material mit den Ziehbacken geklemmt und weiter eingezogen. Nach drei Einziehhüben des ersten Ziehschlittens befindet sich der Materialanfang so weit im Ziehteil, daß der zweite Ziehschlitten übernehmen kann, und der kontinuierliche Ziehvorgang beginnt.

Der Ziehprozeß selbst wird von einem Geradeausziehteil durchgeführt, das nach dem Zwei-Schlitten-Prinzip arbeitet. Die beiden Ziehschlitten werden von zwei auf der Hauptwelle angebrachten rotierenden Kurventrommeln hin- und herbewegt. Während ein Schlitten zieht, befindet sich der andere im Rücklauf zur Ausgangsposition, um das Material in der Bewegung zu übernehmen und so einen kontinuierlichen Ziehablauf durchzuführen. In den Ziehschlitten sind jeweils ein Paar glatte Ziehbacken auf Keilen beweglich angeordnet, die das Material klemmen und abwechselnd durch die Matrize ziehen. Die notwendige Ziehkraft baut sich beim Anlegen der Backen über den Reibschluß und die Keilwirkung der Backenführung auf. Das Öffnen und Schließen der Ziehbacken wird bei modernen Maschinen bevorzugt über auf dem Ziehschlitten montierte Hydraulikzylinder vorgenommen. Durch „Hand-in-Hand"-Arbeiten der beiden Ziehschlitten können sehr große Längen geradegezogen werden. Der kontinuierliche Betrieb wird nur dann für einige Sekunden unterbrochen, wenn ein neuer Materialanfang eingezogen werden muß.

Das fertiggezogene Material wird mit den Rollenrichtapparaten 5 und 7 in der senkrechten und waagerechten Ebene gerichtet. Wirbelstromprüfgeräte 6, in denen die Materialoberfläche im Durchlauf auf Risse geprüft wird, sind zwischen den Richtapparaten untergebracht. In der Entmagnetisierungseinrichtung 8 werden die Fe-Materialien entmagnetisiert. Die hydraulische Schlagschere 9 trennt das Material in die vorgewählten geraden Längen. Bei Rundmaterialien werden die getrennten geraden Stangen durch die schallisolierte Kastenrohrführung mit Kantenmaterialauswurf 10 einer Richt- und Poliermaschine 11 zugeführt; dadurch wird eine hohe Geradheit und eine sehr glatte Oberfläche erzielt. Die geprüften Stangen werden über eine kippbare Winkelrinne in der Stangenablage 12 zur Gut- und Schlechtseite sortiert. Mit dieser Anlage können Arbeitsgeschwindigkeiten bis zu 150 m/min erzielt werden. Die Ziehkraft beträgt 20 - 400 kN.

2.6   Bearbeitungsbeispiele

In Abbildung 2.8 sind zwei typische Schmiedebeispiele auf Exzenterpressen eingezeichnet. Gelenkring und Gelenknabe (Abb. 2.8 a) werden in 5 Stufen geformt. Ein Pleuel (Abb. 2.8 b) wird mit Reckwalze vorgeformt und anschließend in 5 Stufen geformt.

Die Umformstufen eines Werkstückes, das auf hydraulischen Pressen in 4 Stufen geformt wird, sind in Abb. 2.9 dargestellt. Breite Produktionspalette, hohe Maß- und Formgenauigkeit und kostengünstige Fertigung sind die Hauptmerkmale der Kaltumformung auf hydraulischen Pressen.

Die Arbeitsweise hydraulischer Pressen für die Blechumformung ist in Abb. 2.10 dargestellt. Bei der sogenannten einfachwirkenden Arbeitsweise ist der von oben wirkende Stößel das bewegliche und kraftübertragende Element. Da keine Blechhaltung vorgesehen ist, wird dieser Pressentyp vorwiegend für Flachformteile eingesetzt. Bei

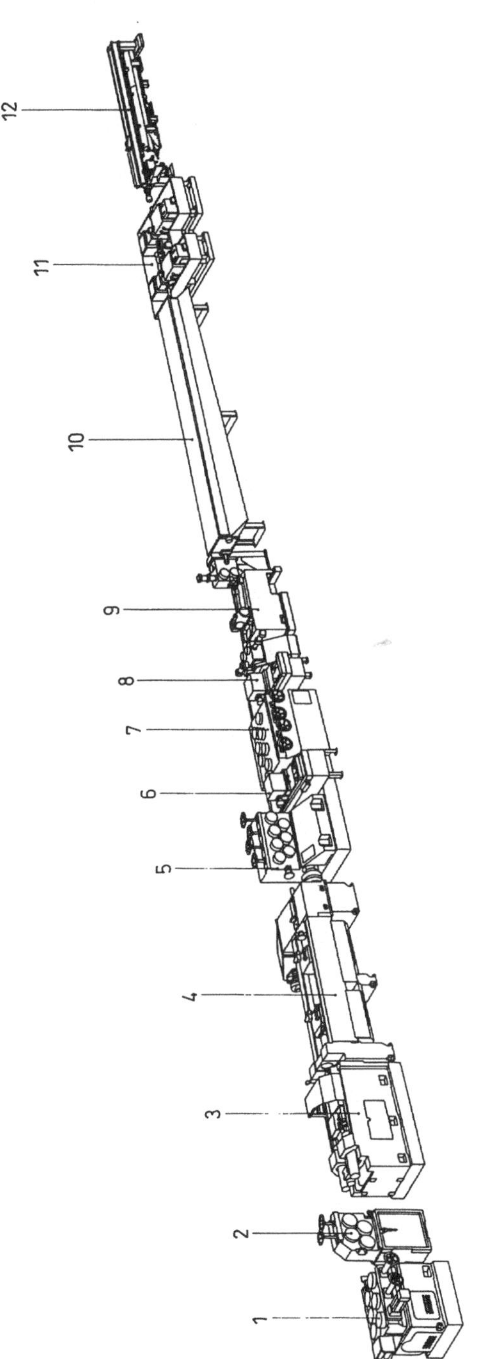

Abb. 2.7: Kombinierte Ziehmaschine für Stangenmaterial aus Stahl (Schumag)

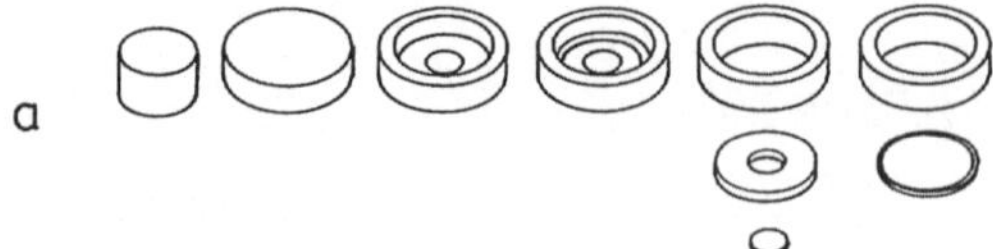

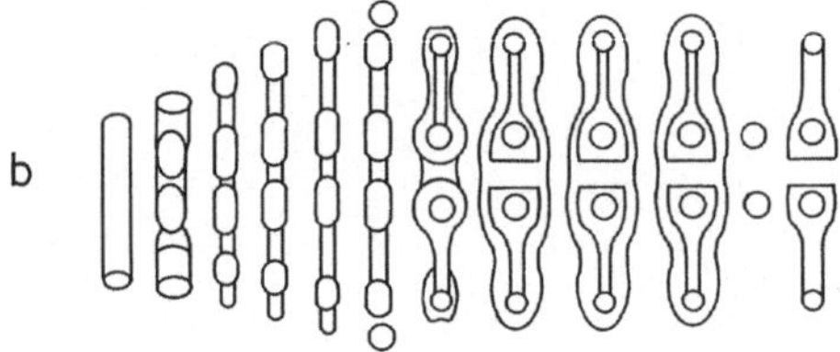

Abb. 2.8: Schmiedebeispiele auf Exzenterpressen MP (Eumuco)
(a) Gelenkring und Gelenknabe in 5 Stufen (b) Pleuel in 5 Stufen (mit Reckwalze vorgeformt)

zweifachwirkender Arbeitsweise sind sowohl der kraftübertragende Ziehstößel von oben
als auch das im Tisch befindliche Ziehkissen beweglich. Die Platine wird vom Stößel
über den Stempel nach unten gezogen. Das Ziehkissen wirkt als Blechhalter. Nach dem
Umformvorgang wird es als Auswerfer genutzt. Bewegliche Elemente bei dreifachwir-
kender Arbeitsweise sind der von oben wirkende Blechhalter, der Ziehstößel sowie das
Ziehkissen im Tisch. Das Ziehkissen wird meist als Auswerfer genutzt, kann aber bei
manchen Umformarbeiten wie Stülpziehen die Blechhaltung übernehmen.

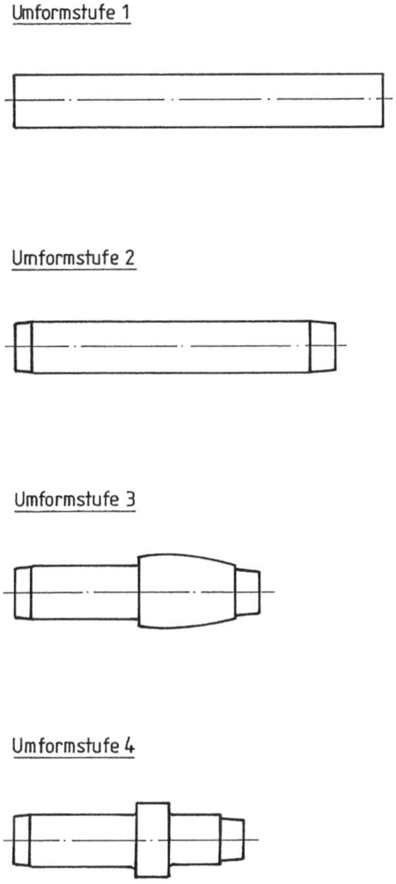

Umformstufe 1

Umformstufe 2

Umformstufe 3

Umformstufe 4

Abb. 2.9: Umformstufen eines Werkstückes, das auf den hydraulischen Pressen SMG geformt wird

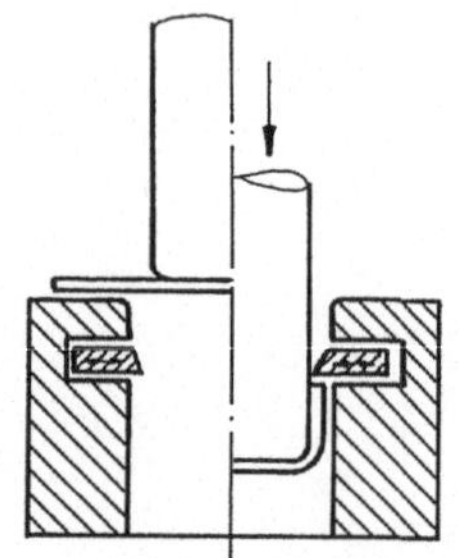

a) einfachwirkende Arbeitsweise

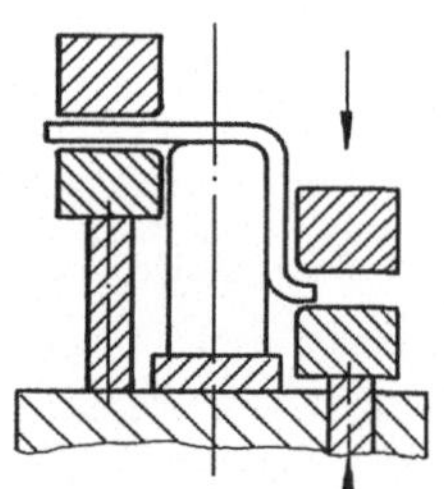

b) zweifachwirkende Arbeitsweise

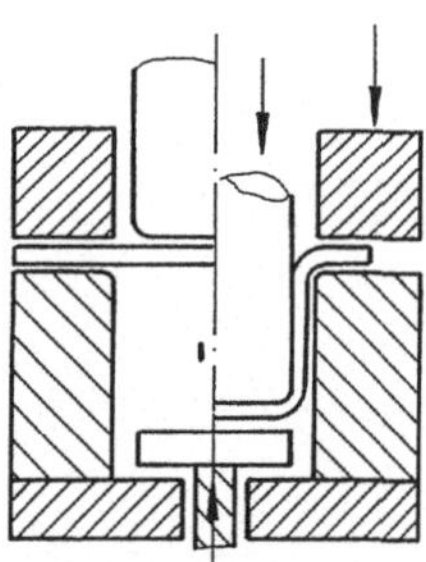

c) dreifachwirkende Arbeitsweise

Abb. 2.10: Arbeitsweise hydraulischer Pressen für die Blechumformung (SMG)

3 Zerteilende Maschinen

3.1 Übersicht des zerteilenden Verfahrens und der zerteilenden Maschinen

Nach DIN 8580 werden Fertigungsverfahren in folgende Hauptgruppen unterteilt:

- Urformen,
- Umformen,
- Trennen,
- Fügen,
- Beschichten,
- Stoffeigenschaft ändern.

Die Hauptgruppe „Trennen" wird weiter in folgende Gruppen unterteilt:

- Zerteilen,
- Spanen mit geometrisch bestimmten Schneiden,
- Spanen mit geometrisch unbestimmten Schneiden,
- Abtragen,
- Zerlegen,
- Reinigen.

Die Gruppe „Zerteilen" wird weiter unterteilt in:

- Scherschneiden,
- Messerschneiden,
- Beißschneiden,
- Spalten,
- Reißen,
- Brechen.

Zerteilende Maschinen, die in den meisten Fällen nach dem Prinzip des Scherschneidens arbeiten, werden als

- Scheren und als
- Schneidpressen

ausgeführt.

Schneidpressen sind für kleine Hübe bei großen Hubzahlen und genauer Stempelführung ausgelegte Pressen.

3.2 Scheren

Scheren werden zum Schneiden von Blechen und Profilen eingesetzt. Rfigure3.1 zeigt eine vollhydraulische Tafelschere mit linear geführtem, leicht nach vorn angestelltem Obermesser.

Obermesser 1 und Untermesser 2 sind mit vier Schneidkanten versehen. Durch die besondere Konstruktion der Arbeitszylinder 3, bei denen die Kolbenstange als Führung genutzt wird, erübrigen sich weitere Führungselemente. Die gesamte aus Steuerblock 4 und Hydraulikbehälter 5 bestehende Hydraulik ist im Maschinenständer 13 eingebaut.

Die Blechniederhalter 10 sind einzeln beaufschlagte Hydraulikzylinder, die so gesteuert werden, daß der Schnitt erst dann erfolgt, wenn die zu schneidende Tafel einwandfrei festgeklemmt ist. Das Auflagestück 12 ist mit dem Tisch verschraubt, damit größere Flexibilität in der Anordnung und Ausführung der Tischbestückung erreicht wird. Der Fingerschutz wird auf der vorderen Seite der Blechniederhalter befestigt. Die Bedienorgane einschließlich Digitalanzeige für den Hinteranschlag 7 sind in einem frontseitig angeordneten Steuerpult 6 zusammengefaßt. Ein Handrad zum Einstellen des Hinteranschlags 8 und ein Stellgriff für die einstellbare Kurzhubeinrichtung zum Schneiden kleinerer Bleche 9 sind neben dem Steuerpult untergebracht. Ein ortsbeweglicher Fußschalter löst den Schnitt aus. Schaltschranke 14 wird direkt im Maschinenständer untergebracht.

In Abbildung 3.2 ist ein Zuschneidezentrum dargestellt. Dieses Fertigungssystem besteht aus einer automatischen Beladevorrichtung 1, einer CNC-Winkelschere 2 mit X-Y-Koordinatenvorschub 5, einem Transportband 6 und einer Stapelvorrichtung 4. Schaltschrank 3 und Bedienungspult 7 übernehmen die Steuerung der ganzen Anlage.

Auf der Winkelschere können durch um 90° zueinander versetzte Anordnung zweier Messersätze rechtwinklige und rechteckige Blechzuschnitte von hoher Maß- und Winkelgenauigkeit erreicht werden. Die Größe der Rohblechtafel kann bei Standardmaschinen bis 3000 x 1500 mm betragen. Der Antrieb des Messerbalkens und Blechniederhalters erfolgt hydraulisch.

Der Antrieb des X-Y-Koordinatenvorschubes erfolgt über Drehstrom-Servomotoren auf die Kugelgewindetriebe für beide Achsen. Der Tisch ist mit dem Maschinengestell verbunden und läßt sich genau zur Scherenlinie ausrichten.

Ein Transportband, das die zugeschnittenen Bleche aus der Schere heraustransportiert, ist unterhalb der beiden Untermesser eingebaut. Die Stapelvorrichtung ist als ein aus einzeln angetriebenen Rollen bestehender Rollengang angeordnet. Die ankommenden Groß- und Mittelzuschnitte können über zwischen den Rollen liegende Quertransportvorrichtungen in die entsprechenden Stapelboxen befördert werden. Die Kleinzuschnitte fallen am Ende des ersten Transportbandes nach unten in Kästen oder auf Paletten.

Am Bedienungspult können die Daten für die Zuschnitte direkt an der Maschine über eine numerische Tastatur eingegeben werden.

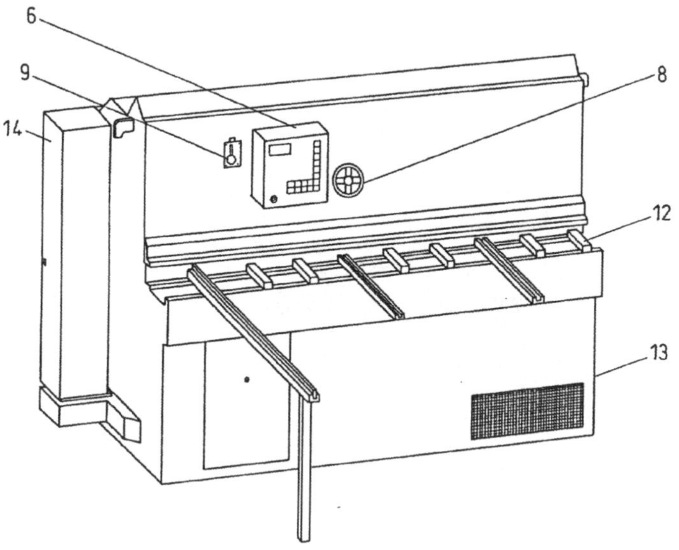

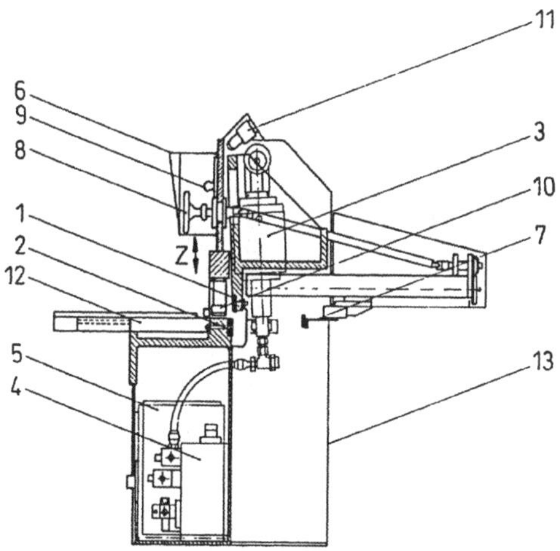

Abb. 3.1: Tafelschere Delta (Wieger)

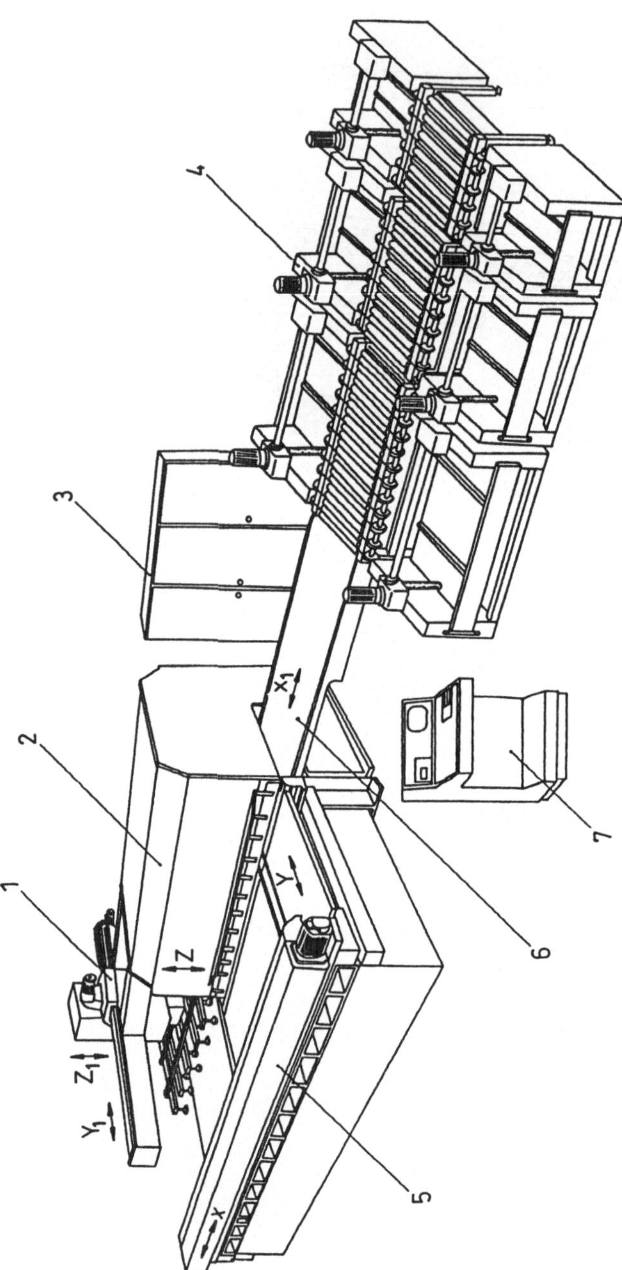

Abb. 3.2: CNC-Zuschneidezentrum (Köllschen)

4 Abtragende Maschinen

4.1 Chemische Ätzanlagen

Die Reaktionen des Werkstückstoffes mit einem Wirkmedium werden bei chemischen Ätzanlagen zum Abtragen genutzt. Abbildung 4.1 zeigt das Abtragprinzip beim Ätzen.

Als Arbeitsmedien werden

- Salzsäure (HCl),
- Salpetersäure (HNO_3),
- Schwefelsäure ($H4_2SO_4$) oder
- Natronlauge (NaOH)

verwendet. Die Abtraggeschwindigkeit beträgt 0,01 - 0,08 mm/min. Es wird mit einer Rauhtiefe von Rt = 1 bis 1,5 μm gerechnet.

Die nicht zu bearbeitenden Teile der Oberfläche des Werkstücks werden durch

- Lacküberzug (Photolackverfahren) oder
- Abdeckung mit Schutzmaske (Siebdruckverfahren)

geschützt.

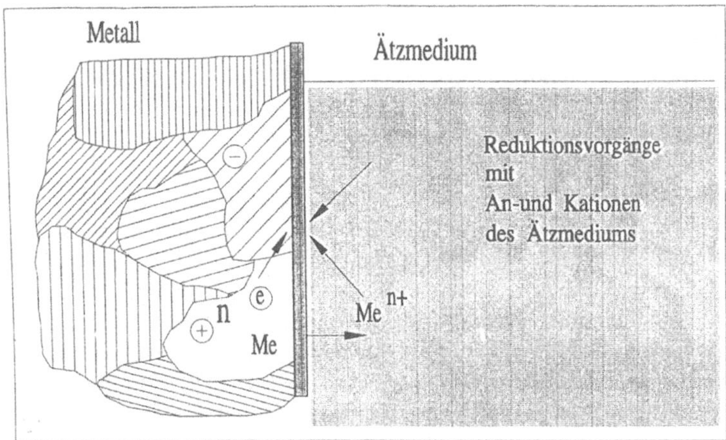

Abb. 4.1: Abtragprinzip beim Ätzen

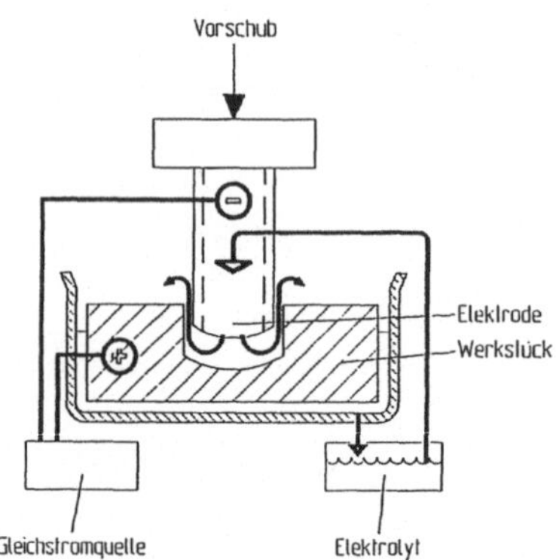

Abb. 4.2: Verfahrensprinzip der elektrochemischen Senkanlage (AEG-Elotherm)

Chemisches Ätzen wird meistens bei dünnen Werkstücken angewendet, bei denen eine mechanische Fertigung nicht möglich ist. Man unterscheidet zwischen

- Tauchätzanlagen und
- Sprühätzanlagen.

Bei den Tauchätzanlagen findet der Ätzvorgang in einem Säurebad statt.

Bei den Sprühätzanlagen wird das Werkstück nicht vollkommen von dem aggressiven Medium eingeschlossen, sondern durch eine Berieselungsanlage mit Säure besprüht. Der Vorteil bei diesem Verfahren liegt darin, daß die Säurekonzentration ständig konstant bleibt, da fortwährend frische Säure zugeführt wird.

4.2 Elektrochemische Bearbeitungsanlagen

Bei der elektrochemischen Metallbearbeitung (ECM) erfolgt der Werkstoffabtrag durch anodische Auflösung. Durch die definierte Lage der Werkzeug-Elektrode (Kathode) und des zu bearbeitenden Werkstücks (Anode) ist eine gezielte Bearbeitung des Werkstücks möglich. Zwischen Elektrode und Werkstück stellt sich ein Arbeitsspalt ein, in den der Elektrolyt (NaCl im Wasser) gepumpt wird.

Abbildung 4.2 zeigt eine elektrochemische Senkanlage.

Eine Elektrode wird als Kathode an eine Gleichstromquelle angeschlossen. Sie bewegt sich mit vorgegebener, geregelter Senkgeschwindigkeit auf das als Anode gepolte Werkstück zu. Die Elektrodenform wird in das Werkstück durch elektrolytische Auflösung berührungslos eingesenkt. Das abgetragene Material fällt als Metallhydroxyd aus und muß mit Filtern aus der Elektrolytlösung abgeschieden werden. Die Bearbeitung erfolgt in einem Arbeitsgang. Die Rauhtiefe der bearbeiteten Werkstückoberflächen liegen im Bereich der durch Schleifen erzielbaren Werte. Bei diesem Verfahren treten am Werkzeug keine Abnutzungserscheinungen auf.

Abbildung 4.3 zeigt eine elektrochemische CNC-Senkmaschine. Am Maschinenständer 1 wird die durch Antrieb 6 angetriebene Vorschubeinheit 4 geführt. Die Vorschub-

einheit besteht aus einer Vierkantpinole, die in prismatischen Führungen mit Rollen-
wälzlager geführt wird. Der Antrieb wird von einem Drehstrom-Servomotor über eine
Kugelrollspindel auf die Vorschubeinheit eingeleitet. Die Maschine ist mit einem geschlossenen Arbeitsbehälter 3 ausgerüstet, der durch einen Radialventilator mit Feuch-
tigkeitsabscheider 7 entlüftet wird. Am Arbeitsbehälter befinden sich die Anschlüsse
für die Versorgung mit Elektrolyt, Strom, Druckluft und für die elektronische Verfah-
rensüberwachung. Zu jeder Maschine gehört eine werkstückspezifische Vorrichtung, die
zwischen den Arbeitsplatten 5 aufgebaut wird. In der Vorrichtung befinden sich Ka-
thoden, Werkstückkontakte und Elektrolytführungskanäle. Das Elektrolytversorgungs-
aggregat wird mit der Maschine durch Zu- und Abfuhrschläuche verbunden. In dem
geschlossenen Elektrolytkreislauf befinden sich die Kühl- und Reinigungsgeräte. Eine
Gleichstromquelle von 7 - 20 V mit wahlweise 1000 A oder 4000 A Stromstärke wird
mit dem Pluspol an das Werkstück und dem Minuspol an das Werkzeug angeschlossen. Die Maschinenfunktionen werden durch eine CNC-PC-Steuerung 2 gesteuert und
überwacht.

4.3   Funkenerosions- und Drahterosionsmaschinen

Das elektrothermische Abtragen durch Funkenentladung wird als Funkenerosion bezeichnet. Dieses Verfahren kann prinzipiell für alle elektrisch leitenden Materialien
angewandt werden.

In Abbildung 4.4 ist das Funkenerosionsverfahren schematisch dargestellt.

Werkzeug und Werkstück, die als Elektroden an einen Erosionsgenerator angeschlossen sind, befinden sich in einem mit Dielektrikum (entionisiertes Wasser oder Raffina-
tionen von Mineralölen) gefüllten Behälter, der über Gleichstrom- bzw. Schrittmoto-
ren und Spindel-Mutter-Systeme angehoben und abgesenkt werden kann. Nähert man
die Elektroden einander, kommt es aus einer bestimmten Entfernung zwischen Werkzeug und Werkstück zum Funkenüberschlag. Durch die auftretende Wärmeentwicklung
schmelzen Metallteilchen an der Entladestelle, verdampfen teilweise und werden aus
der Schmelze herausgerissen.

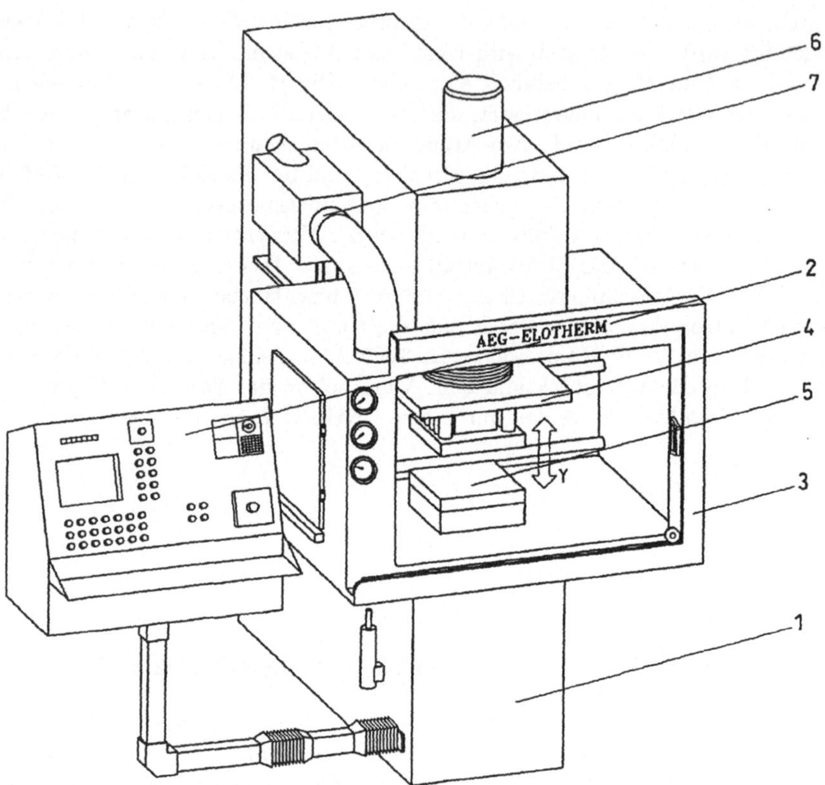

Abb. 4.3: Elektrochemische CNC-Senkmaschine SMV 1-25 (AEG)

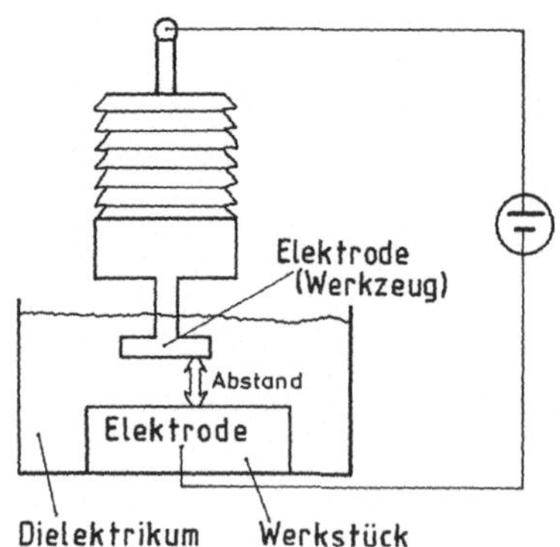

Abb. 4.4: Schematische Darstellung des Funkenerosionsverfahrens

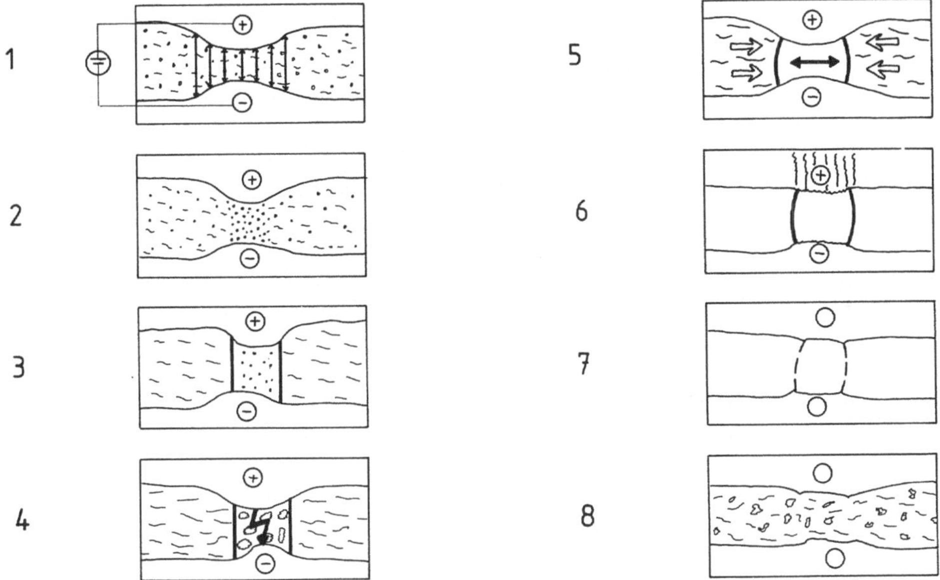

Abb. 4.5: Wirkung und zeitlicher Verlauf des Erodiervorganges

Die Wirkung und der zeitliche Verlauf des Erodier-Vorganges werden in Abb. 4.5 erläutert.

1. Da die Oberflächen der beiden Elektroden nicht völlig eben sind, bildet sich an der Stelle des geringsten Abstandes zwischen Werkzeug (+) und Werkstück (-) nach Anlegen der Spannung eine Brücke leitfähiger Abtragsprodukte.
2. Strom beginnt zu fließen, der Entladungskanal fängt an, sich auszubilden.
3. Mit dem Anstieg des Entladungsstroms fällt die Spannung ab, der Entladungskanal bildet sich über die Brücke aus.
4. Nachdem der Strom fast auf den Endwert angestiegen und die Spannung abgefallen ist, steigt die Anzahl der Ionen zwischen Werkzeug und Werkstück immer weiter an. Der Stromfluß erzeugt Wärme, das Dielektrikum im Entladungskanal verdampft.
5. Spannung und Strom haben ihre Endwerte erreicht. Infolge der Zähflüssigkeit des Dielektrikums entsteht ein Gegendruck, der den Entladungskanal an den Elektroden zusammenschnürt. Die konzentrierte Wärme bringt die Oberflächen des Werkstücks und des Werkzeugs zum Schmelzen.
6. Die Temperatur steigt an, das Schmelzen setzt sich fort, ein Teil der Schmelze beginnt zu verdampfen. Kurzzeitig wird die Schmelze bis auf 10000 °C erhitzt.
7. Die Spannung wird abgeschaltet, der Stromfluß ist unterbrochen, der Entladungskanal bricht zusammen. Es kommt zu schlagartigem Ausschleudern und Verdampfen der Schmelze.
8. Am Ende der Entladung befinden sich fein verteiltes Elektrodenmaterial und nur noch wenige Ionen im Dielektrikum. Die beiden Elektrodenoberflächen haben je einen Abtragskrater.

Beim funkenerosiven Verfahren tritt auch ein Abtrag am Werkzeug auf, der im Hinblick auf die zu erzielende Genauigkeit berücksichtigt werden muß. Die am Ende der Entladung entstehenden Abtragskrater führen zu einer unregelmäßigen und narbigen Werkstückoberfläche. Mit der Weiterentwicklung elektronischer Regeleinrichtungen ist es heute möglich, den Erodierprozeß zu überwachen und den Spaltabstand nachzuregeln. Mit CNC-gesteuerten Maschinen ist es möglich, Werkstücke mit komplizierten Formen und Konturen herzustellen. Deshalb werden Funkenerosionsmaschinen für den Werkzeug-, Formen- und Musterbau häufiger als früher angewendet.

In Abbildung 4.6 ist eine Senkerodiermaschine dargestellt. Der feststehende Maschinentisch, der mit Nuten ausgestattet ist, ist auf dem steifen Maschinensockel 4 befestigt. Arbeitskopf 6 führt über drei Achsschlitten die Bewegungen in der X-, Y- und Z-Achse, die gleichzeitig ausgeführt werden können. Diese Bewegungen werden durch drei Wegmeßsysteme kontrolliert. In Schaltschrank 1 ist Steuerung 3 untergebracht, die für diese Maschine als Bahnsteuerung für alle drei Achsen ausgeführt ist. Der Bildschirm zeigt während der Bearbeitung die aktuelle Elektrodenposition. Der Elektrodenwechsler 7 tauscht programmgesteuert die Elektroden in der Pinole 5 der Erodiermaschine automatisch aus.

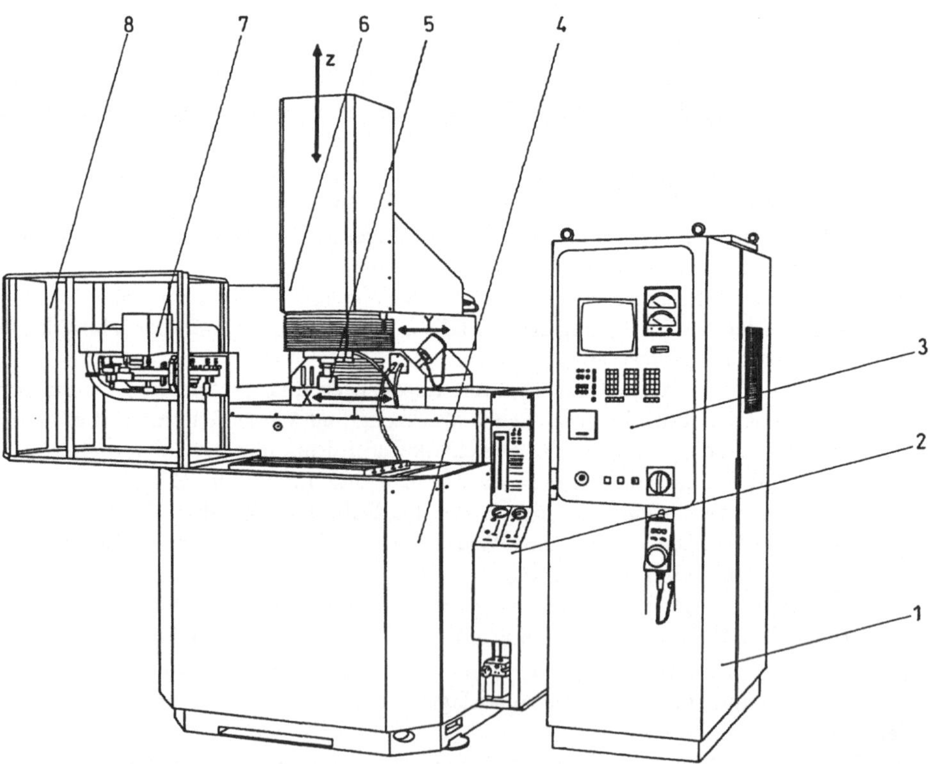

Abb. 4.6: Senkerodiermaschine DE 15-C (Deckel)

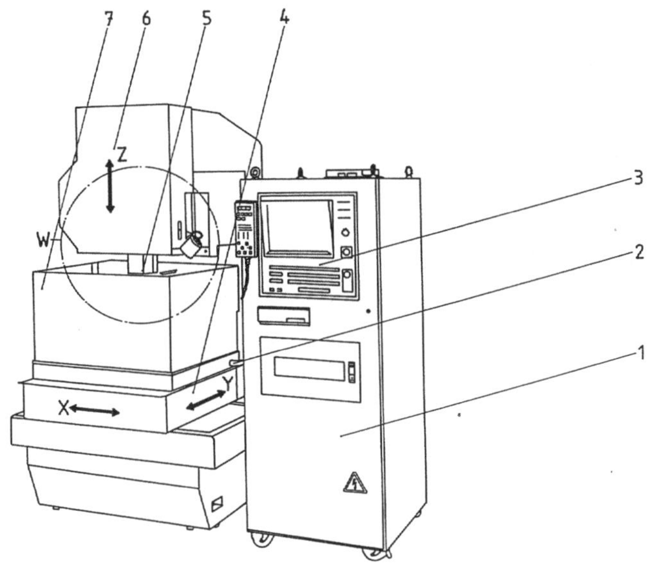

Abb. 4.7: Drahterosionsmaschine EE 3 (Heidenreich & Harbeck)

Spüleinrichtung 2, die mit Filtern ausgestattet ist, versorgt im geschlossenen Kreislauf die Maschine mit sauberem Dielektrikum. Um den Bediener der Maschine vor gesundheitsschädlichen Dämpfen zu schützen, wurde Schutzeinrichtung 8 am Behälterrand angebracht, die die Erodierdämpfe nach hinten zu einer Absaugöffnung leitet. Temperatur und Füllhöhe des Dielektrikums werden redundant überwacht, d.h. fällt ein Überwachungssystem aus, setzt sofort ein anderes System die Überwachung fort.

Drahterosion ist eine Version des Erodierverfahrens mit einer Bearbeitungselektrode aus dünnem, legierten Kupferdraht. Drahterosionsmaschinen werden für Bearbeitungen dünner Platten und Bleche angewandt. Abbildung 4.7 zeigt eine Drahterosionsmaschine. Der Maschinentisch 4 führt die Werkstückbewegung in der X- und Y-Achse aus. Der Maschinentisch muß eine sehr hohe statische und dynamische Steifigkeit aufweisen, da Vibrationen des Tisches Kurzschluß und Abbildungsfehler verursachen würden. Der mit Dielektrikum gefüllte Behälter 7 befindet sich auf dem Maschinentisch. Arbeitskopf 6 bewegt sich in Z-Richtung. In Schaltschrank 1 ist eine CNC-Steuerung 3 untergebracht. Das Dielektrikum bewegt sich in einem Kreislauf zwischen Maschine und Filteranlage (Pos.2).

Abbildung 4.8 zeigt die Drahtführung der Drahterosionsmaschine (in Abb. 4.7 als Pos.5, Ausschnitt W dargestellt). Führungssystem 1 fixiert die Drahtposition. Der Führungsdruck wird automatisch justiert, damit der Draht dicht am Werkstück geführt wird. Drahtrolle 2 steht unter ständiger Sichtkontrolle des Bedieners, damit bei Ausfall ein schneller Drahtrollenwechsel ermöglicht wird. Schneidkopf 3 besteht aus zwei Präzisions-Führungsplatten aus hochwertigem gehärteten Stahl. Mit einem gebündelten Wasserstrahl können Startlöcher aller Art bis zur vollen Schneidhöhe eingefädelt werden. Die Funktionen der Einfädelung 4 sind für den Vollautomatikbetrieb jederzeit wirksam. Drahtumlenkung und Spannrollen (Pos.5) als zusätzliches Spannsystem er-

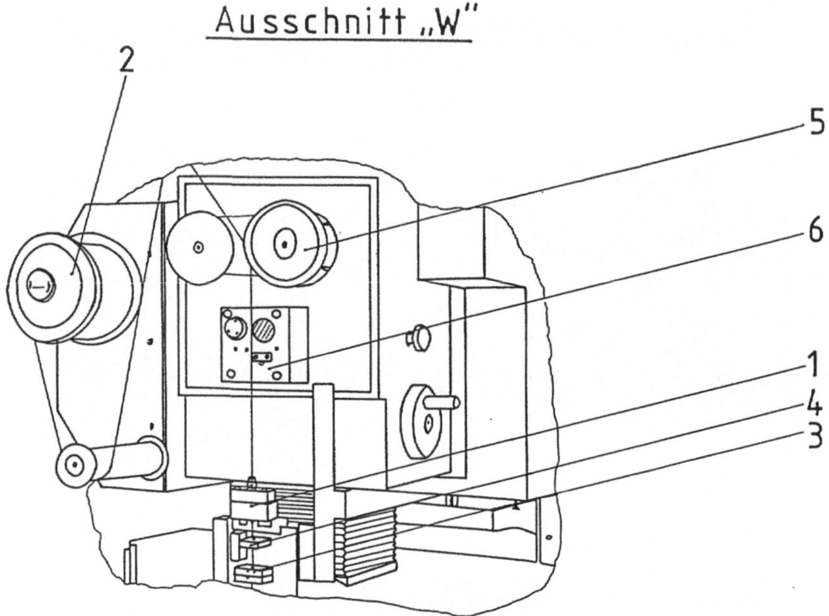

Abb. 4.8: Drahtführung der Drahterosionsmaschine (Ausschnitt W im Abb. 4.7)

gänzen die vorhandene Drahtumlenkung. Mit diesem System kann die Rüstzeit reduziert werden. Damit Schneidleistung und Steuerfunktionen der Maschine optimiert werden, werden laufend die Meßdaten des Drahtes und der Rollbewegung der Spulen über Drahtmeßsystem 8 erfaßt.

Um die Effizienz im Formenbau zu verbessern, wurde die Funkenerosion mit ganzen Graphitelektroden entwickelt. Die Formenhohlräume wurden bisher mit Walzenstirnfräsern und Profilfräsern bearbeitet und an den Stellen, die mit spanenden Werkzeugen nicht erreichbar sind, durch mehrere Teilelektroden fertigerodiert. Durch Zusammenfassen der einzelnen Elektroden in eine integrierte Elektrode aus Graphit, die der Form des Werkstücks genau entspricht, können die Formenhohlräume durch Schnellerodieren herausgearbeitet werden. So konnten beim Erodieren mit Graphitelektroden kürzere Erodierzeiten bei höherer Fertigungsgenauigkeit als mit Kupferelektroden erreicht werden. Da beim Schnellerodieren das Fräsen entfällt, ist der Gesamtanteil an der Bearbeitung viel höher als bei den üblichen Funkenerosionsverfahren. Da beim Erodieren mit Graphitelektroden die Abtraggeschwindigkeit mit der Stromstärke kontinuierlich ansteigt, sind bei diesem Verfahren höhe Stromstärken erforderlich. Bei Stromstärken von mehr als 120A entstehen jedoch Dämpfe, die eine Belastung für den Bediener und für die Werkstatt darstellen. Deshalb mußten für dieses Verfahren auch Einrichtungen zur Beseitigung der Dämpfe entwickelt werden.

Abbildung 4.9 zeigt eine Hochgeschwindigkeits-Senkerosionsmaschine mit einer Rauchentlüftungseinrichtung. In dem Halter der Graphitelektrode 1 sind Absaugöffnungen vorgesehen, durch die Abtragsteilchen, Rauch und Dämpfe durch das Absaugaggregat 3 abgezogen werden. Von hier aus werden die Dämpfe über Absetzbehälter 4

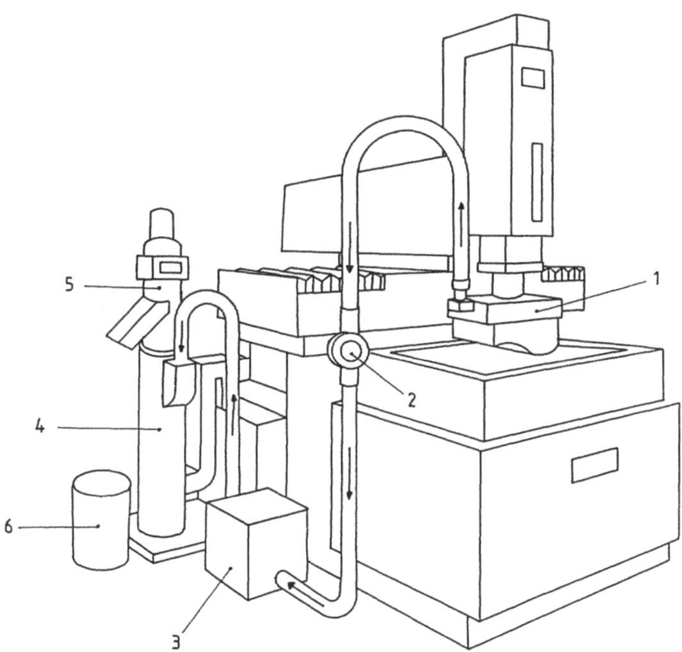

Abb. 4.9: Hochgeschwindigkeits-Senkerosionsmaschine mit einer Rauchentlüftungseinrichtung (Makino) [6]

zur Einrichtung zum automatischen Austragen der Erodierrückstände 5 weitergeleitet. Aus dieser Einrichtung gelangen die Erodierrückstände tropfenweise in den Austrag-Auffangbehälter 6.

4.4 Elektronenstrahl-Bearbeitungsanlagen

Dieses Abtragverfahren arbeitet mit hochbeschleunigten Elektronen, die beim Auftreffen auf das Werkstück ihre kinetische Energie in Wärme umsetzen und somit den zu bearbeitenden Werkstoff aufschmelzen.

Der schematische Aufbau einer Elektronenstrahl-Bearbeitungsanlage ist in Abb. 4.10 dargestellt.

Damit energieverzehrende Kollisionen der Elektronen mit Luftmolekülen ausgeschlossen werden, findet die Bearbeitung im Vakuum statt. Die Kathode (-) und die Anode (+) werden von einer Hochspannungsquelle (bis 150 kV), die sowohl die Heizspannung als auch die Steuerspannung liefert, mit Strom gespeist. Die Profilsteuerung wird von einem Impulsgenerator über einen Impulstransformator auf die Strahlquelle geleitet. Die Fokussierung des Elektronenstrahls wird durch ein System von Linsen erreicht.

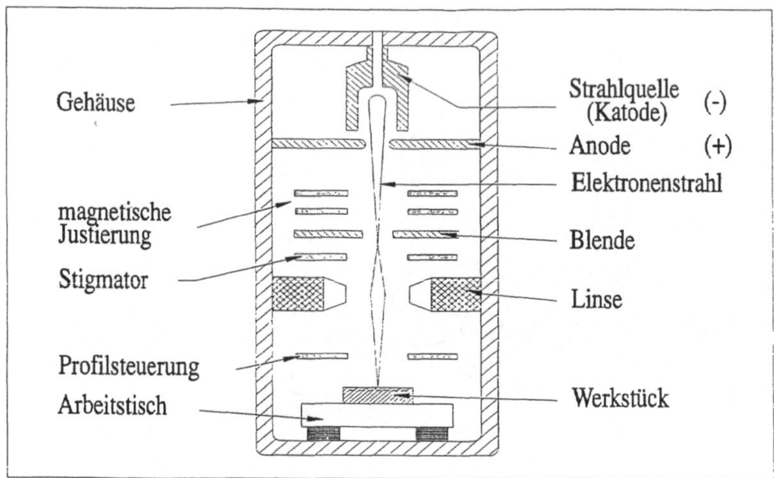

Abb. 4.10: Schematischer Aufbau einer Elektronenstrahl-Bearbeitungsanlage

Elektronenstrahl-Bearbeitung hat drei Anwendungsgebiete:

- Elektronenstrahl-Schweißen,
- Elektronenstrahl-Schneiden,
- Elektronenstrahl-Auftragsschweißen.

Beim Elektronenstrahl-Schweißen werden die zu verbindenden Werkstücke an der Kontaktstelle durch den Elektronenstrahl örtlich aufgeschmolzen.

Beim Elektronenstrahl-Schneiden wird das Werkstück auf der Auftreffstelle örtlich erwärmt und in der Schmelzfuge verdampft.

Beim Elektronenstrahl-Auftragsschweißen wird ein zusätzlicher Schweißwerkstoff benötigt, der mit dem Grundstoff verschmolzen wird.

4.5　Laserbearbeitungsanlagen,Laserschneidanlagen

Bei diesem Abtragsverfahren wird die thermische Wirkung von Laserstrahlen ausgenutzt. Die erforderliche Wärme zum Abschmelzen des Werkstoffs wird durch Absorption der flächenbezogen sehr hohen Energie der Laserstrahlen in der Werkstückoberfläche erreicht.

Nach der emittierten Laserstrahlung werden die Einsatzbereiche bestimmt. Eximer-Laser und Argon-Laser mit Wellenlängen von 0,19 μm bzw. 0,52 μm werden in der Foto- und Lithographietechnik angewandt. Laser im Wellenlängenbereich von 1,06 μm (YAG-Laser) bis 10,6 μm (CO_2-Laser) werden zum Schneiden, Schweißen, Beschichten und Sintern verwendet.

Die Funktionsweise eines Lasers ist am Beispiel eines Schneidlasers der Firma Trumpf in Abb. 4.11 dargestellt. Ein CO_2-Laser wandelt elektrische Energie in gerichtete Laserstrahlung um. Präzisionsspiegel reflektieren den parallelen Laserstrahl im optischen

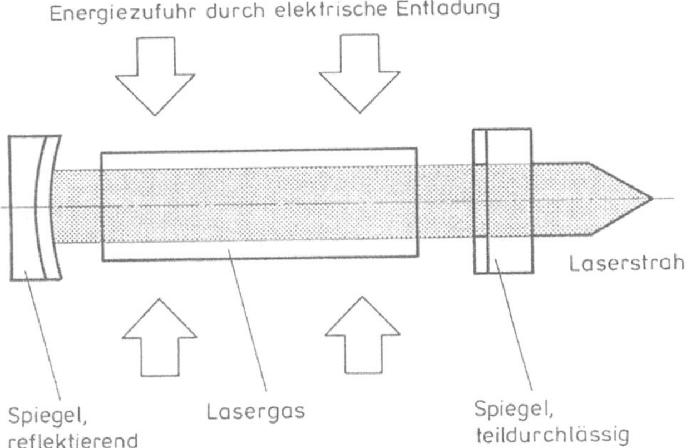

Abb. 4.11: Prinzipieller Laseraufbau (Trumpf)

Resonator vielfach hin und her. Anregung und Gaszusammensetzung sind so ausgelegt, daß der reflektierte Strahl beim Durchgang durch das Lasergas stetig bis zu seiner maximalen Strahlleistung verstärkt wird.

Laserlicht läßt sich über große Entfernungen mit geringen Leistungsverlusten übertragen. Es ist mit Spiegeln umlenkbar und kann auf eine Fläche von weniger als 1/10 mm Durchmesser fokussiert werden. Damit ist die höchste Leistungsdichte aller Energiequellen erzielbar; nahezu jedes Material kann zum Schmelzen oder verdampfen gebracht werden.

Laserschneiden wird wegen geringer Wärmeentwicklung, schmaler Schnittfuge, geringen Materialverzuges und hoher Schneidgeschwindigkeit immer häufiger angewandt. Alle Metalle, Kunststoffe, Holz, Leder, Gummi, Papier, Keramik, Quarzglas, Porzellan, Steine und Graphit können mit diesem Verfahren geschnitten werden.

Abbildung 4.12 zeigt eine CNC-Laserschneidanlage. Der am Maschinenrahmen 4 geführte Querträger 5 wird in der Z-Achse von einem doppelseitig wirkenden Zahnstangen-Ritzelantrieb angetrieben. Der auf dem Querträger angebrachte Schlitten mit Laserschneidkopf 3 wird ebenfalls von einem Zahnstangen-Ritzelantrieb in der X-Achse angetrieben. Ein weiterer Antrieb sorgt für die Höhenverstellung des Laserschneidkopfes in der Y-Achse; alle eingesetzten Antriebe sind Drehstrom-Servoantriebe. Der richtige Abstand zwischen Düse und Werkstück 7 ist wesentlich für die optimale Schnittqualität. Die Schnellwechseleinrichtung des Schneidkopfes erlaubt den Linsenaustausch ohne jede Nachjustage in wenigen Sekunden. Die programmierbare Druckeinstellung des Schneidgases bis hin zur Umstellung der Schneidgasart ermöglichen den schnellen Programmwechsel bei unterschiedlichen Bearbeitungsaufgaben. Verbrennungsrückstände werden mit einem Mehrkammer-Absaugsystem und einer Entstaubungsanlage entsorgt. Kleinstteile, die durch die Lamellenaflage der Palette 6 fallen, und schwere Schlackenteilchen werden automatisch über Förderbänder aus dem Arbeitsbereich in einen Behälter entsorgt. Bedienpult 2 ist mit einem Bildschirm zur Überwachung der Anlage ausgestattet. Die Laserstrahlquelle 1 wird unmittelbar an der Maschine angebracht.

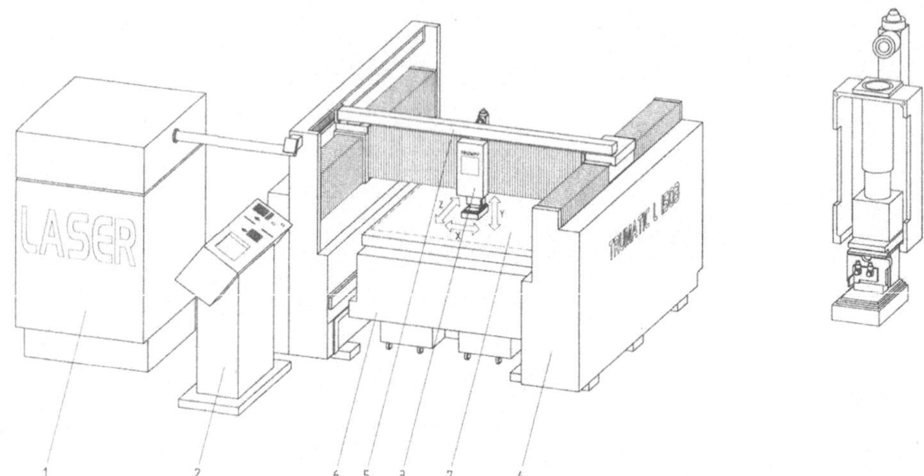

Abb. 4.12: CNC-Laserschneidanlage TRUMATIC L 1503 (Trumpf)

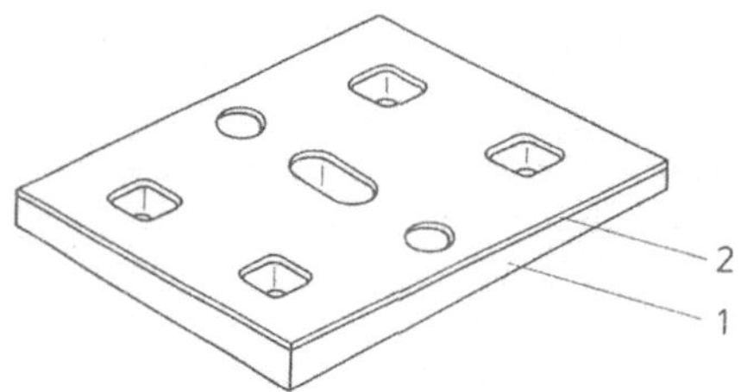

Abb. 4.13: Bearbeitungsbeispiel beim Ätzen nach Siebdruckverfahren; Werkstück und Maske beim Ätzen; 1 Werkstück; 2 Schutzmaske

4.6 Bearbeitungsbeispiele

In Abbildung 4.13 ist eine Platte dargestellt, die durch Ätzen im Siebdruckverfahren bearbeitet wird.

Dieses Verfahren findet noch immer bei dünnen Werkstücken Anwendung, bei denen eine mechanische Bearbeitung nicht möglich ist.

Elektrochemisches Senken wird in vielen Produktionsbereichen zum Einsenken von Raumformen und Konturen angewandt, etwa bei Triebwerk- und Turbinenteilen, chirurgischen Implantaten, Stahlformen für Glas-, Metall- und Backwaren sowie Bauteilen des Automobil- und Maschinenbaues. Da die wirkenden Kräfte im Vergleich zu spanenden Verfahren gering sind, können Werkstücke geringerer Stabilität mit hohen Abtragsraten bearbeitet werden. Die erreichte Oberflächengüte der Werkstücke ist mit denen des Schleifverfahrens vergleichbar.

Abbildung 4.14 zeigt Bearbeitungsbeispiele beim elektrochemischen Senken.

Abbildung 4.14 a zeigt die Elektrode und das Schmiedegesenk für Schraubenschlüssel, Abb. 4.14 b das Schmiedegesenk für eine Turbinenschaufel, in Abb. 4.14 c ist das elek-

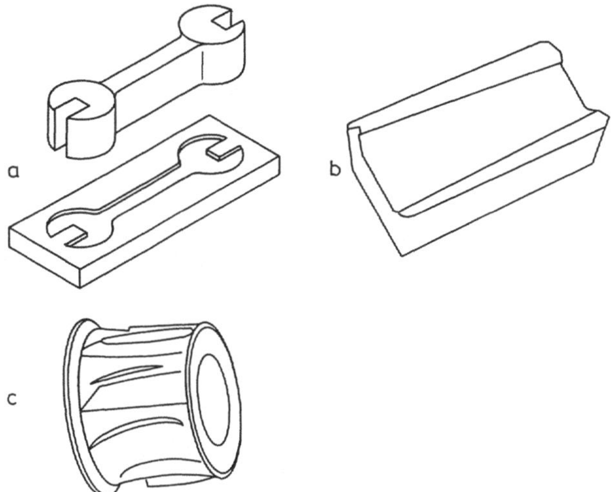

Abb. 4.14: Bearbeitungsbeispiel beim elektrochemischen Senken
(a) Elektrode und Schmiedegesenk für Schraubenschlüssel (b) Schmiedegesenk für Turbinenschaufel
(c) Kompaktierwalze mit elektrochemisch gesenkten Formmulden

trochemisch bearbeitete Werkstück selbst dargestellt (in diesem Falle eine Kompaktierwalze).

Funkenerosionsverfahren finden für die Herstellung kompliziertester Formen und Konturen im Werkzeug-, Formen- und Musterbau Anwendung. Auch große Flächen mit komplizierter Form werden mit hoher Formgenauigkeit und Oberflächengüte in kurzer Zeit abgetragen.

Abbildung 4.15 a zeigt das Erodieren auf einer Geraden im Raum, Abb. 4.15 b das lineare Aufweiten.

Die Elektroden haben eine dem abzutragenden Werkstück entsprechende Form. Auf diese Art ist es mit zylinderförmigen, kegelstumpfförmigen und kugelabschnittförmigen Elektroden möglich, folgende Erodierformen herzustellen:

- kreisförmiges Aufweiten zylindrischer Flächen,
- kreisförmiges Aufweiten konischer Flächen,
- kreisförmiges Aufweiten von Kugelabschnittflächen.

Hohe Maß- und Formgenauigkeiten beim Bearbeiten dünner Werkstücke werden durch Drahterosion (Abb. 4.15c) erreicht. Wichtigste Einflußfaktoren zum Erreichen hoher Genauigkeiten sind

- Steifigkeit,
- Temperatur,
- Meßauflösung,
- Rechengenauigkeit.

In Abbildung 4.15d ist die Senkerosion mit einer Graphitelektrode dargestellt. Es handelt sich hier um ein „Hochgeschwindigkeits-Senkerosionsverfahren" mit hoher Produktivität, das in diesem Bearbeitungsbeispiel für die Herstellung der Spritzgießform

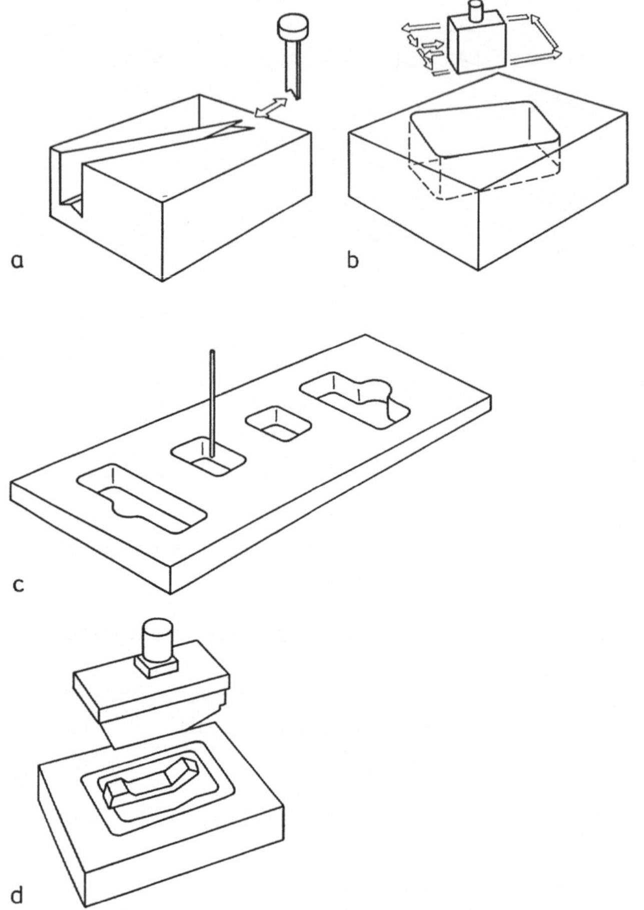

Abb. 4.15: Bearbeitungsbeispiele bei Funkenerosion
(a) Erodieren auf einer Geraden im Raum (b) Lineares Aufweiten (c) Drahterosion (d) Senkerosion
mit Graphitelektrode

eines Telefonhörers angewendet wird. Die Elektrode aus Graphit hat die gleiche Form
wie das Werkstück, das herausgearbeitet wird. Mit diesem Verfahren wird ebenfalls
eine hohe Maß- und Formgenauigkeit erreicht.

In Abbildung 4.16 sind Anwendungsbeispiele der Elektronenstrahlbearbeitung dargestellt.

Präzises Schneiden (Abb. 4.16 a) und zuverlässiges Schweißen (Abb. 4.16 b) werden
durch Elektronenstrahlverfahren erreicht.

Laserbearbeitung (Abb. 4.17) ersetzt wegen geringer Wärmeentwicklung und hoher
Abtraggeschwindigkeit viele Fertigungsverfahren.

In Abbildung 4.17 a wird das Laserschneiden, in Abb. 4.17 b das Laserschweißen
und in Abb. 4.17 c das Laserfräsen dargestellt.

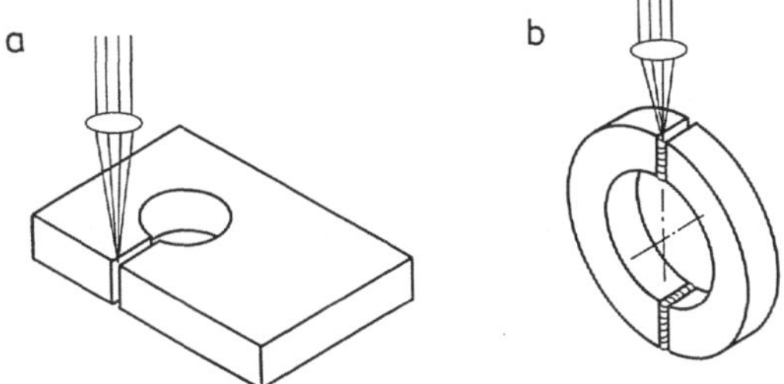

Abb. 4.16: Anwendungsbeispiele bei Elektronenstrahlbearbeitung
(a) Elektronenstrahlschneiden (b) Elektronenstrahlschweißen

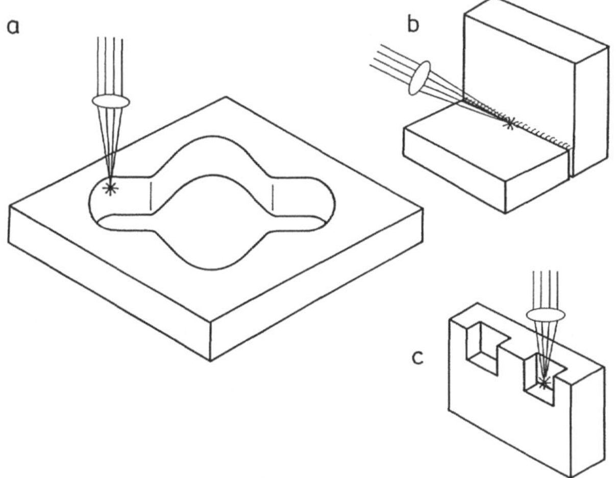

Abb. 4.17: Bearbeitungsbeispiele bei Laserbearbeitung
(a) Laserschneiden (b) Laserschweißen (c) Laserfräsen

Beim Laserschneiden wir der Laserstrahl mit Hilfe von Linsen auf einen Brennfleck von 0,02 - 0,05 mm Durchmesser fokussiert. Damit werden Energiedichten erreicht, die praktisch jedes Material zum Schmelzen und Verdampfen bringen können. Durch Anwendung von Schneidgasen wird dieser Vorgang gebremst oder unterstützt. Hohe Schneidgeschwindigkeit, feinste Konturen bei kleinen Schnittspalten und sehr gute Schnittqualität werden erreicht.

Hohe Bearbeitungsgeschwindigkeit bei geringem Verzug und einer kleinen wärmebeeinflußten Zone werden beim Laserschweißen erreicht. Aus diesen Gründen wird dieses Schweißverfahren erfolgreich in der Automobilindustrie zum Schweißen von Getriebeelementen, Kupplungsteilen und Flanschwellenverbindungen angewendet.

Laserbearbeitung wird auch dort angewandt, wo mit anderen spanenden Fertigungsverfahren die Bearbeitung nicht möglich ist. In Abbildung 4.17 c wird z. B. scharfkantiges Laserfräsen gezeigt, das mit keinem Fräser möglich ist.

5 Industrieroboter

5.1 Übersicht der Industrieroboter

Industrieroboter gehören zu den Handhabungseinrichtungen. Nach VDI-Richtlinie 2860 werden die Handhabungsgeräte in drei Bereiche eingeteilt:

- Manipulatoren,
- Einlegegeräte,
- Industrieroboter.

Manipulatoren sind manuell gesteuerte Handhabungsgeräte, die eingesetzt werden, damit der Mensch von schwerer körperlicher Arbeit entlastet wird. Die Steuerung eines Manipulators wird von einem Bediener ausgeführt, der die Bewegung von einem Bedienstand synchron steuert.

Einlegegeräte sind fest programmierbare mechanische Handhabungsgeräte, die dort eingesetzt werden, wo über einen langen Zeitraum dieselbe Arbeit auszuführen ist. Sie werden durch Nocken und Schalter gesteuert.

Industrieroboter sind universell einsetzbare Bewegungsautomaten mit mehreren Achsen, deren Bewegungen hinsichtlich Bewegungsfolge und Wegen bzw. Winkeln frei (d. h. ohne mechanischen Eingriff) programmierbar und gegebenenfalls sensorgeführt sind. Sie sind mit Greifern, Werkzeugen oder anderen Fertigungsmitteln ausrüstbar und können Handhabungs- oder Fertigungsaufgaben ausführen.

Die Kinematik eines Roboters besteht aus allen beweglichen Elementen, die erforderlich sind, um den Effektor (Greifer oder Werkzeug) an die gewünschte Stelle im Raum zu bringen und ihm die erforderliche Orientierung zu geben. Sie beginnt beim Sockel und umfaßt alle Arme und Gelenke bis zum Flansch, an dem der Effektor (Greifer oder Werkzeug) befestigt ist. Die Anzahl der translatorischen und rotatorischen Bewegungsachsen liegt zwischen 2 und 7, wobei in der Regel 2 bis 3 Hauptachsen zur Positionierung des Werkzeuges oder Greifers dienen.

Zur Handhabung des Werkzeuges dienen weitere, meist rotatorische Achsen, die als Nebenachsen bezeichnet werden.

Die symbolische Darstellung der Achsen ist nach VDI 2861 festgelegt (Abb. 5.1).

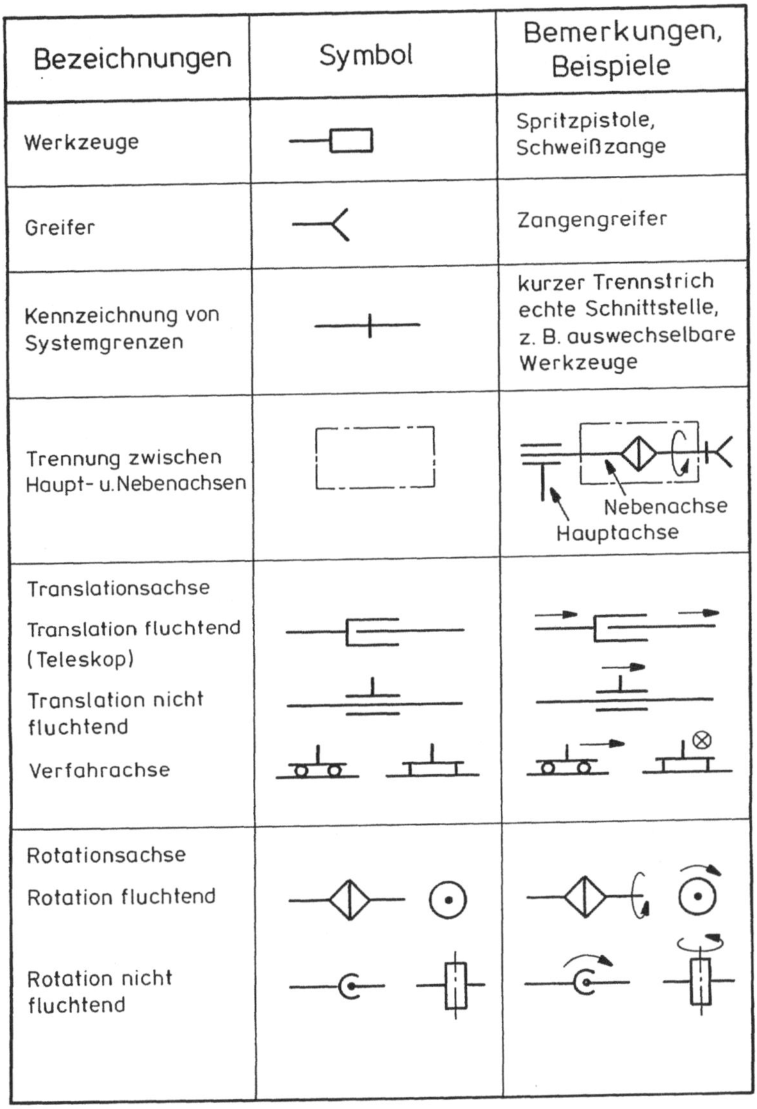

Bezeichnungen	Symbol	Bemerkungen, Beispiele
Werkzeuge		Spritzpistole, Schweißzange
Greifer		Zangengreifer
Kennzeichnung von Systemgrenzen		kurzer Trennstrich echte Schnittstelle, z. B. auswechselbare Werkzeuge
Trennung zwischen Haupt- u. Nebenachsen		Nebenachse Hauptachse
Translationsachse Translation fluchtend (Teleskop) Translation nicht fluchtend Verfahrachse		
Rotationsachse Rotation fluchtend Rotation nicht fluchtend		

Abb. 5.1: Symbolik des kinematischen Aufbaus nach VDI 2861

Nach VDI 2861 werden translatorische und rotatorische Achsen wie folgt bezeichnet:

Translatorische Achsen:
X: 1. horizontale Hauptachse,
Y: 2. horizontale Hauptachse,
Z: vertikale Hauptachse,
R: Radialachse,
U: Achse parallel zur X-Achse,

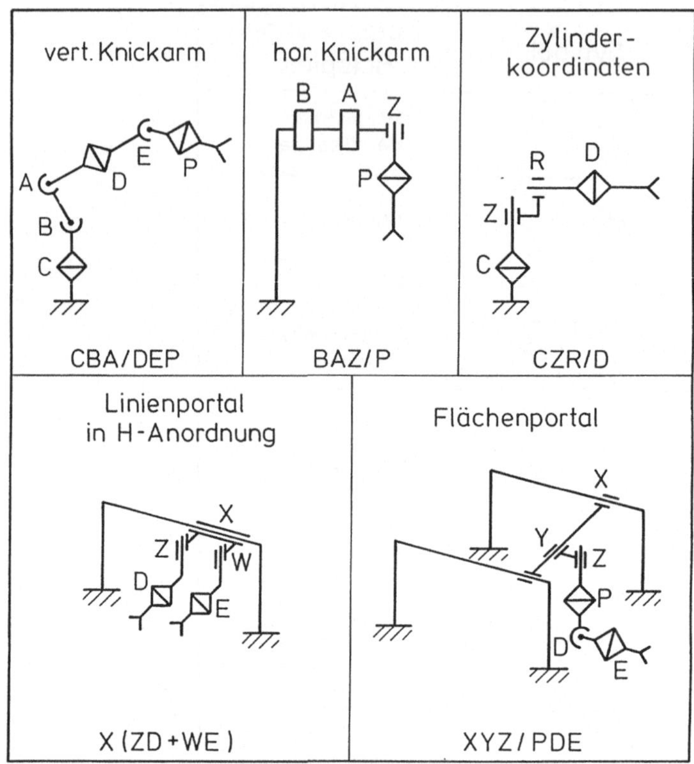

Abb. 5.2: Achsbezeichnung (Auszug aus VDI 2861)

V: Achse parallel zur Y-Achse,
W: Achse parallel zur Z-Achse.
Rotatorische Achsen:
A: Hauptachse,
B: Hauptachse,
C: Hauptachse parallel zur Z-Richtung,
D: 1. Nebenachse,
E: 2. Nebenachse,
P: 3. Nebenachse oder Nebenachse parallel zur Z-Achse.

Als Beispiel für die Achsbezeichnungen dient Abb. 5.2, das als Auszug aus VDI 2861 fünf Roboterbauarten darstellt.

Der abgebildete vertikale Knickarm hat drei rotatorische Hauptachsen (A, B, C) und drei rotatorische Nebenachsen (D, E, P). Er ist für einen großen Arbeitsbereich, hohe Positioniergenauigkeit und Lastbereiche von 6 - 100 kg geeignet.

Ein horizontaler Knickarm hat meist drei Hauptachsen und eine Handachse. Dieser Roboter ist für Lastbereiche zwischen 1 und 8kg geeignet und findet bei Montagearbeiten Anwendung.

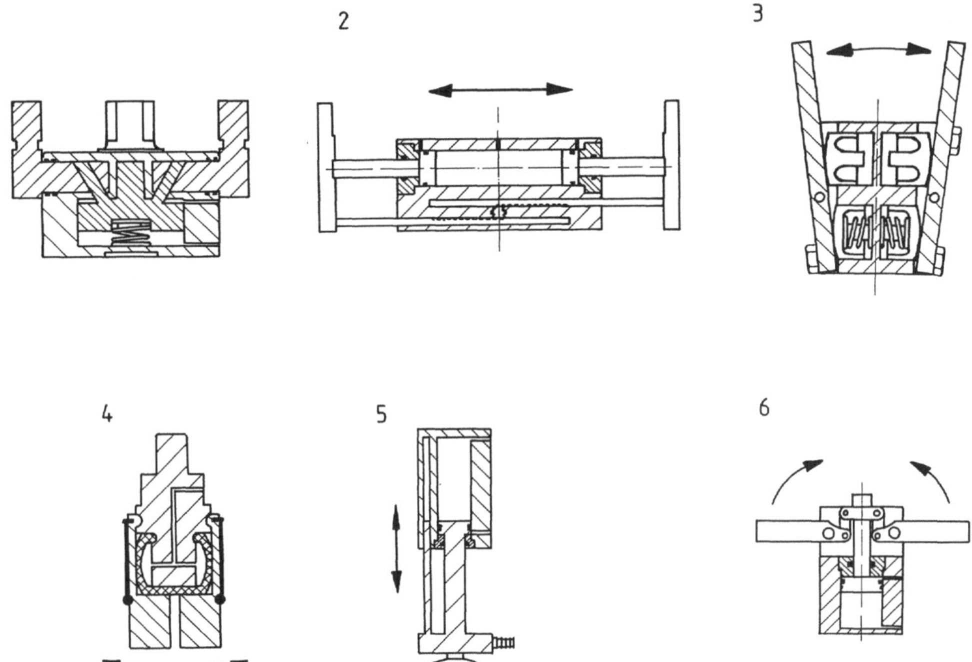

Abb. 5.3: Greifersysteme 1 Dreibacken-Greifer 2 Großhubgreifer 3 Zangengreifer 4 Lochgreifer 5 Sauger mit Hub 6 Kniehebelgreifer

Der Zylinderkoordinatenroboter hat drei Hauptachsen (C, Z, R) und die Nebenachse D. Er ist für Lastbereiche von 2- 80 kg ausgelegt und findet bei der Beschickung von Umformpressen und Schmiedehämmern Anwendung.

Der abgebildete Linienportalroboter hat zwei Hauptachsen (X, Z). Die Anzahl der Nebenachsen hängt von der verwendeten Roboterhand ab. Er ist für Transportsysteme von 10 - 500 kg ausgelegt und wird für die Beschickung von Werkzeugmaschinen eingesetzt.

Der abgebildete Flächenportalroboter hat drei Hauptachsen (X, Y, Z) und drei Nebenachsen (D, E, P). Er ist durch größere Beweglichkeit gekennzeichnet und wird vorteilhaft zum Palettieren und Schweißen angewandt.

5.2 Greifer- und Werkzeugwechselsysteme

Der Greifer steht in unmittelbarem Kontakt mit dem zu handhabenden Objekt und hat die Aufgabe, das Objekt lagebestimmend zu erfassen und es in die vorher definierte Position zu bringen.

In Abbildung 5.3 sind verschiedene Greifersysteme dargestellt.

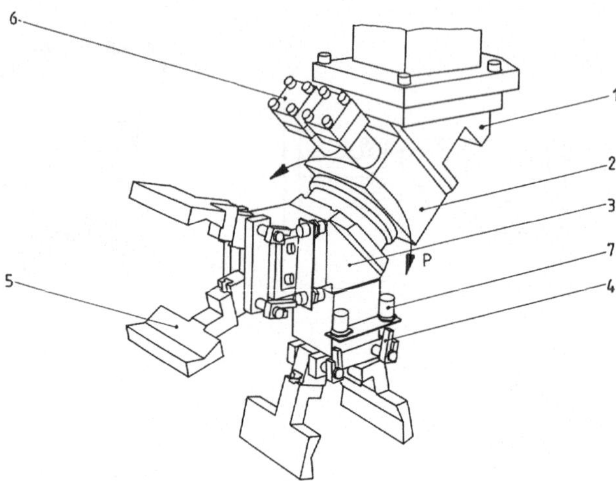

Abb. 5.4: Mehrfachgreifer als Schwenk-Doppelgreifer

Es muß in jedem Betriebsfall das bestgeeignete Greifersystem gewählt werden. Die Handhabung verschiedener Werkstücke ohne Greiferwechsel ermöglichen kombinierte Greifersysteme (sogenannte Mehrfachgreifer).

In Abbildung 5.4 ist ein Mehrfachgreifer, in diesem Fall ein Schwenk-Doppelgreifer, dargestellt. Er besteht aus Winkeladapter 1, Rotationseinheit 2, Verbindungsstück 3 und den Greifereinheiten 5. Die Rotationseinheit wird von zwei Zylindern 6 über Zahnstangen betätigt. Um die Rückmeldung an die Steuerung zu ermöglichen, werden Schaltfahnen 4 und Näherungsschalter 7 an den Greifereinheiten angebracht.

Werkzeugwechselsysteme gestatten es, Greifer oder Werkzeuge während des Betriebes zu wechseln. Der Werkzeugwechsler besteht aus einem Festteil, das an der Roboterhand angebracht wird, und einem Losteil, an dem die gewünschten Werkzeuge oder Greifer befestigt werden.

In Abbildung 5.5 ist ein Werkzeugwechsler abgebildet. Das Festteil besteht aus Flanschplatte 1, Gehäuse 2 und dem feststehenden Bolzen 4. Stecker zur Strom- und Luftübertragung 3 und 11 und ein Sicherungsstift gegen seitenverkehrtes Aufsetzen 10 sind im Gehäuse angebracht. Zwischen Bolzen 4 und Gehäuse 2 wird ein Verriegelungskolben 7 mit Kugeln 5 geführt. Das Losteil besteht aus Flanschplatte 13 und Gehäuse 12, in dem die Stecker zur Strom- und Luftübertragung angebracht sind. Beim Einfahren des Losteiles in das Festteil wird der Induktivschalter 9 betätigt. Verriegelungskolben 7 wird mit Luft beaufschlagt und fährt nach oben. Die Kugeln 5 im Kolben werden über einen Ansatz am Bolzen 4 gezogen und verriegeln dann selbsthemmend die Verbindung. Die Verriegelung erfolgt durch die am oberen Ende der Aufnahmehülse 8 erkennbare Schräge und eine entsprechende Gegenschräge am Ansatz des Bolzens. Auch bei Druckluftausfall bleibt diese verriegelte Verbindung infolge der Selbsthemmung zwischen Kugel und Bolzen bzw. Aufnahmehülse bestehen. Zur Lösung der Verbindung muß die andere Seite des Kolbens mit Druckluft beaufschlagt werden. Luftanschlüsse

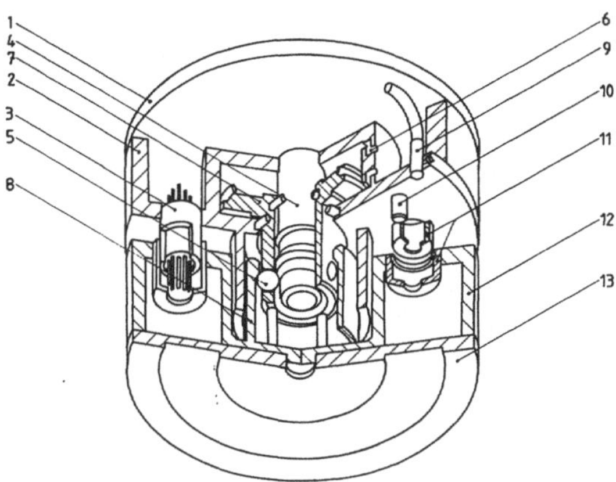

Abb. 5.5: Werkzeugwechsler

und Luftübertragerhülsen ist das Losteil gegen seitliches Verschieben und gegen Verdrehung gesichert.

5.3 Roboter mit vertikalem Knickarm

In Abbildung 5.6 ist ein Roboter mit vertikalem Knickarm, System ABB, dargestellt. Er hat drei Hauptachsen (A, B, C) und drei Nebenachsen (D, E, P).

Die Getriebe 2 und 3 sind am Sockel 11, der auf dem Fuß 1 drehbar gelagert ist, seitlich angeschraubt. Zwischen Getriebe 2 und 3 ist der Unterarm 4 gelagert. Der Oberarm 14, der aus dem Gehäuse 6, der Getriebeeinheit 7 und dem Handflansch 8 besteht, ist an dem oberen Ende des Unterarmes drehbar gelagert. Er wird durch Parallelstange 5, die parallel zum Unterarm verläuft, bewegt.

Für jede Achse wird der Antrieb durch Servo-Drehstrommotoren (Pos.9, 10) eingeleitet. Auf der Motorachse sind jeweils ein Resolver für die Geschwindigkeits- und Wegmessung und eine elektromechanische Bremse angeordnet. Beim Verlust der Umdrehungszählerstände werden die Roboterachsen durch Synchronschalter 13 in eine Synchronposition bewegt.

Dieser Roboter ist für Tätigkeiten bei der Materialhandhabung, bei der Montage, beim Kleben und beim Lichtbogenschweißen gut geeignet. Die dafür notwendigen Zusatzeinrichtungen können am Roboter angebracht werden. Es sind auch zusätzliche Softwarefunktionen zum Erstellen von Programmen vorgesehen. Die zulässige Transportbelastung dieses Roboters beträgt 10 kg.

Abbildung 5.7 zeigt einen Roboter mit vertikalem Knickarm System KUKA. Er besitzt ebenfalls drei Hauptachsen A, B, C und drei Nebenachsen D, E, P. In dem Grundgestell 1 sind das Karussell 3 mit Schwinge 5, Arm 7 und Hand 13 um Achse C drehbar gelagert. Schwinge 5 ist im Karussell um Achse B drehbar gelagert. Die Achsen A, B, C, D, E, P werden durch Servo-Drehstrommotoren 6, 4, 2, 9, 11, 10 angetrieben.

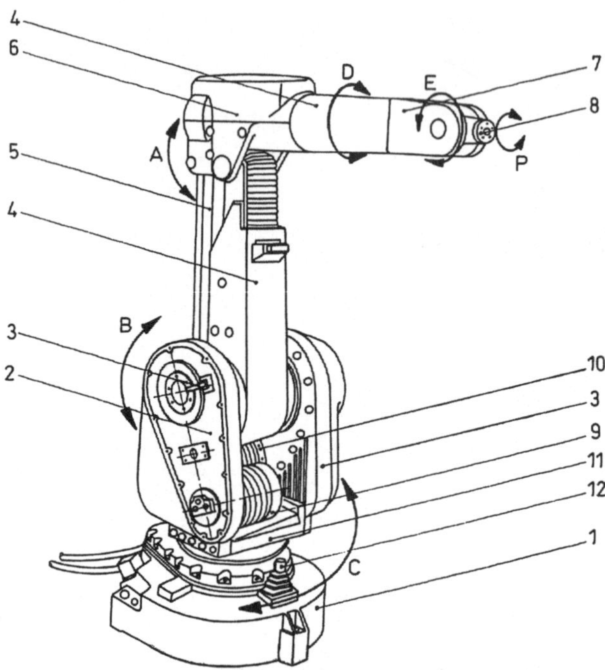

Abb. 5.6: Roboter mit vertikalem Knickarm (ABB)

die Hauptachsen wird der Antrieb über dreistufige Untersetzungsgetriebe 8 eingeleitet.
Die ersten beiden Stufen des Getriebes werden durch Zahnriemen realisiert. Bei der
letzten Stufe erfolgt der Antrieb über ein geteiltes Ritzel für den spielfreien Antrieb auf
einen Zahnkranz. Für die Handachsen wird der Antrieb von Motoren durch den Arm
7 über Kardanwellen auf drei konzentrische Wellen in Hand 13 übertragen. Die Handachsen werden schließlich durch Kegelrad- und Harmonic-Drive-Getriebe angetrieben.
Dieser Roboter wird hauptsächlich zum Punkt- und Bahnschweißen und zum Auftragen von Klebstoff bei Bearbeitungs-, Handhabungs- und Montageaufgaben eingesetzt.
Neben der Handhabung von Lasten bis 60 kg besteht die Möglichkeit, Zusatzlasten
(Schweißtransformator, Vorrichtungen für das Auftragen von Klebstoff) bis zu 140 kg
auf den Arm 7 anzubringen.

5.4   Roboter mit horizontalem Knickarm

In Abbildung 5.8 ist ein Roboter mit horizontalem Knickarm dargestellt. Der Roboter
hat drei Hauptachsen A, B, Z und die Handachse P. Roboter dieser Bauart werden als
SCARA-Roboter (Selective Compliance Assembly Robot Arm) bezeichnet. Auf Fuß 1
ist das Stativrohr 2 angebracht. An dem Grundkörper 3 ist Arm 4 um Achse B drehbar
gelagert. Der zweite Arm 5 ist am Ende des Armes 4 um Achse A drehbar gelagert. In

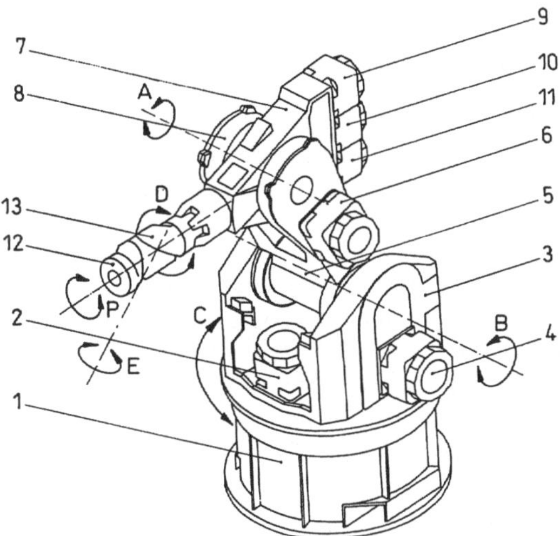

Abb. 5.7: Roboter mit vertikalem Knickarm (KUKA)

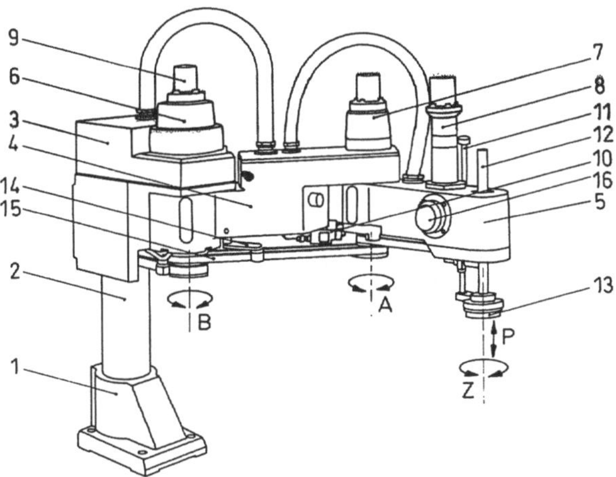

Abb. 5.8: Roboter mit horizontalem Knickarm

Arm 5 sind die Pinole 12 und Führungssäule 11 untergebracht. Die Achsen A, B werden durch Servo-Gleichstrommotoren 7, 6 angetrieben. Die Wegmessung erfolgt durch Drehgeber 9, die Geschwindigkeitsmessung übernehmen Tachogeneratoren. Der Antrieb der rotatorischen Achse P erfolgt durch einen Motor über drei Zahnriemen 15 zur Pinole 12. Der Antrieb der Hubbewegung Z erfolgt vom Harmonic-Drive-Getriebe über ein Kegelradgetriebe auf eine Ritzelwelle und dann weiter auf eine an der Führungssäule 11 angebrachte Zahnstange. Dieser Roboter ist wegen seiner hohen Steifigkeit in Richtung der Z-Achse für Montage-, Füge- und Bestückungsarbeiten gut geeignet. Durch Anbringen geeigneter Werkzeuge kann er auch für Schraubarbeiten, Löten und Schweißen eingesetzt werden. Die Transportbelastung beträgt 10 kg.

5.5 Linienportalroboter

In Abbildung 5.9 ist ein Linienportalroboter dargestellt. Er kann in der X-Z-Ebene frei verfahren. Er besitzt drei Hauptachsen X, Z, C und die Nebenachse P. Auf zwei Maschinenständern 1 ist die Laufschiene 17, auf der Kreuzlaufwagen 8 in X-Achse verfährt, angebracht. Laufschiene 5 wird für den Verfahrweg in der Z-Achse im Kreuzlaufwagen geführt. Am oberen Ende der Laufschiene werden die Motoren 15 und 16 für die Achsen C und P, am unteren Ende der Gelenkarm 2 angebracht. Nockenleisten 14 und Reihengrenztaster 13 übernehmen die Wegsteuerung, Sicherungselemente 3 und 11 die Überlaufsicherungen für beide Laufschienen. Servo-Drehstrommotoren 9, 10 treiben über Schneckengetriebe jeweils eine schrägverzahnte Ritzelzahnstange 12 für die Bewegungen Z und X an. Die Wegmessung übernehmen inkrementale Drehgeber 7.

Linienportalroboter werden bei großen Verfahrwegen für Transportbelastungen bis 250 kg eingesetzt. Sie finden bei der Versorgung von flexiblen Fertigungszellen mit Werkstücken und Werkzeugen ihre Anwendung.

5.6 Flächenportalroboter

In Abbildung 5.10 ist ein Flächenportalroboter dargestellt. Das Portalgestell besteht aus Portalsäulen 5, Querhäuptern 3 und Trägern 1, die mit Führungsschienen für die

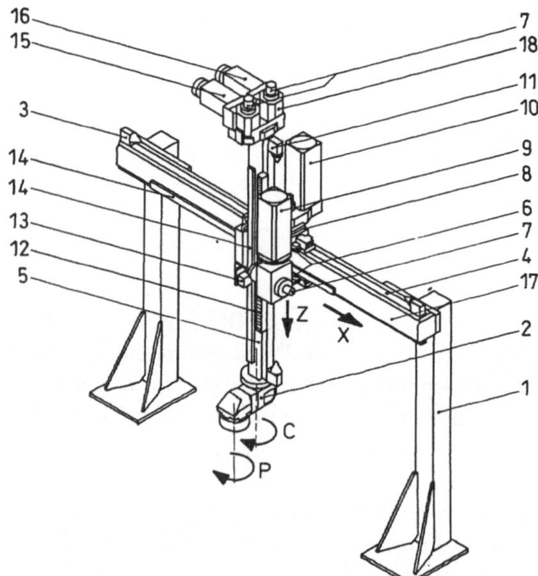

Abb. 5.9: Linienportalroboter

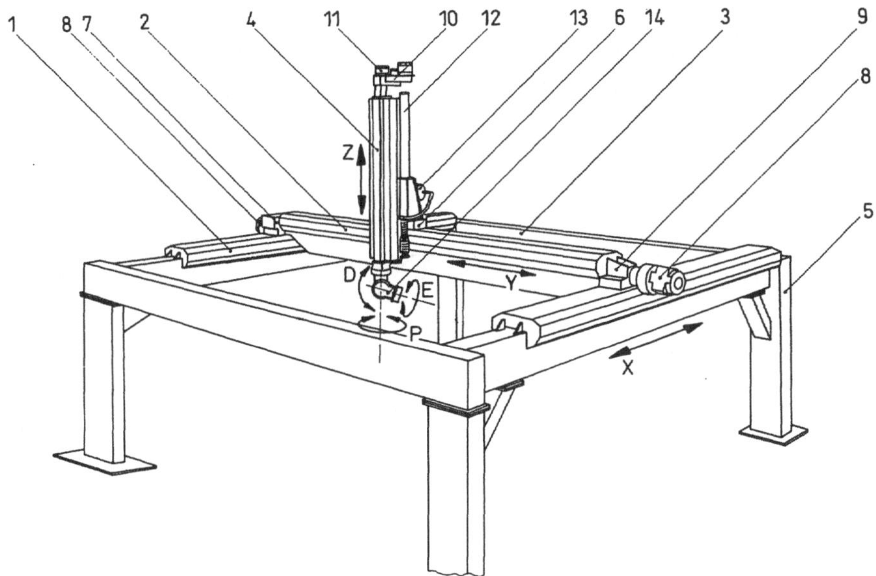

Abb. 5.10: Flächenportalroboter

gungen in X-Richtung ausgestattet sind. Träger 2 wird auf den Trägern 1 für Bewegungen in Y-Richtung geführt. Roboterarm 4 ist auf dem Kreuzwagen 6, der auf Träger 2 geführt wird, angebracht. Auf dem Kreuzwagen sind Antriebe für die Y-Achse und für den Hub des Armes in der Z-Achse angebracht. Am oberen Ende des Roboterarmes weden die Antriebe 11 der Achsen D, E und P der Roboterhand 14 angebracht. Der Antrieb für die X-Achse wird durch Motor 8 übernommen. Pneumatikzylinder 12 übernimmt die Rolle des Gewichtsausgleiches des Roboterarmes. Dieser Roboter wird wegen seines großen Verfahrweges für die Handhabung bei der Verkettung von mehreren Maschinen vorteilhaft angewandt. Weitere Einsatzgebiete sind Montage, Schweißen und Laserstrahlschneiden. Die Traglast beträgt 60 kg.

5.7   Zylinderkoordinatenroboter

In Abbildung 5.11 ist ein Zylinderkoordinatenroboter dargestellt. Er besitzt drei Hauptachsen C, R und Z und eine Handachse D. Der Rahmen 3 ist auf Fuß 1 um Achse C drehbar gelagert. Führungskasten 7 ist durch zwei Führungssäulen 2 in der Achse Z geführt. Der Zangenarm 4 ist im Führungskasten in radialer Richtung R durch Führungsleisten 8 geführt. Am vorderen Ende des Zangenarmes ist Greifer 10, am hinteren Ende Antriebseinheit 5 für die D-Achse angebracht. Endlagedämpfer 9 sichern die Bewegungen der R-Achse ab. Der Antrieb der Achsen C, D und R erfolgt durch Servo-Drehstrommotoren, die Hubachse Z wird hydraulisch angetrieben. Dieser Roboter wurde speziell zur Beschickung von Schmiedepressen entwickelt. Die Anfor-

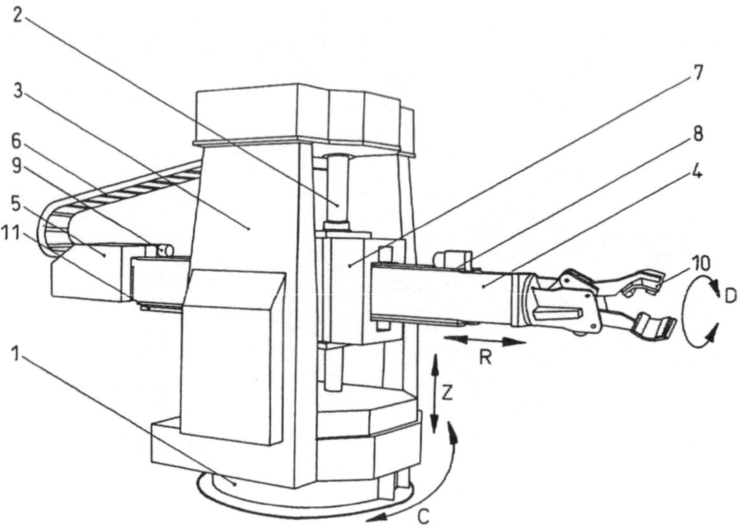

Abb. 5.11: Zylinderkoordinatenroboter

derungen an die Genauigkeit sind nicht hoch, er muß aber höhere Temperaturen und
größere Verschmutzungen aushalten. Die Transportbelastung beträgt max. 100 kg.

5.8 Pendelarmroboter

Der in Abbildung 5.12 dargestellte Pendelarmroboter verfügt über sechs Bewegungsachsen, drei Hauptachsen A, B und R und drei Nebenachsen D, E und P. Der Grundaufbau
besteht aus der Konsole 1, in der Rahmen 2 um Achse B drehbar gelagert ist. Gehäuse
4 des Armes 3 ist in Rahmen 2 um Achse A drehbar gelagert. Der Arm wird durch
zwei Führungssäulen 20 in R-Richtung geführt. Antriebseinheiten 7 und 6 für die Achsen A und B sind auf der Konsole angeordnet, die Antriebe 10, 8 und 9 der Achsen
D, E und P sind im Gehäuse 4 untergebracht. Die Antriebe wurden durch Servo-
Gleichstrommotoren, die Wegmessungen durch Resolver realisiert. Antriebseinheit 5,
die auf Rahmen 2 untergebracht ist, treibt über ein Harmonic-Drive-Getriebe, Kegelrad
und schrägverzahntes Ritzel eine Zahnstange für die Bewegung in der R-Achse an. Dieser Roboter, der für Transportlasten von 3 kg ausgelegt ist, ist durch große Beweglichkeit
mit kurzen Taktzeiten gekennzeichnet. Durch seinen relativ kleinen Arbeitsraum wird
er bei der Handhabung kleinerer Teile, etwa bei der Montage von Telephonen, beim
Kleben und Wasserstrahlschneiden, eingesetzt.

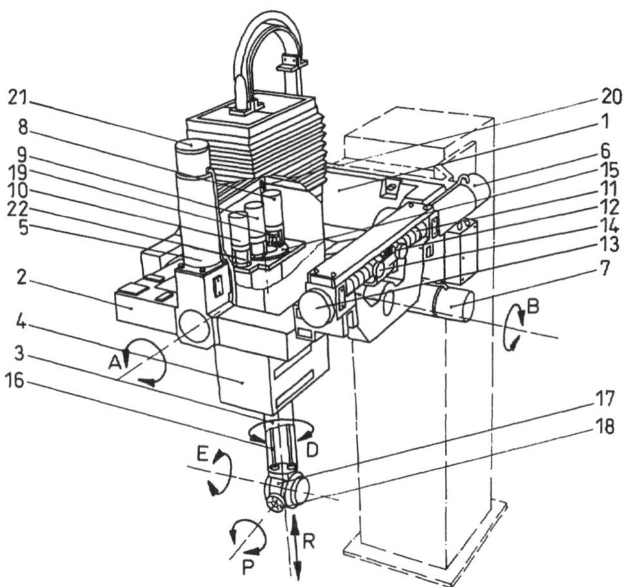

Abb. 5.12: Pendelarmroboter

5.9 Portalroboter

Ein Portalroboter, der in ein Portal hängend eingebaut ist, ist in Abb. 5.13 dargestellt. Er hat zwei translatorische Achsen X und Z, zwei rotatorische Hauptachsen A und B und die Handachsen D und E. In dem Grundgestell 1 sind zwei Schenkel 6, die den Baum 2 tragen, angebracht. Am oberen Ende des Baumes werden Antriebe 4 für das Handgelenk 3 angebracht. Das Grundgestell ist auf Fahrwagen 19 drehbar angeordnet. Alle Achsen werden durch Servo-Drehstrommotoren angetrieben:

- Achse A durch Motor 15,
- Achse B durch Motor 8,
- Achsen D und E durch Motor 4.

Die seitlich angebrachten Motoren 8 treiben über Zahnriemen 9 und Harmonic-Drive-Getriebe die Kurbel 10 an und leiten den Antrieb für die translatorische Achse Z ein. Der Antrieb der zweiten Kurbel 7 wurde auf gleiche Art wie der von Kurbel 10 realisiert. Die Bewegung des Baumes erfolgt durch die kombinierte Drehbewegung der Kurbeln 7 und 10. Der Baum führt durch die einseitige Drehung einer Kurbel eine Schwenkbewegung aus. Bei gleichzeitigem Drehen beider Kurbeln bewegt sich der Baum senkrecht nach oben oder unten. Dieser Roboter, der für Traglasten bis 60 kg ausgelegt ist, wird hauptsächlich zum Widerstandspunktschweißen eingesetzt.

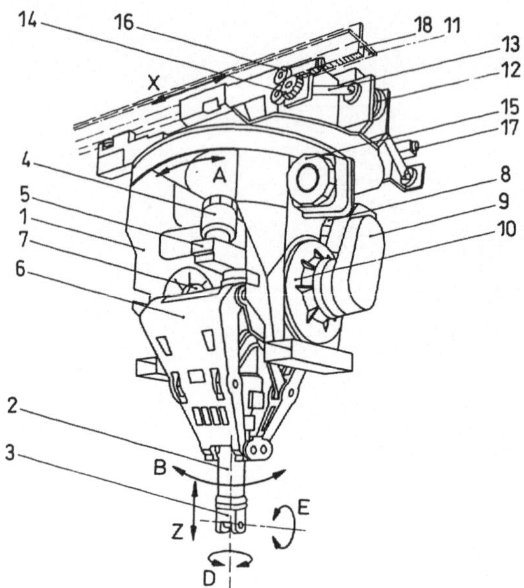

Abb. 5.13: Portalroboter

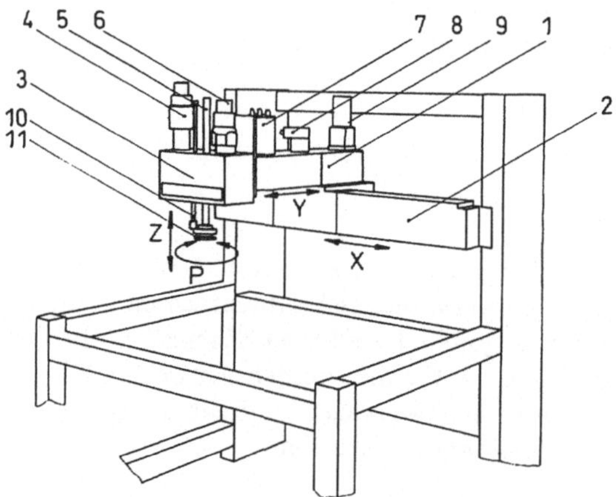

Abb. 5.14: Flächenportalroboter in Auslegerform

5.10 Flächenportalroboter in Auslegerform

In Abbildung 5.14 ist ein Flächenportalroboter in Auslegerform dargestellt. Das Kastengestell setzt sich aus zwei NC-Armen 1 (Hauptachse Y) und zwei NC-Armen 2 (Hauptachse X) zusammen. Die dritte Z-Achse und die vierte P-Achse werden durch Antriebsmodul 3, in dem Pinole 5 angebracht ist, realisiert. Alle Achsen werden durch Servo-Gleichstrommotoren angetrieben.

X- und Y-Achsen werden durch Motoren 8 und 9 über Kugelrollspindeln angetrieben. Motor 4 treibt über ein Harmonic-Drive-Getriebe, ein Kegelradgetriebe und ein Ritzel die Verzahnung an der Führungssäule 10 an und leitet die Bewegungen in der Z-Achse. Durch Motor 6 wird über ein Harmonic-Drive-Getriebe die Achse P angetrieben.

Dieser Roboter, der für Transportbelastungen bis 10 kg ausgelegt ist, ist besonders für Montagearbeiten geeignet. Durch Anbringen geeigneter Werkzeuge können Arbeiten wie Schrauben, Löten und Schweißen realisiert werden.

5.11 Anwendungsbeispiel

Abbildung 5.15 zeigt eine flexible Montagezelle. Zur Durchführung von Montagearbeiten muß der auf dem Robotertisch 5 angebrachte Montageroboter 1 mit aufgabenspezifischer Peripherie versehen werden. Für die erforderliche Teilehandhabung werden an den Montageroboter entsprechende Greifer angeflanscht. Wenn in einem Arbeitszyklus mehrere Greifer oder Roboterwerkzeuge gebraucht werden, wird an den Roboter das Werkzeugwechselsystem 4 angeflanscht. Der Roboter kann in beliebiger Reihenfolge den jeweils benötigten Greifer aus dem im Arbeitsraum angebrachten Werkzeugmagazin 3 aufnehmen. Die zu montierenden Einzelteile werden dem Roboter mit Hilfe von Zufuhr- und Bereitstellungseinrichtung 7 und für größere Teile mit Hilfe von Paletten 9 angeboten. Die Paletten werden dem Palettenmagazin 10 entnommen und nach Verwendung wieder zugeführt. Die Werkstücke werden auf dem Werkstückträger 8 aufgenommen und in und aus dem Arbeitsraum des Montageroboters transportiert. Das Einlegegerät 6 als lineares Handhabungsmodul und der Arbeitsraumschutz 2 sind weitere Bauteile dieser Montagezelle.

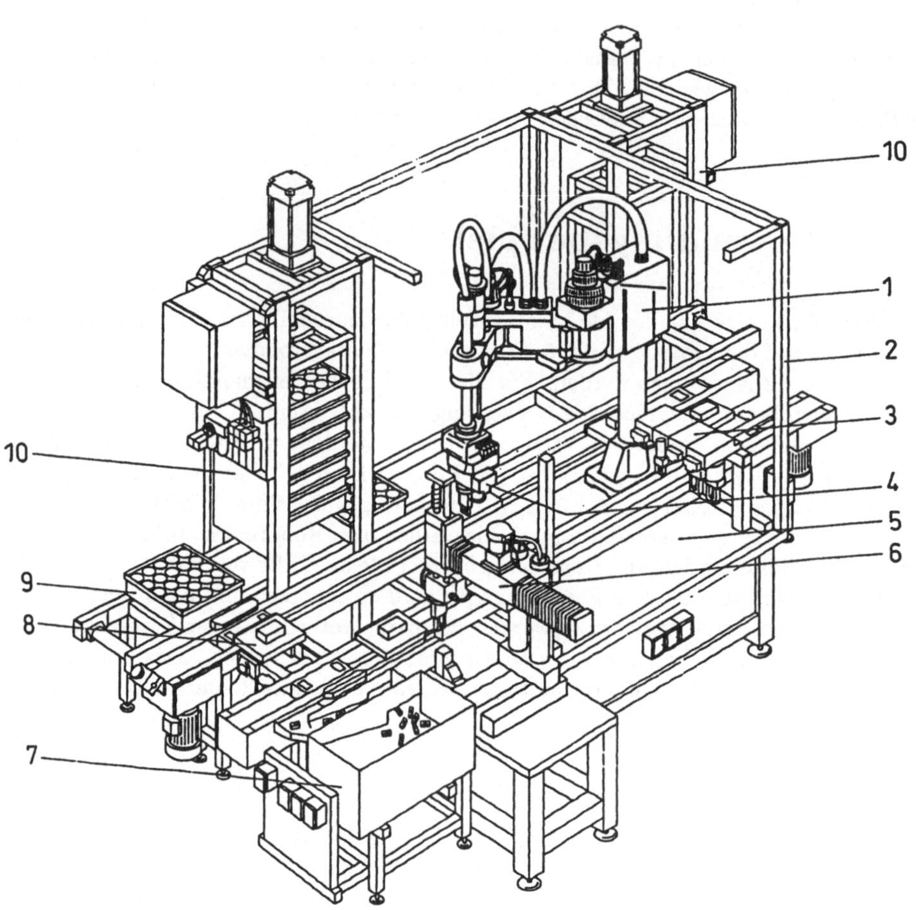

Abb. 5.15: Anwendungsbeispiel für Industrieroboter in einer flexiblen Montagezelle (Bosch)

6 Meßmaschinen

Meßmaschinen dienen zum dreidimensionalen Messen von Werkstücken. Maß-, Lage-
und Formabweichungen können gemessen werden. Das Werkstück kann dabei ohne
vorheriges Ausrichten aufgespannt werden.

In Abbildung 6.1 ist eine CNC-Koordinaten-Meßmaschine dargestellt. Diese Meßmaschine arbeitet mit einem in X-Richtung durch die prismatische Führung 7 geführten
Portal und einem stationären Meßtisch 9 aus Granit. Dadurch bleiben die bewegten
Massen stets konstant, Einflüsse der wechselnden Belastungen auf die Führungsgenau-
igkeit werden somit ausgeschlossen. Auch schwerere Werkstücke können aufgenommen
werden, da keine Beschleunigungskräfte des Werkstücks auftreten. Der Servomotor für
die X-Richtung (Pos.1) ist seitlich angebracht, damit der Werkstücktisch von allen Seiten gut zu erreichen ist. Auf dem Querbalken des Portals wird ein durch Servomotor
2 angetriebener Kreuzsupport in der Y-Achse geführt. Der durch Servomotor 3 angetriebene Meßkopf wird auf dem Kreuzsupport in der Z-Achse geführt. Der Antrieb
wird vom Motor über Zahnriemen 4 weitergeleitet. Für die X- und Y-Achse werden
die Drehmomente von den Servomotoren 1 und 2 über die Kugelrollspindel 5 auf das
Portal bzw. den Kreuzsupport übertragen. Für alle drei Achsen sind Führungslager
als Luftlager ausgeführt, damit eine ruckfreie gleichförmige Bewegung ohne Verschleiß
gewährleistet wird. Die Meßkopfaufnahme 8 kann verschiedene Meßtaster aufnehmen.
Für die Längenmessung werden Gittermaßstäbe, Leuchtdioden und Photoempfänger
verwendet. Bei Teilung des Gittermaßstabes von 16 μm und einer 80fachen Interpo-
lation wird eine Meßwertauflösung von 0,2 μm erreicht. Durch Anbringung von Tem-
peratursensoren an allen drei Gittermaßstäben und am Werkstück ist es mit Hilfe von
Elektronik möglich, die Längenänderungen zu berücksichtigen und die Meßergebnisse
zu korrigieren. Maßbereiche der Maschine: X-Achse 550 mm, X-Achse 500 mm, Z-Achse
450 mm, Längenmeßunsicherheit: 3,5 μm, Tischaufspannfläche: 700 x 1320 mm.

In Abbildung 6.2 ist ein CNC-Verzahnungs-Meßzentrum dargestellt. Diese Maschine
wurde zum Prüfen von zylindrischen Außen- und Innenzahnrädern, Kegelrädern, Wälzfräsern, Schnecken, Schneckenrädern und Zahnstangen konzipiert. Dieses Meßzentrum
eignet sich sowohl für Einzelmessungen als auch zur Prüfung von Serien gleicher oder
unterschiedlicher Werkstücke. Der seitlich angeordnete Meßkopf ist in den Führungen des Senkrechtschlittens in der T-Achse bewegbar. Die Bewegungen in der Z-Achse
vollzieht der Senkrechtschlitten am Maschinenständer, der in den Führungen des Stän-
derschlittens in der X-Achse bewegbar ist. Der Ständerschlitten führt auf dem Maschinentisch die Bewegung in Y-Richtung aus. Auf dem ortsfesten Maschinentisch ist ein für

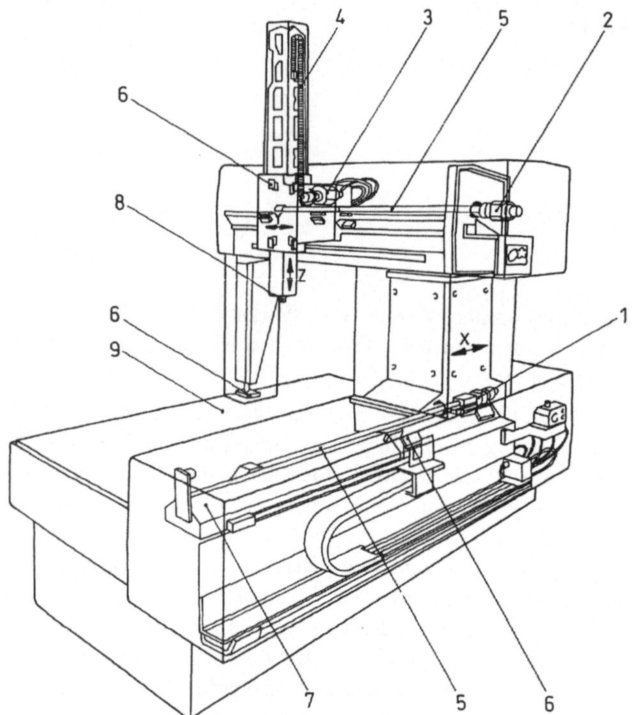

Abb. 6.1: CNC-Koordinaten-Meßmaschine GAMMA (Dea Gamma)

rotationsgeometrische Maschinenelemente geeigneter Rundtisch mit senkrecnter φ - Achse untergebracht. Die Werkstücke (Zahnräder) werden auf einem Dorn zwischen den Spitzen des Rundtisches und einem auf dem Maschinentisch feststehenden Reitstock (im Bild ist nur das obere Teil dargestellt) aufgenommen. Das Werkstückaufnahmeteil kann in den Führungen des Reitstockes in der G-Achse verschoben werden. Die Achsen der Maschine werden durch Gleichstrommotoren spezieller Bauart angetrieben. Es wurde eine optisch-elektronische Wegmessung gewählt. Die Maschine hat ein schwenkbares Zwei-Koordinaten-Tastsystem, bei welchem das Eigengewicht der Taster-Meßachse mit elektronisch gesteuerten Kraftgeneratoren kompensiert wird. Alle relevanten Qualitätskriterien werden in ein und derselben Aufspannung mit durchgehendem automatischen Ablauf geprüft. Die Umstellung auf verschiedenartige Werkstücke wird vollautomatisch bewerkstelligt.

Ein Anwendungsbeispiel für ein Koordinaten-Meßzentrum in einem flexiblen Fertigungssystem ist in Abb. 6.3 dargestellt. Das Meßzentrum MMZ 122010 (Mauser) wird mit den horizontalen Bearbeitungszentren verkettet und in ein flexibles Fertigungssystem integriert.

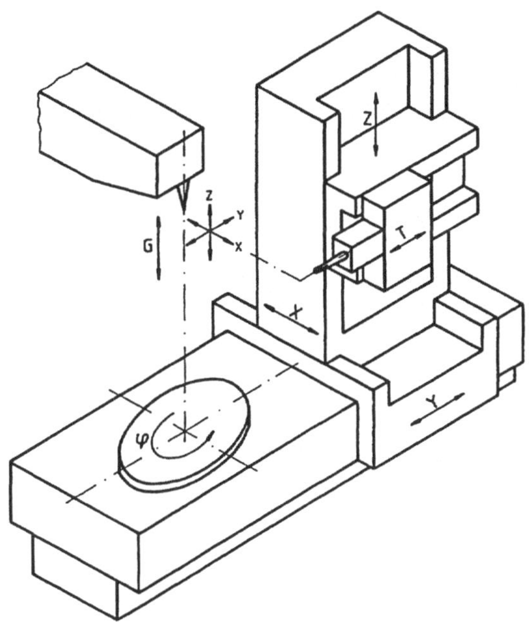

Abb. 6.2: Prinzipielle Bauart des CNC-Verzahnungs-Meßzentrums SP-42 (Maag) [7]

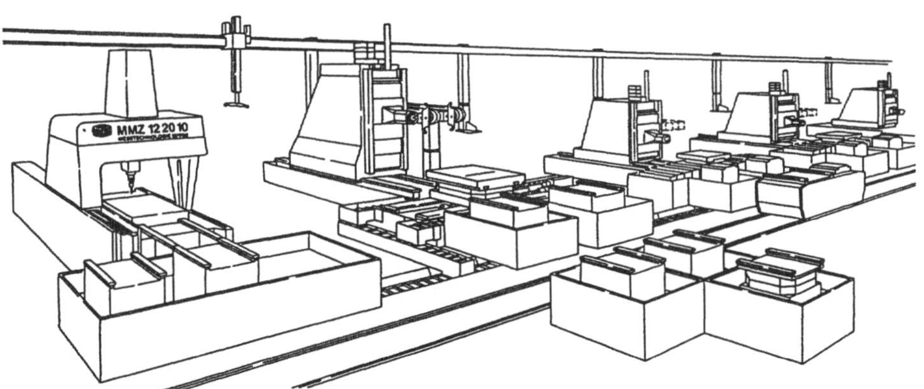

Abb. 6.3: Anwendungsbeispiel für das Koordinaten-Meßzentrum MMZ in einem flexiblen Fertigungs-system (Mauser)

Literaturverzeichnis

[1] Baumgartner, J. P.: Schrittweiser Ausbau zu flexiblen Fertigungssystemen. *Werkstatt und Betrieb*, 117:729–733, 1984.

[2] Hammer, H.: Fest statt wahlfrei zugeordnete Bearbeitungsfolgen im flexiblen Fertigungssystem. *Werkstatt und Betrieb*, 124:951–953, 1991.

[3] Hekeler, M.: Komplettbearbeitung auf CNC-Drehmaschinen durch angetriebene Werkzeuge. *Werkstatt und Betrieb*, 117:493–498, 1984.

[4] Perović, B.: *Fertigungstechnik*. Springer, Berlin, Heidelberg, New York, 1990.

[5] Perović, B.: *Arbeitsmappe für den Konstrukteur*. VDI-Verlag, Düsseldorf, 1992.

[6] Sagasava, T.; Tsuyoshi, E.: Hochgeschwindigkeits-Senkerodieren mit Absaugung halbiert die Fertigungszeiten. *Werkstatt und Betrieb*, 123:551–556, 1990.

[7] Sterki, A.; Günter, E.: CNC-gesteuertes Meßzentrum für kleine und mittelgroße Zahnräder. *Werkstatt und Betrieb*, 119:833–839, 1986.

Sachverzeichnis